新工科暨卓越工程师教育培养计划光电信息科学与工程专业系列教材

普通高等学校"十四五"规划光电信息科学与工程专业特色教材

STRONG-FIELD ULTRAFAST OPTICS

强场超快光学

■ 编 著／李盈傧 翟春洋 陈红梅 余本海

华中科技大学出版社

http://press.hust.edu.cn

中国·武汉

内 容 简 介

强场超快光学的发展为人们研究原子、分子内部电子超快动力学过程提供了强有力的超高时空分辨探测工具,在物理学、化学、生物、医学以及信息科学等领域有着重要的应用前景。本书首先介绍强场超快光学领域的基础知识和理论模型,使读者对强场超快光学有一个总体认识;然后介绍非次序双电离、非次序三电离以及受挫电离,使读者可以系统掌握强场电离和关联电子动力学过程;最后介绍高次谐波的产生及应用,使读者可以深入了解阿秒光源的形成及其在超快探测中的应用。

本书可作为物理学、光学工程、电子科学与技术等专业研究生的教材,亦可作为相关专业科研人员的参考书。

图书在版编目(CIP)数据

强场超快光学/李盈傧等编著.—武汉 ：华中科技大学出版社,2023.8
ISBN 978-7-5680-9897-7

Ⅰ.①强… Ⅱ.①李… Ⅲ.①光学 Ⅳ.①O43

中国国家版本馆 CIP 数据核字(2023)第 147198 号

强场超快光学
Qiangchang Chaokuai Guangxue

李盈傧　翟春洋　陈红梅　余本海　编著

策划编辑：范　莹
责任编辑：刘艳花
封面设计：廖亚萍
责任校对：张会军
责任监印：周治超
出版发行：华中科技大学出版社(中国·武汉)　　电话：(027)81321913
　　　　　武汉市东湖新技术开发区华工科技园　　邮编：430223
录　　排：武汉市洪山区佳年华文印部
印　　刷：武汉市洪林印务有限公司
开　　本：787mm×1092mm　1/16
印　　张：14
字　　数：350 千字
版　　次：2023 年 8 月第 1 版第 1 次印刷
定　　价：45.00 元

前言

人们每天都会接触到光,光是人类生活中必不可少的一部分。人们研究光学已经持续了几千年,并且还在不断地研究。光学是研究光的传播及其与物质相互作用的学科,在早期的光学研究中,人们主要以反射定律和折射定律为基础开展几何光学研究。在现代光学研究中,人们主要研究出现激光之后的光学新进展。激光科学发轫于1917年 A. Einstein 提出的受激辐射概念,融汇了量子理论、无线电电子学、微波波谱学和固体物理学。在历经了众多科学家的长期研究之后,T. Maiman 在 1960 年终于制造出了人类史上的第一台激光器。此后,随着调 Q 技术、锁模技术以及啁啾脉冲放大技术等的发展,激光技术实现了突飞猛进的发展和广泛的应用。激光脉冲的脉宽逐渐从最初的百微秒发展到了纳秒、皮秒,甚至飞秒,强场超快光学俨然成为现代物理学的一个璀璨成果。

本书较全面地介绍强场超快光学领域的基础知识和最新进展,以及编者在该领域从事的课题研究和主要成果。各章的主要内容如下:第 1 章系统地介绍强场超快现象和物理过程,从单电离到非次序双电离和受挫双电离;第 2 章主要介绍强场电离过程的理论模型;第 3 章和第 4 章分别介绍强激光场中原子和分子的非次序双电离;第 5 章介绍三电离及动力学过程;第 6 章主要介绍强激光场中受挫双电离;第 7 章介绍高次谐波和阿秒脉冲的产生;第 8 章介绍高次谐波在超快探测领域的应用。

本书可作为物理学、光学工程、电子科学与技术等专业研究生的教材,亦可作为相关专业科研人员的参考书。

本书出版受到河南省研究生教育改革与质量提升工程项目(No. YJS2023JC27)的资助。本书编写工作的具体分工如下:李盈傧负责第 1 章至第 4 章,陈红梅负责第 5 章和第 6 章,翟春洋负责第 7 章和第 8 章,余本海负责全书的统稿。

由于作者水平有限,书中难免存在错误和不足之处,望各位读者不吝赐教。

编著者

2023 年 6 月

目 录

1

绪论

随着飞秒激光技术的出现和发展,人们在实验室条件下获得了强度超过 10^{21} W/cm² 的超短、超强激光脉冲[1],并利用它们与原子、分子和团簇等相互作用进行极端条件下物质行为的研究工作,从而使人们对原子、分子的认识深入到物质内部的电子动力学过程。在极端物理条件下,激光与物质相互作用过程呈现高度非线性,出现了很多用传统微扰理论无法解释的新物理现象,极大地推进了强场物理和原子、分子物理的发展。例如,激光与原子、分子相互作用中的多光子电离[2],阈上电离[3],高次谐波的产生[4],原子、分子多电子电离中的非次序电离[5],分子解离[6]等。强激光场中原子、分子非次序双电离是强激光与物质相互作用的一种基础的且重要的非线性现象。强场非次序双电离过程包含的物理信息很丰富,如母核离子与电子及电子与电子之间的相互作用等。很多其他领域的动力学过程,如化学反应、固体效应和超导性等,电子关联都是其核心动力学过程。特别地,非次序双电离过程中的电子关联仅是两个电子之间的相互作用,是最简单且最容易研究的一种电子关联。因此,强激光场中原子、分子非次序双电离为人们研究动态电子关联这一重要的物理过程提供了简单、有效的途径[7-9]。

1.1 强激光场中原子、分子单电离的物理过程

1.1.1 多光子电离

单光子电离如图 1-1(a)所示。原子、分子与强激光相互作用时,如图 1-1(b)所示,如果处于基态的电子通过吸收多个光子的能量脱离库仑势场的束缚到连续态,则该电离过程被定义为多光子电离(Multi-photon Ionization,MI)。多光子电离现象在 1931 年被理论预测[10],随着激光技术的发展,到 20 世纪 60 年代,在实验上观察到该现

象[11, 12]。电离后,电子的动能等于光子的总能量($n\hbar\omega$)与原子、分子电离势 I_p 的差,即为 $E_{kin}=n\hbar\omega-I_p$,ω 是入射激光的频率。在较早时期,由于激光技术的限制,多光子电离实验的激光强度一般低于 10^{13} W/cm^2,测量结果可用低阶微扰理论(Lowest-order Perturbation Theory,LOPT)[13]分析和解释,下面的公式可以近似地给出多光子电离产率:

$$\Gamma_n=\sigma_n I^n \tag{1-1}$$

其中:I 是激光强度;σ_n 为电离横截面;n 是电子电离所需要光子数(最少数量)。

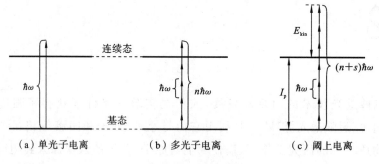

（a）单光子电离　　　　（b）多光子电离　　　　（c）阈上电离

图 1-1　电离机制示意图

式(1-1)表明多光子电离产率与激光强度之间呈指数依赖关系,即非线性依赖关系,并且这种指数依赖关系在实验上已被证实[14]。当入射激光强度达到或者超过临界激光强度时,多光子电离产率对激光强度的依赖特性就会变化[15]。

当多光子电离用式(1-1)描述时,只有在考虑高阶过程影响的情况下,微扰理论处理的精确性才是有保证的,但在高阶情况下,电离横截面 σ_n 是很难计算的。另外,需要注意的是,原子分子体系的状态在激光场作用下会发生变化,而 LOPT 理论没有考虑这种变化。例如,对于原子来说,由于激光电场与原子态耦合,原子态会发生 AC-Stark 移动(原子态以动态的方式发生移动),而微扰理论是不能描述这些能级的移动的。因此,即使考虑高阶过程对电离的影响,利用 LOPT 理论也不能有效地描述多光子电离过程,即对实验观测到的现象不能给出合理的解释。在考虑了 AC-Stark 移动后,大多数的多光子电离实验现象都能给出合理的解释[16]。

1.1.2　阈上电离

相对于多光子电离,发生阈上电离所需要的激光强度要高,即与多光子电离过程相比,阈上电离过程的非微扰性质更明显。如图 1-1(c)所示,如果在多电子电离过程中,电子吸收的光子数超过电离阈值光子数,则这种多光子电离称为阈上电离(Above Threshold Ionization,ATI)。由于原子体系的能级在激光场作用下发生了移动,这会导致电离的电子在库仑势的作用下吸收更多的光子。由于阈上电离是高度非线性的过

程,利用微扰理论描述是困难的。由于早期的激光技术的限制,激光强度比较低,对式
(1-1)进行修正[17],就可以对实验观测的阈上电离结果作近似的处理。修正后的公式
如下所示:

$$\Gamma_{n+s} \propto I^{n+s} \tag{1-2}$$

s 是电子在吸收 n 个光子后,又额外吸收的光子数。这样,电离后电子的动能不仅与 n
有关,还与 s 有关。对光电效应公式进行修正,电子的动能表达式为

$$E_{\text{kin}} = (n+s)\hbar\omega - W_f \tag{1-3}$$

其中:W_f 为电子电离势。

利用高分辨的电子质谱仪,更高激光强度下的光电子能量谱能够被更好地测量。
在较高的激光强度下,实验结果显示阈上电离光电子谱的非微扰特征非常明显[18, 19]。
1986 年,Yergeau 等人的实验测量了阈上电离光电子能量谱(见图 1-2),光电子能量谱
的第一个峰下面包含的面积逐渐变少。当激光强度很高时,该峰甚至消失[19]。这种现
象是明显的非微扰现象,用 LOPT 理论是不能处理的。深入地分析发现,在激光电场
的作用下,原子的各个束缚态(包括基态和高里德伯态)和连续态都发生了 AC-Stark 移
动,并且相应态的移动还是不同的,不同态的 AC-Stark 移动不同可以解释该现象[20-22]。
自由电子在激光场中运动,除了具有移动的动能之外,激光场还给电子提供有质动力势
能 U_p,即

$$U_p = F^2/4\omega^2 \tag{1-4}$$

其中:ω 是激光脉冲的角频率;$F^2 = e^2 E(t)^2/m$,e 是电子电荷,$E(t)$ 是随时间演化的电
场,m 是电子质量。当电子电离时,根据能量守恒可以知道电子的能量可以表示为

$$E = (n+s)\hbar\omega - (W_f + U_p) \tag{1-5}$$

由于处在束缚态电子的电离阈值受激光强度影响很大,因此当激光强度很强时,束
缚态对应的 AC-Stark 移动就比较显著。特别是对处在高里德伯态的电子来说,核对电
子的束缚非常弱,这样在激光场的作用下,高里德伯态的 AC-Stark 移动非常接近 U_p
(U_p 为激光脉冲的有质动力势能)。而当电子的能量比较低时,核对它的库仑作用较
强,它的状态变化比较小,即 AC-Stark 移动很小,可以忽略不计。这样,在激光场的作
用下,原子体系的电离势能大约增加了一个 U_p,于是就阻止了通过低阶通道的电离。
结果,光电子能谱上低的能量峰就会逐渐变小,这种变化表明通过低阶通道电离的概率
变小,但低阶通道不会完全关闭,即低的能量峰不会完全消失(见图 1-2)。

1.1.3 隧道电离

当入射激光脉冲的强度继续增强,达到 $10^{13} \sim 10^{15}$ W/cm² 时,入射激光脉冲的电
场强度和原子体系内的库仑势场的强度是相当的。这样,原子势在外强激光电场的作
用下,会被压迫而变形,形成一个复合势垒。此时,如果处束缚态的电子以一定的概率

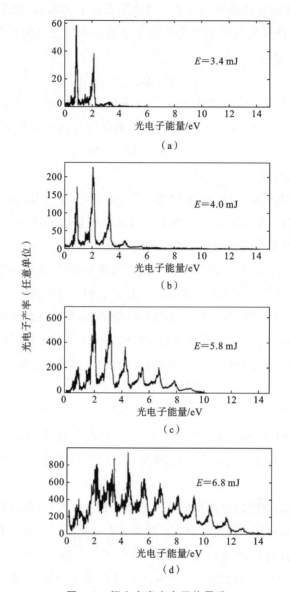

图 1-2　阈上电离光电子能量谱

通过隧道效应穿过势垒而电离,则该过程被定义为隧道电离(Tunnelling Ionization, TI)。当激光强度超越 10^{15} W/cm² 时,由于激光电场很强,复合势垒就会更低、更窄,此时处于束缚态的电子就不被束缚了,该过程称为越垒电离(Over the Barrier Ionization, OTBI),也称过势垒电离。三种电离机制的示意图[23]如图 1-3 所示。在激光场的作用下,电子从势阱中出来之后,电子的运动就可以看作一个经典的点电荷在激光场中的运动。这样电子电离时刻相应的激光脉冲的相位就非常重要,因为该相位决定了处于连续态电子的初始和末态动量。通过以上讨论可以知道,在激光场的峰值附近,电子电离的概率是最大的。这是因为当激光电场最大时,势垒被压迫得最小、最窄。若从量子力学的角度考虑,隧道电离电子的末态实际就是自由电子在激光场中的状态,该状态可以近似地看作一个 Volkov 态(自由电子态)。

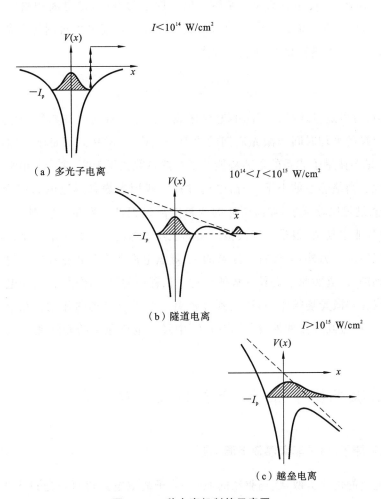

图 1-3 三种电离机制的示意图

图 1-3(a)表明在激光场强度不太高(一般低于 10^{14} W/cm²)时,多光子电离过程占主导地位;图 1-3(b)表明当激光场强度在 $10^{14} \sim 10^{15}$ W/cm² 时,隧道电离过程占主导;图 1-3(c)表明在激光场强度很高(一般高于 10^{15} W/cm²)时,过势垒(越垒)电离过程占主导。

当激光脉冲的强度处于隧道电离区域时,处理原子、分子单电离通常采用 ADK 理论,即 1965 年 Keldysh 提出的准稳态理论模型[24]。基于准稳态理论,下面公式表示隧道电离速率:

$$\omega = \omega_0 \exp\left[-\frac{2(2I_p)^{\frac{3}{2}}}{3E}\right] \tag{1-6}$$

其中:E 是激光脉冲电场强度;I_p 是电离势能;ω_0 是与 E、I_p、Z 有关的慢变化函数,Z 是

原子核的电荷数。越垒电离的阈值强度定义为

$$I_c = \frac{c\varepsilon_0}{32} \frac{I_p^4}{Z^2} \tag{1-7}$$

其中：c 是光速；ε_0 是真空中电介质常数。以氢原子为例，越垒电离的阈值对应的激光强度为 1.4×10^{14} W/cm^2。后来，Keldysh 为了清楚地描述电离机制与激光强度的依赖关系，引入了一个绝热参数 γ，其表达式为

$$\gamma = \frac{\omega \sqrt{2mI_p}}{eE} = \sqrt{\frac{I_p}{2U_p}} \tag{1-8}$$

通过该参数，可以定量地描述不同的电离区域。该参数称为绝热参数，是这样定义的：电子穿越势垒的平均时间与激光周期的比值。在式（1-8）中，U_p 是激光脉冲的有质动力势能，I_p 是多体量子体系的电离势能。当绝热参数大于 1 时，多光子电离理论可以描述电离过程。当绝热参数小于 1 时，电离过程一般用准静态隧道电离理论描述。当 $\gamma=1$ 时，电离过程比较复杂，如前所述的两种电离过程都有发生。特别是在 $\gamma \approx 1$ 的区域，电离过程非常复杂，很难准确模拟。实际上隧道电离和多光子电离是强场电离过程的两个极限情况。另外，需要特别注意的是，隧道电离速率公式是在短程势模型原子的基础上得到的，而真实原子是长程势的。对于长程势的真实原子，自由光电子在运动的过程中不仅受到激光场的作用，还受到母核离子的库仑势场的作用。在 $\gamma<1$ 和 $\gamma \approx 1$ 的情况，在一些近红外和紫外波段，式（1-6）中隧道电离速率的非线性依赖关系得到实验的证实[24-27]。

1.2　强激光场中原子、分子非次序双电离

1.2.1　强场原子、分子非次序双电离机制

与单电离的情况类似，强场驱动的原子、分子的双电离也可以通过多光子过程、遂穿过程和越垒过程发生，分别称为多光子双电离、遂穿双电离和越垒双电离。由于激光技术的限制，早期的双电离研究主要研究靶核第一、第二电离势能都比较低的情况[28]。理论上，早期对原子、分子体系的双电离产率的研究基于单活跃电子（Single Active Electron，SAE）近似理论[29-32]。在激光强度比较高的情况下，双电离是一个有序过程，用 ADK 遂穿理论可以处理和解释实验测量结果。双电离过程可以表示为

$$A + n_1\hbar\omega \rightarrow A^+ + e^-$$
$$A^+ + n_2\hbar\omega \rightarrow A^{2+} + e^- \tag{1-9}$$

其中：n_1 和 n_2 是靶核吸收的光子数目。该电离过程一般称为次序双电离（Sequential Double Ionization，SDI）。理论研究表明，只有激光强度很高时，理论计算的双电离产率与实验测量的才是一致的。1994 年，Walker 等人[33]分别精确测量了氦原子在 780

nm 的强激光脉冲中的单电离和双电离产率(见图 1-4),发现了双电离产率对激光强度有很强的依赖关系,并观察到依赖曲线呈现膝盖状结构。研究结果表明,实验观测到的电离产率在激光强度不太高的情况下,实验测量的产率要远高于基于 ADK 遂穿理论计算的产率,只有在激光强度很高的情况下,两者的结果才是一致的[34,35]。这种现象对应的双电离过程被定义为非次序双电离(Nonsequential Double Ionization, NSDI)。

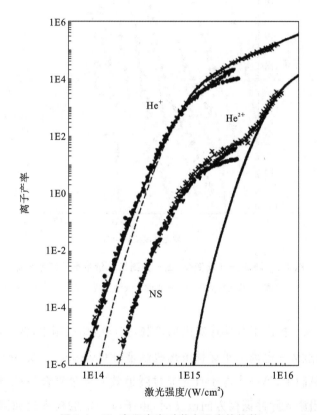

图 1-4　He 离子产率对激光强度的依赖

虚线和实线分别为利用 ADK 隧道理论计算的单电离产率和在单活跃电子近似

下计算的次序双电离产率。

随后的实验中,非次序双电离现象在其他惰性气体[36,37]和某些分子的强场作用过程中也被观测到[38-40],并且实验发现在多重电离过程中,膝盖状的结构(见图 1-5)同样被观测到[41]。

为了准确地描述非次序双电离,人们提出了不同的双电离机制[42,43],主要有三种:抖动电离机制[7]、集体遂穿电离机制[8]、重碰撞机制[44,45]。抖动电离机制是 Fittinghoff 等人[7]提出来的,在该机制中,第一个电子电离的速度非常快,使第二个电子来不及通过绝热过程回到离子基态,导致第二个电子以一定的概率处于连续态而电离。随

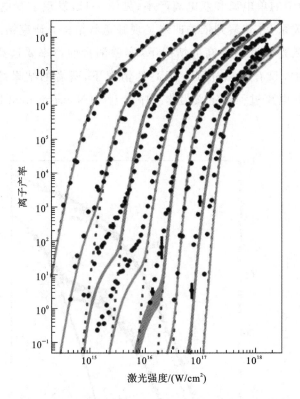

图 1-5　随激光强度变化,正一价到正八价氙离子产率分布

除了正一价离子,其他价离子产率分布的曲线都呈现了清晰的膝盖状结构。

后,Eichmann 等人[8]提出了集体遂穿电离机制,在该电离机制中,两个或多个电子一起通过隧道效应越过势垒电离。重碰撞电离机制是由 Corkum[44]及 Shcafer[45]等人提出来的,在该电离机制中,第一个电子首先通过隧道效应穿过复合势垒,然后在振荡激光场中加速运动,当激光脉冲振荡方向改变时,电子以一定的概率返回到母核离子附近,并与其发生非弹性碰撞,传递能量给第二个电子,最终导致第二个电子在碰撞之后电离。重碰撞机制示意图如图 1-6 所示。

不过,在随后的圆偏振激光驱动的非次序双电离中,没有观察到典型的膝盖状结构[46-48]。氦分子和氩原子在线偏振和圆偏振激光驱动下的单电离和双电离产率随激光强度的变化如图 1-7 所示,研究结果来自文献[47]。通过对这种双电离产率被抑制现象的分析,可以发现抖动和集体遂穿电离机制都不能合理解释该现象,即不管激光脉冲偏振特性怎样,非次序双电离通过抖动机制和集体遂穿机制都能发生。而根据重碰撞理论模型,第一个电子电离之后,在椭圆偏振或圆偏振激光场中运动,电子的返回碰撞几乎是不可能发生的,这会抑制非次序双电离产率。随后大量的实验研究通过测量光电子能量谱[49-53]、离子动量分布[54-57]和关联电子动量分布[9,58]等进一步地证明非次序

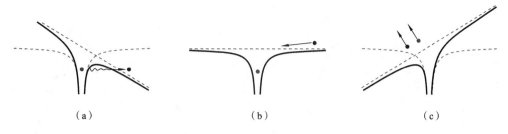

（a）　　　　　　　（b）　　　　　　　（c）

图 1-6　重碰撞机制示意图

　　图 1-6(a)是隧道电离。图 1-6(b)是电子在激光电场中加速运动,当激光场改变方向时返回。图 1-6(c)是电子被激光场拉回母离子附近,然后与其发生非弹性碰撞,双电离发生。

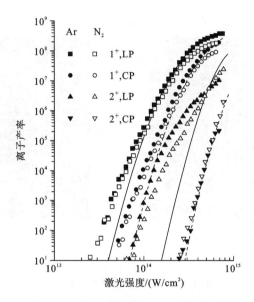

图 1-7　氮分子和氩原子在线偏振和圆偏振激光驱动下的单电离和双电离产率随激光强度的变化

实线和虚线分别表示采用线偏振和圆偏振激光脉冲用 ADK 理论计算的结果。

　　双电离的物理机制是重碰撞电离机制。实验研究发现,正二价离子纵向动量分布如图 1-8 所示,强场非次序双电离产生的正二价离子的纵向(平行于激光偏振方向)动量分布呈现显著的双峰结构[54],并且关联电子纵向动量分布显示两个电子更倾向于沿相同方向发射(见图 1-9(a)),表明两个电子的关联性很强[9]。如果两个电子是通过抖动通道或集体遂穿通道发生电离,则两个电子都会在激光场峰值附近电离,正二价离子获得的反冲动量会非常小,这会导致离子纵向动量分布呈现单峰结构,而不是极大值分布在非零区域的双峰结构(见图 1-8)。同样道理,两个电子的末态总量动量分布应该集中在坐标原点附近区域(类似图 1-9(a)),而不是实验测量的末态纵向动量分布主要集中在一、三象限(见图 1-9(b))。上述实验测量结果再次证明了非次序双电离的物理机制是

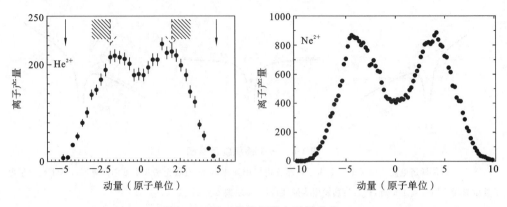

图 1-8　正二价离子纵向动量分布

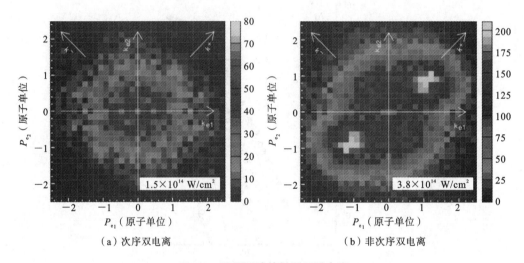

（a）次序双电离　　　　　　　　　（b）非次序双电离

图 1-9　强场驱动的氦原子双电离

水平轴和竖直轴分别表示一个电子沿激光脉冲偏振方向的末态动量分量。

重碰撞电离机制。

需要特别说明的是,重碰撞过程也是其他(如高阶阈上电离[59,60]、高次谐波的产生[61,62]等)一些重要强场过程的物理本质。在高阶阈上电离过程中,处于自由态的电子在激光场中运动,当激光场反向时电子返回到母核离子附近并与其发生弹性碰撞,碰撞后电子动量的方向改变。碰撞后电子继续在激光场中运动并加速。当激光场关闭之后,由于在激光场中连续加速,最终电子可以获得很高的漂移动量。在高次谐波产生过程中,电离的电子在激光场驱动下返回到母核离子后,在库仑势场的作用下与母核离子复合,以高次谐波辐射的方式释放此前电子在激光场中获得的能量。高阶阈上电离和高次谐波的产生在探测原子、分子内部结构及其动态过程有很大的利用价值[63,64]。特别地,高次谐波的辐射是产生超短、超强阿秒脉冲的重要手段[65]。

在强场驱动的原子、分子非次序双电离中,由于两个电子通过重碰撞机制体现了很强烈的关联。同时,电子关联是物质世界的一种普遍和特别重要的现象,是形成物质世界的最本质的原因。因此,非次序双电离电子关联动力学研究是当前强场原子、分子物理研究的热点课题。特别地,强场双电离关联电子微观动力学与入射激光有很强的依赖。随着激光技术的快速发展,一方面为研究电子关联特性的细节提供有效的手段,另一方面使操控电子行为成为可能。所以,对非次序双电离过程中电子关联的细节的研究是当前研究的重点和难点。接下来分别从关联电子动力学与激光强度、波长及靶核结构的依赖关系等方面介绍强场原子、分子非次序双电离的研究现状。

1.2.2　强场原子、分子非次序双电离的研究现状

目前,大量的研究表明,非次序双电离主要通过重碰撞过程发生[44,45]。在重碰撞理论模型中,第一个电子在激光场作用下通过隧道效应穿过复合(激光场和库仑场叠加)势垒而电离。随后电子在振荡激光场中加速运动,当激光脉冲振荡方向改变时,电子以一定的概率返回到母核离子附近,两者发生非弹性碰撞,第二个电子通过碰撞获得能量并最终电离。若第二个电子在碰撞之后立即电离(电离和碰撞之间的时间延迟小于 0.25 个光周期),这种双电离过程定义为直接碰撞电离(Recollision Impact Ionization, RII)。图 1-10 是根据重碰撞理论画出的不同电离通道对应的末态电子关联动量分布示意图。对于通过直接碰撞电离的双电离事件,由于两个电子都在激光场零点附近电离,所以它们在激光场中获得类似的纵向(沿激光场偏振方向)漂移动量,并沿相同方向发射。从而导致关联电子对的末态动量分布集中在第一和第三象限(见图 1-10(a))。相应的二价离子纵向动量分布呈双峰结构(见图 1-8),峰的位置在非零动量区域[54,55]。若第二个电子在碰撞后经过一个明显的时间延迟才发生电离(时间延迟大于

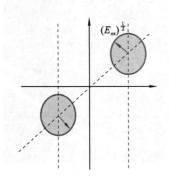

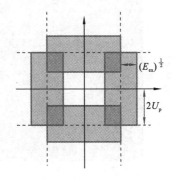

（a）直接碰撞电离的电子对的　　　　　　　（b）碰撞激发场致电离的电子对的
　　　关联动量分布示意图　　　　　　　　　　　末态动量分布示意图

图 1-10　不同电离通道对应的末态电子关联动量分布示意图

0.25 个光周期),则这种双电离过程定义为碰撞激发场致电离(Recollision Rxcitation With Subsequent Field Ionization,RESI)。对于碰撞激发场致电离,第二个电子碰撞后处在激发态,并在激光场峰值附近电离,电离后第二个电子从激光场中获得极小的纵向漂移动量。相应的二价离子纵向动量分布呈现单峰结构,峰的位置在零动量附近[54,55]。随着激光及探测技术的发展[66],可以实现关联电子末态动量分布的精确测量,便于研究非次序双电离碰撞动力学的细节。下面从几个方面介绍当前对非次序双电离的微观动力学的实验和理论研究。

2007 年,Staudte 等人利用冷靶反冲离子动量谱仪测量了氦原子的双电离[67],采用的激光强度高于碰撞阈值强度。首次发现非次序双电离关联电子末态纵向动量分布呈现手指状结构(V 形结构),如图 1-11(a)所示。作者认为双电离是通过典型的(e,2e)通道(即直接碰撞电离通道)电离的,然而根据末态关联电子动量分布,鉴别出两种碰撞过程,分别是两体碰撞和反冲碰撞。两者的区别就是,在反冲碰撞过程中重碰撞电子的动量方向发生了改变,而前者不变。通过分析给出了不同碰撞过程对应的末态关联电子动量分布区域,如图 1-11(b)所示,说明直接碰撞电离机制是导致末态关联电子动量分布呈现手指状结构的原因,排除了碰撞激发场致电离的贡献。随后的理论研究证明了在相应的激光条件下,手指状结构是由反冲碰撞导致的,并且在该过程中,核与电子的库仑吸引作用和电子与电子之间的库仑排斥作用起了重要的作用[68-70]。与此同时,Rudenko 等人测量了远高于碰撞阈值强度的激光场中的氦原子双电离[71],实验结果如图 1-12 所示,关联电子对的末态动量分布也呈现清晰的 V 形结构。然而随后的理论分析显示,在更高激光强度下,关联电子动量分布的 V 形结构是由碰撞过程中电子间能

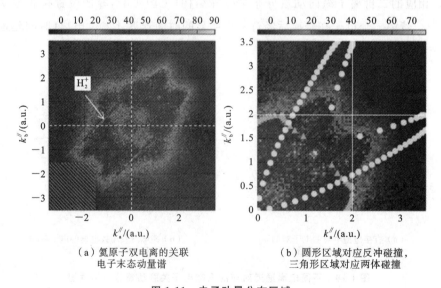

(a)氦原子双电离的关联
电子末态动量谱

(b)圆形区域对应反冲碰撞,
三角形区域对应两体碰撞

图 1-11   电子动量分布区域

实线:截止动量 $2\sqrt{U_p}$。

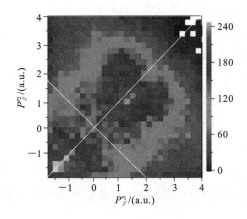

图 1-12 氦原子非次序双电离的电子关联动量谱

$P_{\parallel}^{e_1}$、$P_{\parallel}^{e_2}$ 分别表示非次序双电离产生的两个电子在平行激光偏振方向的动量。

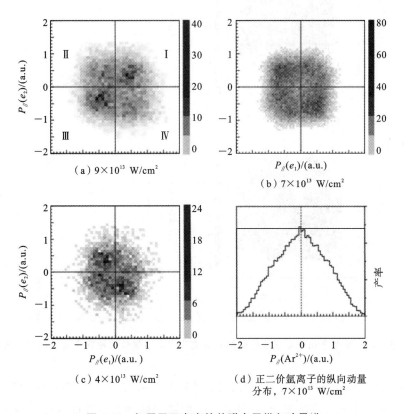

（a）9×10^{13} W/cm^2

（b）7×10^{13} W/cm^2

（c）4×10^{13} W/cm^2

（d）正二价氩离子的纵向动量分布，7×10^{13} W/cm^2

图 1-13 氩原子双电离的关联电子纵向动量谱

激光场：800 nm。

量分配不均匀导致的[72]。

最近的实验测量了激光强度比较低的情况下,甚至回复电子的返回能量低于第二个电子激发所需要的能量时的非次序双电离[73, 74]。实验结果显示,关联电子在低激光强度机制下,关联电子动量分布与高强度机制下的是不同的,如图 1-13(b)和图 1-13(c)所示。在激光强度比较低的情况下[73],氩原子非次序双电离关联电子的发射主要以背靠背散射为主,即呈现反关联分布。与之前观测到的高激光强度机制下的关联特性是不同的。在更低的激光强度下[74],氩原子非次序双电离关联电子动量分布仍然以反关联分布为主,如图 1-14(a)所示,但是对于氖原子,关联电子动量分布在低激光强度下主要是正关联分布,如图 1-14(c)所示。这表明关联电子动力学也与靶核结构有密切的联系,因为靶核结构不同,库仑作用对电子在碰撞过程中动力学的影响是不同的[56, 75-77]。

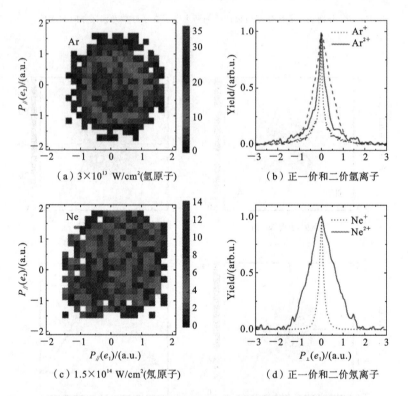

(a) 3×10^{13} W/cm^2(氩原子)

(b) 正一价和二价氩离子

(c) 1.5×10^{14} W/cm^2(氖原子)

(d) 正一价和二价氖离子

图 1-14 氩原子和氖原子双电离的关联电子纵向动量分布和离子横向动量分布

在稍早期的强场物理研究中,采用的激光波长一般在近红外波段,即激光波长小于 1000 nm。随着激光技术的发展,中红外波长的激光脉冲产生并成为强场原子、分子物理研究的有效工具[78]。近年来,利用中红外激光脉冲研究激光与物质相互作用受到了广泛的关注并发现了一些新奇的现象[79-82]。例如,在高次谐波产生的研究中,发现利用中红外激光脉冲,不仅可以提高谐波强度,还能降低啁啾[82]。这非常有利于产生阿秒脉冲。对于中红外激光脉冲驱动的原子、分子非次序双电离,也吸引了实验研究者的关注[83-85]。实验发现非次序双电离关联电子微观动力学与激光波长有很强的依赖关系[83,84],氩原子和氖原子非次序双电离的二价离子纵向动量分布随波长的增加,离子动量分布由单峰结构演化为双峰结构,并且随波长的进一步增加,双峰结构变得越来越显著[83],如图 1-15 所示。这表明随着波长的改变,强激光场驱动的原子非次序双电离关联电子的微观动力学行为是不同的[84,85]。另外由于关联电子动力学与靶核的种类也有强烈的依赖关系[56,75-77,84]。对于强场驱动的分子非次序双电离,关联电子动力学还与分子取向有依赖关系[86-88]。在近红外激光脉冲驱动下,平行取向情况下关联电子动量分布主要集中在一、三象限,如图 1-16(a)所示。如图 1-16(b)所示,与平行取向情况相反,在垂直取向情况下关联电子更倾向于向相反方向发射[86]。这表明在近红外波长情况下,关联电子动力学与分子取向有很强的依赖关系。

在过去的几十年中,人们对双电离的研究主要集中在线偏光驱动的原子、分子非次序双电离。根据重碰撞理论模型,人们认为非次序双电离在椭圆偏振激光场中几乎不能发生,这是因为通过隧穿电离的电子在椭圆偏振激光场提供的横向电场力作用下无法再回到母核附近。大多数实验证明这种观点是正确的,但是却有一些例外。2001年,Guo 等人[47]和 Gillen 等人[89]在圆偏光驱动的一氧化氮分子和镁原子双电离实验中观测到了明显的双电离增强现象(见图 1-17),从而证明了圆偏激光场中非次序双电离的存在。这些出乎意料的结果吸引了人们的关注。

2010 年,Wang 等人[90]和 Mauger 等人[91]分别独立地利用经典系综模型研究了原子在圆偏光驱动下的双电离,观测到了非次序双电离现象。通过理论分析,他们发现重碰撞机制仍然适用于椭偏或圆偏激光驱动的原子非次序双电离。研究表明,椭偏激光场中重碰撞能发生的条件:电子的初始横向动量可以补偿电子在椭偏场中获得的横向漂移动量,从而使电子可以返回到离子核附近。2012 年,Liu 等人利用半经典模型研究了圆偏激光场中的碰撞动力学,进一步证明了上述椭圆偏振激光场中的重碰撞过程,得到了能够导致重碰撞发生的横向初速度窗口,并且预言了圆偏情况下非次序双电离发生与原子种类的关系[92]。需要提及的是,在椭圆偏振情况下,导致非次序双电离的重碰撞量子轨道是长轨道[93]。最近,Liu 等人利用半经典模型研究了椭圆偏振激光驱动的氖原子非次序双电离,证实随椭偏率增加,占主导地位的碰撞过程由单次返回碰撞(短轨道)转变为多次返回碰撞(长轨道),并且分析了库仑势对电子运动的影响[94]。椭圆偏振激光驱动的强场双电离的深入研究能够提供线偏激光场无法提供的新信息,可为双电离的研究提供新的视角,并有望提出新的控制关联电子发射的机制。

随着飞秒激光技术的快速发展,人们在实验室可以获得的持续时间只有几个光

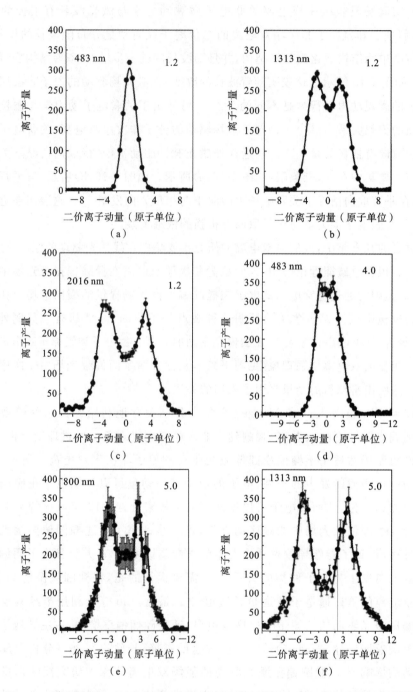

图 1-15 氩原子(第一行)和氖原子(第二行)双电离的正二价离子纵向动量分布[83]

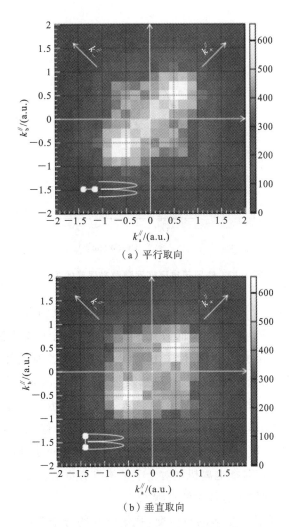

（a）平行取向

（b）垂直取向

图 1-16 氮分子的关联电子动量分布

周期的超强、超短脉冲，周期量级激光的出现为强场物理研究提供了一个重要工具[95,96]。原子、分子中的电子是在阿秒时间尺度内运动，能够直接对周期量级激光脉冲的瞬时电场产生响应。因此，周期量级激光脉冲的载波包络相位（又称绝对相位）强烈影响超快激光与物质相互作用的过程[97-99]。对于非次序双电离，通过控制载波包络相位，利用周期量级激光脉冲可以实现非次序双电离仅源于一次重碰撞的结果。这对准确深入理解关联电子发射动力学是非常重要的。2004 年，Liu 等人在实验上首次研究了周期量级激光场中氩原子非次序双电离。测量结果显示正二价离子动量分布与载波包络相位强烈依赖[100]。随后，不同的研究小组，采用不同的理论方法，研究了周期量级激光场中原子非次序双电离关联电子动量分布[101-103]。最近，利

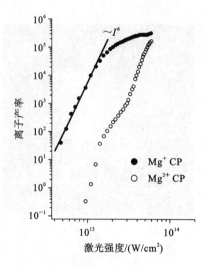

图 1-17 镁原子电离产率随激光强度的演化[47]

用周期量级激光场，两个研究小组研究了在不同激光强度情况下的氙原子非次序双电离。如图 1-18 第一列所示，在较低激光强度下，关联电子载波包络相位平绝的纵向动量分布呈现平行双线结构（平行主对角线）[104]。作者通过经典方法分析认为，重碰撞后两个电子处在不同的激发态（双激发态），随后在激光场作用下发生电离，由于两个电子电离存在一个时间差，最终导致末态关联动量分布呈现平行双线结构。而在高激光强度下，如图 1-19 所示，首次观测到关联电子纵向动量分布呈现十字结构[105,106]。利用经典轨道分析的方法，作者发现对该现象负责任的双电离机制是碰撞激发场致电离的，而直接碰撞电离机制对十字结构没有贡献。但最近的研究表明，直接碰撞电离机制对十字结构也有较大的贡献[107]。

　　相对于原子，分子具有更多的自由度，强场驱动的分子非次序双电离电子电离动力学过程更加复杂。例如，电离概率与分子的核间距有很强的依赖关系，随着分子核间距的增加，会出现电离增强现象，而在核心核间距，电离概率会达到最大值[108]。并且，最近实验测量强场驱动大核间距分子的非次序双电离，结果显示关联电子的角动量分布强烈依赖于分子的核间距[109, 110]。后续，我们将系统研究周期量级激光脉冲的载波包络相位对分子双电离关联电子动力学的调控。同时，选取了几个有代表性的核间距，研究了在不同核间距情况下关联电子动力学与核间距的依赖。

　　实验发现在多重电离过程中膝盖状的结构（见图 1-5）同样被观测到[41]，这表明重碰撞机制也是多重电离过程负责的电离机制。对于强场驱动的原子非次序三电离，虽然激光强度依赖的离子产率[36, 111, 112]和离子动量分布[113-115]已经通过实验测量进行了详细的研究，但对强场非次序三电离机制的认识依然是有限的。例如，最近的实验研究测量了强激光驱动的氖原子非次序三电离[115]，获得了在激光波长为 795 nm，强度在

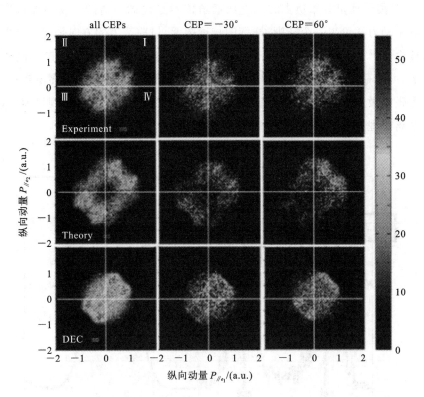

图 1-18 周期量级激光驱动下氩原子非次序双电离关联电子末态纵向动量分布[108]

第一行是实验结果,第二行是经典模拟结果,第三行是复合态理论模拟结果。载波包络相位如图 1-18 所标示。横纵坐标分别为第一、第二个电子的末态纵向动量,单位是原子单位。

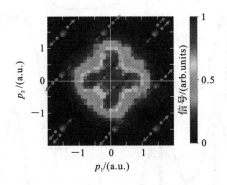

图 1-19 载波包络相位平均的关联电子动量分布[105]

$10^{15} \sim 2 \times 10^{16}$ W/cm² 情况下的三价离子动量分布。通过分析随激光强度演化的反冲离子动量分布,在不同的激光强度下,鉴别了不同的三电离通道。作者推测离子动量分布的双峰在 $\pm 4\sqrt{U_p}$ 和 $\pm 2\sqrt{U_p}$ 对应的主导三电离通道分别是(0-3)和(0-1-3)电离通道。然而在过渡激光强度,如 3×10^{15} W/cm² 和 6×10^{15} W/cm²(见图 1-20(e)和图

1-20(h)),对离子动量分布负责的三电离通道依然是模糊不清的。要对非次序三电离关联多电子动力学给出一个清晰、详细的物理图像,目前努力的方向是建立并发展经典的近似理论[116-122]来研究强场驱动的原子非次序三电离。但是,由于在不同激光强度的情况下,可能存在不少不同的三电离通道,包括次序电离通道、非次序电离通道、可能存在的重碰撞激发及由这些过程组合的混合电离通道[115,118,120,123],直到目前,对强场驱动的三电离的理解还是不完全的。

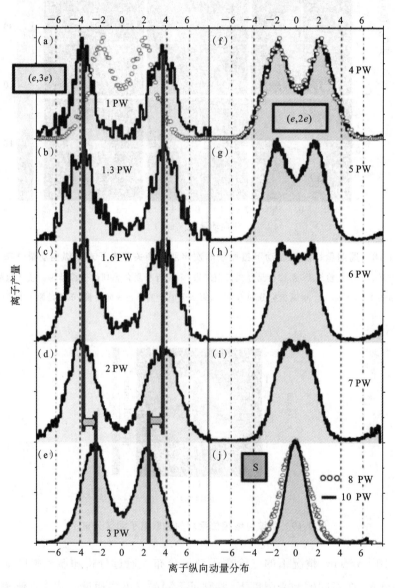

图 1-20 正三价氖离子总量动量分布[115]

激光波长 795 nm。

利用波长为 1300 nm、强度为 0.4×10^{15} W/cm² 的激光脉冲,测量了正三价氖离子和正三价氩离子的动量分布[84]。实验结果显示,三价氖离子和三价氩离子的纵向动量分布的形状均呈现清晰的双峰结构(见图 1-21),这与先前在近红外波段激光驱动下观测到的结果[113,114]是不同的。这表明,在中红外激光脉冲驱动下,非次序三电离关联多电子动力学行为与近红外波段的情况是不同的。因此,我们将系统研究中红外激光驱动下原子非次序三电离的三电子关联动力学及其与激光强度的依赖特性。通过反演分析三电离轨迹,在不同的激光强度下,澄清了不同的三电离通道对非次序双电离总产率的贡献。

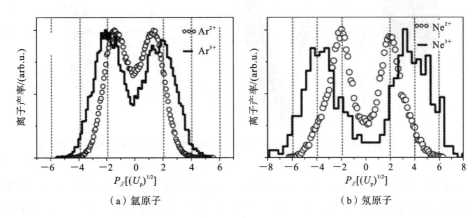

图 1-21 正二价(空心圆)和正三价(实线)离子纵向动量分布[84]

激光波长:1300 nm,激光强度 0.4×10^{15} W/cm²。

1.3 强激光驱动的受挫双电离

当激光场强度与原子内部的束缚库仑场强度相当时,隧穿效应在原子强场激光物理中起重要作用。2008 年,Nubbemeyer 小组实验观察到在激光结束后部分中性原子以高里德堡态的形式存在,并把这种现象称为受挫隧穿电离(Frustrated Tunnel Ionization,FTI)[124]。理论分析认为当电子在隧穿后没有从激光脉冲中获得足够的漂移能量时,它最终将被母核离子的库仑场俘获。实验还发现产生的中性原子的产量对激光的椭偏率有非常强的依赖。当椭偏率由零逐渐增大时,中性原子的产率快速降低,这种现象与高次谐波的产生、非次序双电离等类似,说明受挫隧穿电离同样可以用隧穿+重散射的三步再碰撞模型来理解。

对于双电子系统,两个电子在激光脉冲中被发射出来,但其中一个最终被俘获的类似过程称为受挫双电离(Frustrated Double Ionization,FDI)[125-128]。分子受挫双电离可通过测量分子解离后激发的中性碎片的动能来识别[129],而原子受挫双电离的电离过程不发生解离,因此该方法并不适用。2020 年,Larimian 等人利用反应显微镜对原子与强激光脉冲相互作用形成的两个电子及其母离子进行三体符合检测,开发了一种表征强场相互作用形成的原子 Rydberg 态的方法[130]。该方法利用在能谱仪的直流电场中隧穿电离释放的里德堡态电子的重合检测和黑体辐射(Black Body Radiation,BBR)的单光子电离很好地观测了原子受挫双电离,其装置示意图如图 1-22 所示。

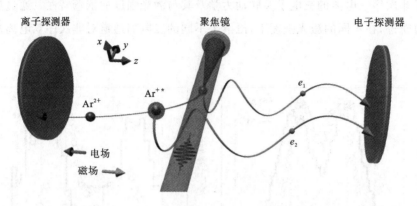

图 1-22　强激光场作用下 Ar^{+*} BBR 电离和直流电场的三体探测实验装置示意图

实验发现,与单电离相比,强场双电离后电子被俘获的概率有很强的增大。实验上这种增大的强度依赖性表明,在连续的双电离状态下,俘获过程是由第二个电离电子主导的。与次序双电离区域相比,非次序双电离区域电子被俘获概率被强烈地抑制。这归因于两个电子之间的强相关性,从而导致电子末态动量分布偏离零。此外实验观测到逃逸电子的动量分布随激光强度增大由较宽的双峰结构向较窄的单峰结构转变,这是多周期激光脉冲作用下电离机制由非次序向次序变化的表现。

Shomsky 等人利用三维经典模型模拟强场驱动的氦原子受挫双电离[125],结果证明逃逸核势阱的电子可能在激光脉冲的末端被束缚。这些电子可以被描述为具有足够小的漂移速度,在激光关闭时移动缓慢,随后重新附着在原子核附近。这部分被重新俘获的电子最有可能是 RESI 导致的。图 1-7 显示理论 RESI 通道和 RII 通道相关电子动量的动力学允许区域,这表明 RESI 通道更有可能产生接近零动能的电子。因此,FDI 机制更倾向于 RESI 通道。

参考文献①

[1] Strickland D, Mourou G. Compression of amplified chirped optical pulses[J]. Opt. Commun. , 1985, 55(3): 219-221.

---

① 本书参考文献直接引用其英文版的参考文献。

[2] Voronov G S, Delone N B. Ionization of the xenon atom by the electric field of ruby laser emission[J]. JETP. Lett. , 1965, 1: 66.

[3] Agostini P, Fabre F, Mainfray G, et al. Free-free transitions following six-photon ionization of Xenon atoms[J]. Phys. Rev. Lett. , 1979, 42(17): 1127-1130.

[4] Goulielmakis E, Schultze M, Hofstetter M, et al. Single-Cycle Nonlinear Optics [J]. Science, 2008, 320(5883): 1613-1617.

[5] Fittinghoff D N, Bolton P R, Chang B, et al. Polarization dependence of tunneling ionization of helium and neon by 120-fs pulses at 614 nm[J]. Phys. Rev. A, 1994, 49(3): 2174-2177.

[6] Kling M F, Siedschlag C, Verhoef A J, et al. Control of electron localization in molecular dissociation[J]. Science, 2006, 312(5771): 245-248.

[7] Fittinghoff D N, Bolton P R, Chang B, et al. Observation of nonsequential double ionization of helium with optical tunneling[J]. Phys. Rev. Lett. , 1992, 69 (18): 2642-2645.

[8] Eichmann U, Dörr M, Maeda H, et al. Collective multielectron tunneling ionization in strong fields[J]. Phys. Rev. Lett. , 2000, 84(16): 3550-3553.

[9] Weber Th, Giessen H, Weckenbrock M, et al. Correlated electron emission in multiphoton double ionization[J]. Nature, 2000, 405(6788): 658-661.

[10] Goeppert-Mayer M. Über Elementarakte mit zwei Quantensprüngen[J]. Ann. Phys. , 1931, 9: 273.

[11] Emmanouilidou A, Staudte A. Intensity dependence of strong-field double-ionization mechanisms: From field-assisted recollision ionization to recollision-assisted field ionization[J]. Phys. Rev. A, 2009, 80(5): 053415.

[12] Agostini P, Barjot G, Bonnal J F, et al. Multiphoton ionization of hydrogen and rare gases. IEEE J. Quantum Elect[J]. 1968, 4(10): 667-669.

[13] Fabre F, Petite G, Agostini P, et al. Multiphoton above-threshold ionization of xenon at 0. 53 and 1. 06 um[J]. J. Phys. B, 1982, 15(9): 1353-1369.

[14] Lompre L A, Mainfray G, Manus C, et al. Multiphoton ionization of rare gases by a tunable wavelength 30-psec laser pulse at 1. 06 μm[J]. Phys. Rev. A, 1977, 15(4): 1603-1612.

[15] Lompre L A, L'Huillier A, Mainfray G, et al. Laser-intensity effects in the energy distributions of electrons produced in multiphoton ionization of rare gases [J]. J. Opt. Soc. Am. B, 1985, 2(12): 1905-1912.

[16] Agostini P, Breger P, L'Huillier A, et al. Giant stark shifts in multiphoton ion-

ization[J]. Phys. Rev. Lett. , 1989, 63(20): 2208-2211.

[17] Gontier Y, Trahin M. Energetic electron generation by multiphoton absorption [J]. J. Phys. B, 1980, 13(22): 4383-4390.

[18] Kruit P, Kimman J, Muller H G, et al. Electron spectra from multiphoton ionization of xenon at 1064, 532, and 355 nm[J]. Phys. Rev. A, 1983, 28(1): 248-255.

[19] Yergeau F, Petite G, Agostini P. Above-threshold ionisation without space charge[J]. J. Phys. B, 1986, 19(19): L663-L669.

[20] Agostini P, Antonetti A, Breger P, et al. Resonant multiphoton ionisation of xenon with high-intensity femtosecond pulses[J]. J. Phys. B, 1989, 22(12): 1971-1977.

[21] Rottke H, Wolff B, Briekwedde M, et al. Multiphoton ionization of atomie hydrogen inintense subpicoseeond laser pulse[J]. Phys. Rev. Lett. , 1990, 64(4): 403-407.

[22] Freeman R R, Bueksbaum P H. Investigations of above threshold ionization using subpieoseeond laser Pulses[J]. J. Phys. B, 1991, 24(2): 324-347.

[23] Protopapas M, Keitel C H, Knight P L. Atomic physics with super-high intensity lasers[J]. Rep. Prog. Phys. , 1997, 60(4): 389.

[24] Keldysh L V. Ionization in the field of a strong electromagnetic wave[J]. JETP, 1965, 20(5): 1307-1314.

[25] Augst S, Meyerhofer D D, Strickland D, et al. Laser ionization of noble gases by Coulomb-barrier Suppression[J]. J. Opt. Soc. Am. B, 1991, 8(4): 858-867.

[26] Gibson G, Luk T S, Rhodes C K. Tunneling ionization in the multiphoton regime[J]. Phys. Rev. A, 1990, 41(9): 5049-5052.

[27] Ilkov F A, Decker J E, Chin S L. Ionization of atoms in the tunnelling regime with experimental evidence using Hg atoms[J]. J. Phys. B, 1992, 25(19): 4005-4020.

[28] Aleksakhin I, Delone N, Zapesochnyi I, et al. Observation and study of two-electron multiphoton ionization of atoms[J]. JETP, 1979, 49(3): L89-L92.

[29] Faisal F H M. Multiple absorption of laser photons by atoms[J]. J. Phys. B, 1973, 6(4): L89-L92.

[30] Reiss H R. Effect of an intense electromagnetic field on a weakly bound system [J]. Phys. Rev. A, 1980, 22(5): 1785-1813.

[31] Szöke A, Kulander K C, Bardsley J N. Simple calculations on two-colour mul-

tiphoton ionization[J]. J. Phys. B, 1991, 24(14): 3164-3171.

[32] Krause J L, Schafer K J, Kulander K C. High-order harmonic generation from atoms and ions in the high intensity regime[J]. Phys. Rev. Lett. , 1992, 68(24): 3534-3538.

[33] Walker B, Sheehy B, DiMauro L F, et al. Precision measurement of strong field double ionization of helium[J]. Phys. Rev. Lett. , 1994, 73(9): 227-230.

[34] Walker B, Mevel E, Yang B, et al. Double ionization in the perturbative and tunneling regimes[J]. Phys. Rev. A, 1993, 48(2): R894-R897.

[35] Ruiz C, Plaja L, Roso L, et al. Ab initio calculation of the double ionization of helium in a few-cycle laser pulse beyond the one-dimensional approximation[J]. Phys. Rev. Lett. , 2006, 96(5): 053001.

[36] Augst S, Talebpour A, Chin S L, et al. Nonsequential triple ionization of argon atoms in high-intensity laser field[J]. Phys. Rev. A, 1995, 52(2): R917-R919.

[37] Talebpour A, Chien C Y, Liang Y, et al. Non-sequential ionization of Xe and Kr in an intense femtosecond Ti, sapphire laser pulse[J]. J. Phys. B, 1997, 30(7): 1721-1730.

[38] Cornaggia C, Hering Ph. Nonsequential double ionization of small molecules induced by a femtosecond laser field[J]. Phys. Rev. A, 2000, 62(2): 023403.

[39] Cornaggia C, Hering Ph. Laser-induced non-sequential double ionization of small molecules[J]. J. Phys. B, 1998, 31(11): L503-L510.

[40] Guo C, Li M, Nibarger J P, et al. Single and double ionization of diatomic molecules in strong laser fields[J]. Phys. Rev. A, 1998, 58(6): R4271-R4274.

[41] Palaniyappan S, DiChiara A, Chowdhury E, et al. Ultrastrong field ionization of Ne^{n+} ($n \leqslant 8$), rescattering and the role of the magnetic field[J]. Phys. Rev. Lett. , 2005, 94(24): 243003.

[42] Ye Difa, Liu Xueshen, Liu Jie. Classical trajectory diagnosis of a fingerlike pattern in the correlated electron momentum distribution in strong field double ionization of helium[J]. Phys. Rev. Lett. , 2008, 101(23): 233003.

[43] Parker J S, Doherty B J S, Taylor K T, et al. High-energy cutoff in the spectrum of strong-field nonsequential double ionization[J]. Phys. Rev. Lett. , 2006, 96(13): 133001.

[44] Corkum P B. Plasma perspective on strong-field multiphoton ionization[J]. Phys. Rev. Lett. , 1993, 71(13): 1994-1997.

[45] Schafer K J, Yang B, DiMauro L F, et al. Above threshold ionization beyond

the high harmonic cutoff[J]. Phys. Rev. Lett. , 1993, 70(11): 599-602.

[46] Dietrich P, Burnett N H, Ivanov M, et al. High-harmonic generation and correlated two-electron multiphoton ionization with elliptically polarized light[J]. Phys. Rev. A, 1994, 50(5): R3585-R3588.

[47] Guo C, Gibson G N. Ellipticity effects on single and double ionization of diatomic molecules in strong laser fields[J]. Phys. Rev. A, 2001, 63(4): 040701(R).

[48] Niikura H, Légaré F, Hasbani R, et al. Sub-laser-cycle electron pulses for probing molecular dynamics[J]. Nature, 2002, 417: 917-922.

[49] Lafon R, Chaloupka J L, Sheehy B, et al. Electron energy spectra from intense laser double ionization of helium [J]. Phys. Rev. Lett. , 2001, 86 (13): 2762-2765.

[50] Peterson E R, Bucksbaum P H. Above-threshold double-ionization spectroscopy of argon[J]. Phys. Rev. A, 2001, 64(5): 053405.

[51] Chaloupka J L, Rudati J, Lafon R, et al. Observation of a transition in the dynamics of strong-field double ionization [J]. Phys. Rev. Lett. , 2003, 90 (3): 033002.

[52] Moshammer R, Feuerstein B, Fischer D, et al. Non-sequential double ionization of Ne in intense laser pulses[J]. Opt. Express, 2001, 8(7): 358-367.

[53] Witzel B, Papadogiannis N A, Charalambidis D. Charge-state resolved above threshold ionization[J]. Phys. Rev. Lett. , 2000, 85(11): 2268.

[54] Weber Th, Weckenbrock M, Staudte A, et al. Recoil-ion momentum distributions for single and double ionization of helium in strong laser fields[J]. Phys. Rev. Lett. , 2000, 84(3): 443-446.

[55] Moshammer R, Feuerstein B, Schmitt W, et al. Momentum distributions of Nen + ions created by an intense ultrashort laser pulse[J]. Phys. Rev. Lett. , 2000, 84(3): 447-450.

[56] Weber Th, Weckenbrock M, Staudte A, et al. Sequential and nonsequential contributions to double ionization in strong laser field[J]. J. Phys. B, At. Mol. Opt. Phys. , 2000, 33(4): L127-L133.

[57] Eremina E, Liu X, Rottke H, et al. Laser-induced non-sequential double ionization investigated at and below the threshold for electron impact ionization[J]. J. Phys. B, At. Mol. Opt. Phys. , 2003, 36(15): 3269-3280.

[58] Popruzhenko S V, Goreslavskii S P. Photoelectron momentum distribution for double ionization in strong laser fields [J]. J. Phys. B, 2001, 34 (8),

L239-L246.

[59] Yang B, Schafer K J, Walker B, et al. Intensity-dependent scattering ring in high order above-threshold ionization[J]. Phys. Rev. Lett., 1993, 71(23): 3770-3773.

[60] Lewenstein M, Kulander K C, Schafer K J, et al. Rings in above-threshold ionization, A quasiclassical analysis[J]. Phys. Rev. A, 1995, 51(2): 1494-1507.

[61] Lewenstein M, Balcou Ph, Yu M, et al. Theory of high-harmonic generation by low-frequency laser field[J]. Phys. Rev. A, 1994, 49(3): 2117-2132.

[62] Paulus G G, Nicklich W, Xu H L, et al. Plateau in above threshold ionization spectra[J]. Phys. Rev. Lett., 1994, 72(18): 2851-2854.

[63] Blaga C I, Xu J, DiChiara A D, et al. Imaging ultrafast molecular dynamics with laser-induced electron diffraction[J]. Nature, 2012, 483(7388): 193-197.

[64] Itatani J, Levesque J, Zeidler D, et al. Tomographic imaging of molecular orbitals[J]. Nature, 2004, 432(7019): 867-871.

[65] Krausz F, Ivanov M. Attosecond physics[J]. Rev. Mod. Phys., 2009, 81(1): 163.

[66] Ullrich J, Moshammer R, Dorn A, et al. Recoil-ion and electron momentum spectroscopy, reaction-microscopes[J]. Rep. Prog. Phys., 2003, 66(9): 1463-1465.

[67] Staudte A, Ruiz C, Schöffler M, et al. Binary and recoil collisions in strong field double ionization of helium[J]. Phys. Rev. Lett., 2007, 99(26): 263002.

[68] Haan S L, Van Dyke J S, Smith Z S. Recollision excitation, electron correlation, and the production of high-momentum electrons in double ionization[J]. Phys. Rev. Lett., 2008, 101(11): 113001.

[69] Ye Difa, Liu Xu, Liu Jie. Classical trajectory diagnosis of a fingerlike pattern in the correlated electron momentum distribution in strong field double ionization of helium[J]. Phys. Rev. Lett., 2008, 101(23): 233003.

[70] Chen Zhangjin, Liang Yaqiu, Lin Chii-Dong. Quantum theory of recollisional (e, 2e) process in strong field nonsequential double ionization of helium[J]. Phys. Rev. Lett., 2010, 104(25): 253201.

[71] Rudenko A, de Jesus V L B, Ergler T, et al. Correlated two-electron momentum spectra for strongfield nonsequential double ionization of He at 800 nm[J]. Phys. Rev. Lett., 2007, 99(26): 263003.

[72] Zhou Yueming, Liao Qing, Lu Peixiang. Asymmetric electron energy sharing in

strong-field double ionization of helium [J]. Phys. Rev. A, 2010, 82 (5): 053402.

[73] Liu Y, Tschuch S, Rudenko A, et al. Strong-field double ionization of Ar below the recollision threshold[J]. Phys. Rev. Lett., 2008, 101(5): 053001.

[74] Liu Yunquan, Ye Difa, Liu Jie, et al. Multiphoton double ionization of Ar and Ne close to threshold[J]. Phys. Rev. Lett., 2010, 104(17): 173002.

[75] de Jesus V L B, Feuerstein B, Zrost K, et al. Atomic structure dependence of nonsequential double ionization of He, Ne and Ar in strong laser pulses[J]. J. Phys. B, 2004, 37(8): L161-L167.

[76] Chaloupka J L, Lafon R, DiMauro L F, et al. Strong-field double ionization of rare gases[J]. Opt. Express, 2001, 8(7): 352-357.

[77] Panfili R, Eberly J, Haan S. Comparing classical and quantum simulations of strong-field double-ionization[J]. Opt. Express, 2001, 8(7): 431-435.

[78] Agostini P, DiMauro L F. Atoms in high intensity mid-infrared pulses[J]. Contemp. Phys., 2008, 49(3): 179-197.

[79] Blaga C I, Catoire F, Colosimo P, et al. Srong-field photoionization revisited[J]. Nat. phys., 2009, 5(5): 334-338.

[80] Quan Wei, Lin Zhiyang, Wu Mingyan, et al. Classical aspects in above-threshold ionization with a midinfrared strong laser field[J]. Phys. Rev. Lett., 2009, 103(9): 093001.

[81] Colosimo P, Doumy G, Blaga C I, et al. Scaling strong-field interactions towards the classical limit[J]. Nat. Phys., 2008, 4(5): 385-389.

[82] Doumy G, Wheeler J, Roedig C, et al. Attosecond synchronization of high-order harmonics from midinfrared drivers [J]. Phys. Rev. Lett., 2009, 102 (9): 093002.

[83] Alnaser A S, Comtois D, Hasan A T, et al. Strong-field nonsequential double ionization, wavelength dependence of ion momentum distributions for neon and argon[J]. J. Phys. B, 2008, 41(3): 031001.

[84] Herrwerth O, Rudenko A, Kremer M, et al. Wavelength dependence of sublasercycle few-electron dynamics in strong-field multiple ionization[J]. New J. Phys., 2008, 10(2): 025007.

[85] DiChiara A D, Sistrunk E, Blaga C I, et al. Inelastic scattering of broadband electron wave packets driven by an intense midinfrared laser field[J]. Phys. Rev. Lett., 2012, 108(3): 033002.

［86］ Zeidler D, Staudte A, Bardon A B, et al. Controlling attosecond double ionization dynamics via molecular alignment[J]. Phys. Rev. Lett. , 2005, 95(20): 203003.

［87］ Huang Cheng, Zhou Yueming, Tong Aihong, et al. The effect of molecular alignment on correlated electron dynamics in nonsequential double ionization[J]. Opt. Express, 2011, 19(6): 5627-5634.

［88］ Liao Qing, Lu Peixiang. Manipulating nonsequential double ionization via alignment of asymmetric molecules[J]. Opt. Express, 2009, 17(18): 15550-15557.

［89］ Gillen G D, Walker M A, Van Woerkom L D. Enhanced double ionization with circularly polarized light[J]. Phys. Rev. A, 2001, 64(4): 43413.

［90］ Wang X, Eberly J H. Elliptical polarization and probability of double ionization [J]. Phys. Rev. Lett. , 2010, 105(8): 083001.

［91］ Mauger F, Chandre C, Uzer T. Recollisions and correlated double ionization with circularly polarized light[J]. Phys. Rev. Lett. , 2010, 105(8): 083002.

［92］ Fu Li Bin, Xin Guoguo, Ye Difa, et al. Recollision dynamics and phase diagram for nonsequential double ionization with circularly polarized laser fields[J]. Phys. Rev. Lett. , 2012, 108(10): 103601.

［93］ Shvetsov-Shilovski N I, Goreslavski S P, Popruzhenko S V, et al. Ellipticity effects and the contributions of long orbits in nonsequential double ionization of atoms[J]. Phys. Rev. A, 2008, 77(6): 063405.

［94］ Wu Mingyan, Wang Yanlan, Liu Xu, et al. Coulomb-potential effects in nonsequential double ionization under elliptical polarization[J]. Phys. Rev. A, 2013, 87(1): 013431.

［95］ Brabec T, Krausz F. Intense few-cycle laser fields, Frontiers of nonlinear optics [J]. Rev. Mod. Phys. , 2000, 72(2): 545.

［96］ Baltuska A, Udem Th, Uiberacker M, et al. Attosecond control of electronic processes by intense light fields[J]. Nature, 2003, 421(6923): 611-615.

［97］ Zherebtsov S, Fennel T, Plenge J, et al. Controlled near-field enhanced electron acceleration from dielectric nanospheres with intense few-cycle laser fields[J]. Nature Phys. , 2011, 7(8): 655-662.

［98］ Bergues B, Zherebtsov S, Deng Y, et al. Sub-cycle electron control in the photoionization of xenon using a few-cycle laser pulse in the midinfrared[J]. New J. Phys. , 2011, 13(6): 063010.

［99］ Paulus G G, Grasbon F, Walther H, et al. Absolute-phase phenomena in photoionization with few-cycle laser pulses[J]. Nature (London), 2001, 414(6860):

182-184.

[100] Liu X, de Morisson Faria C F. Nonsequential double ionization with few-cycle laser pulses[J]. Phys. Rev. Lett. , 2004, 92(13): 133006.

[101] de Morisson Faria C F, Schomerus H, Liu X, et al. Electron-electron dynamics in laser-induced nonsequential double ionization[J]. Phys. Rev. A, 2004, 69 (4): 043405.

[102] Liao Qing, Lu Peixiang, Zhang Qingbing, et al. Phase-dependent nonsequential double ionization by few-cycle laser pulses[J]. J. Phys. B, 2008, 41 (12): 125601.

[103] Micheau S, Chen Z, Le A T, et al. Quantitative rescattering theory for nonsequential double ionization of atoms by intense laser pulses[J]. Phys. Rev. A, 2009, 79(1): 013417.

[104] Camus N, Fischer B, Kremer M, et al. Attosecond correlated dynamics of two electrons passing through a transition state[J]. Phys. Rev. Lett. , 2012, 108 (7): 073003.

[105] Bergues B, Kübel M, Johnson N G, et al. Attosecond tracing of correlated electron-emission in non-sequential double ionization[J]. Nat. Commun. , 2012, 3: 813-817.

[106] Kübel M, Kling Nora G, Betsch K J, et al. Nonsequential double ionization of N_2 in a near-single-cycle laser pulse[J]. Phys. Rev. A, 2013, 88(2): 023418.

[107] Huang Cheng, Zhou Yueming, Zhang Qingbing, et al. Contribution of recollision ionization to the cross-shaped structure in nonsequential double ionization [J]. Optics Express, 2013, 21(9): 11382-11390.

[108] Yu H, Zuo T, Bandrauk A D. Molecules in intense laser fields, enhanced ionization in a one-dimensional model of H_2 [J]. Phys. Rev. A, 1996, 54(4): 3290-3298.

[109] Havermeier T, Jahnke T, Kreidi K, et al. Single photon double ionization of the helium dimer[J]. Phys. Rev. Lett. , 2010, 104(15): 153401.

[110] Ni H, Ruiz C, Dörner R, et al. Numerical simulations of single-photon double ionization of the helium dimer[J]. Phys. Rev. A, 2013, 88(1): 013407.

[111] Larochelle S, Talebpour A, Chin S L. Non-sequential multiple ionization of rare gas atoms in a Ti, Sapphire laser field[J]. J. Phys. B, 1998, 31(6): 1201-1214.

[112] Panfili R, Haan S L, Eberly J H. Slow-down collisions and nonsequential

double ionization in classical simulations[J]. Phys. Rev. Lett. , 2002, 89(11): 113001.

[113] Rudenko A, Zrost K, Feuerstein B,et al. Correlated multielectron dynamics in ultrafast laser pulse interactions with atoms[J]. Phys. Rev. Lett. , 2004, 93 (25): 253001.

[114] Zrost K, Rudenko A, Ergler Th, et al. Multiple ionization of Ne and Ar by intense 25 fs laser pulses, few-electron dynamics studied with ion momentum spectroscopy[J]. J. Phys. B, 2006, 39(13): S371-S380.

[115] Rudenko A, Ergler Th, Zrost K,et al. From non-sequential to sequential strong-field multiple ionization, identification of pure and mixed reaction channels[J]. J. Phys. B, 2008, 41(8): 081006.

[116] Ho P J, Eberly J H. In-plane theory of nonsequential triple ionization[J]. Phys. Rev. Lett. , 2006, 97(8): 083001.

[117] Sacha K, Eckhardt B. Nonsequential triple ionization in strong fields[J]. Phys. Rev. A, 2001, 64(5): 053401.

[118] Feuerstein B, Moshammer R, Ullrich J. Nonsequential multiple ionization in intense laser pulses, interpretation of ion momentum distributions within the classical 'rescattering' model[J]. J. Phys. B, 2000, 33(21): L823-L830.

[119] Liu X, Figueira de Morisson Faria C, Becker W, et al. Attosecond electron thermalization by laser-driven electron recollision in atoms[J]. J. Phys. B, 2006, 39(16): L305-L311.

[120] Zhou Yueming, Liao Qing, Lu Peixiang. Complex sub-laser-cycle electron dynamics in strong-field nonsequential triple ionizaion[J]. Optics Express, 2010, 18(15): 16024-16034.

[121] Emmanouilidou A. Recoil collisions as a portal to field-assisted ionization at near-uv frequencies in the strong-field double ionization of helium[J]. Phys. Rev. A, 2008, 78(2): 023411.

[122] Emmanouilidou A, Staudte A. Intensity dependence of strong-field double-ionization mechanisms, From field-assisted recollision ionization to recollision-assisted field ionization[J]. Phys. Rev. A, 2009, 80(5): 053415.

[123] Becker A, Faisal F H M. S-matrix analysis of ionization yields of noble gas atoms at the focus of Ti, sapphire laser pulses[J]. J. Phys. B, 1999, 32(14): L335-L343.

[124] Nubbemeyer T, Gorling K, Saenz A, et al. Strong-field tunneling without Ion-

ization[J]. Phys. Rev. Lett. , 2008, 101(23): 233001.

[125] Shomsky K N, Smith Z S, Haan S L. Frustrated nonsequential double ionization, A classical model[J]. Phys. Rev. A, 2009, 79(6): 061402.

[126] Sayler A M, Mckenna J, Gaire B,et al. Measurements of intense ultrafast laser-driven D_3^+ fragmentation dynamics[J]. Phys. Rev. A, 2012, 86(3): 033425.

[127] Chen A, Price H, Staudte A,et al. Frustrated double ionization in two-electron triatomic molecules[J]. Phys. Rev. A, 2016, 94(4): 043408.

[128] Zhang Wenbin, Yu Zuqing, Gong Xiaochun, et al. Visualizing and steering dissociative frustrated double ionization of hydrogen molecules[J]. Phys. Rev. Lett. , 2017, 119(25): 253202.

[129] Nubbemeyer T, Eichmann U, Sandner W. Excited neutral atomic fragments in the strong-field dissociation of N_2 molecules [J]. J. Phys. B, 2009, 42 (13), 134010.

[130] Larimian S, Erattupuzha S, Baltuška A, et al. Frustrated double ionization of argon atoms in strong laser fields[J]. Phys. Rev. Rese. , 2020, 2(1): 013021.

2

强场原子、分子非次序双电离的理论模型

对于强场激光原子、分子非次序双电离,一方面由于两个电子之间强烈的关联,另一方面涉及三体或者四体运动,这意味着准确描述强场非次序双电离的理论是十分复杂的,并且由于非次序双电离是高度非线性的,这导致只能用量子力学的非微扰理论才能准确描述。由于巨大的计算量,目前利用求解全维的含时薛定谔方程的数值方法仅能处理只有两个电子的原子系统在较短波长的情况[12]。目前,实验上常用的近红外和中红外波段利用全维量子理论计算强场驱动的原子非次序双电离或者多电离是非常困难的。因此,要对非次序双电离或者多电离关联多电子动力学给出一个清晰、详细的物理图像,目前努力的方向是建立并优化量子、经典和半经典的近似理论来研究强场驱动的原子、分子非次序双电离和多电离。目前,用来处理强场原子、分子非次序双电离的理论模型主要有量子求解含时薛定谔方程的数值方法、基于强场近似的 S-矩阵理论模型、基于遂穿电离的半经典理论模型以及全经典系综理论模型等。

2.1　量子求解含时薛定谔方程的数值方法

数值求解双电子含时薛定谔方程是描述强场原子、分子非次序双电离最准确的方法。在参考文献[13]中详细介绍了获取关联电子末态动量分布的计算方法。这里简要介绍如何应用数值求解含时薛定谔方程处理强场非次序双电离的过程。在激光场中,双电子体系的哈密顿量可表示为

$$H = -\frac{\mathbf{V}_1^2}{2} - \frac{\mathbf{V}_2^2}{2} + V_{ne}(r_1) + V_{ne}(r_2) + V_{ee}(r_1, r_2) - r_1 \cdot E(t) - r_2 \cdot E(t) \quad (2\text{-}1)$$

其中:V_{ne}、V_{ee} 分别表示核与电子之间相互作用的库仑吸引势和电子与电子之间的库仑排斥势;$E(t)$ 是激光脉冲电场。全维的双电子含时薛定谔方程为

$$i\frac{\partial\psi(r_1,r_2,t)}{\partial t}=H\psi(r_1,r_2) \tag{2-2}$$

计算过程中,若每个电子都取三维空间分布,即对式(2-2)在双电子全维空间上求解含时薛定谔方程的计算量非常巨大。目前,国际上只有少数几个研究小组能处理激光强度比较低且波长比较短的情况[12, 14-17]。而对于较高强度激光、波长在近红外或者中红外波段的情况,计算量对当前的硬件设备来说还是个巨大的挑战,无法在可接受的时间内完成双电子体系含时薛定谔方程的求解。因此,为了既能体现微观动力学过程的量子效应,又能提高计算效率,一般情况下,在理论计算中采取近似处理。例如,在线偏振激光场的情况下,虽然电子在核的作用下会有一定的横向漂移,但电子的运动主要沿激光偏振方向,并且电子的微观动力学性质主要体现在激光场偏振方向。因此,人们往往限定每个电子都在一维空间运动,即沿激光场偏振方向运动,把全维空间的双电子含时薛定谔方程简化为求解(1+1)维的简化模型[13, 18, 19]。(1+1)维的理论模型的双电子含时薛定谔方程可以简化为

$$i\frac{\partial\psi(x_1,x_2,t)}{\partial t}=\left[-\frac{1}{2}\mathbf{\nabla}^2+V(x_1,x_2)\right]\psi(x_1,x_2) \tag{2-3}$$

其中

$$\mathbf{\nabla}^2=\frac{\partial^2}{\partial x_1^2}+\frac{\partial^2}{\partial x_2^2} \tag{2-4}$$

$$V(x_1,x_2)=V_{ne}(x_1)+V_{ne}(x_2)+V_{ee}(x_1,x_2)-x_1\cdot E(t)-x_1\cdot E(t) \tag{2-5}$$

核与电子和电子与电子之间的相互作用采用软核库仑势描述:

$$V_{ne}(x_i)=-\frac{1}{\sqrt{x_i^2+1}} \tag{2-6}$$

$$V_{ee}(x_1,x_2)=-\frac{1}{\sqrt{(x_1-x_2)^2+1}} \tag{2-7}$$

将式(2-4)和式(2-5)代入式(2-3),通过分离算符方法可以对式(2-3)求解,可以得到式(2-3)的解,即时间间隔 Δt 后的解[20]:

$$\psi(x_1,x_2,t+\Delta t)=\exp[i(\Delta t/4)\mathbf{\nabla}^2]\times$$
$$\exp(-i\Delta tV)\exp[i(\Delta t/4)\mathbf{\nabla}^2]\psi(x_1,x_2,t)+O[(\Delta t)^3] \tag{2-8}$$

其中 $\exp[i(\Delta t/4)\mathbf{\nabla}^2]$ 通常采用快速傅里叶变换进行求解[20]。模拟过程中,通常在整个二维空间上将波函数分离成为两个区域,分别是 $|x_1|,|x_2|<a$ 和 $|x_1|,|x_2|\geqslant a$ 区域[21]。a 的大小选取要满足在外部区域核与电子之间的库仑相互作用是可以忽略的,在内部区域波函数在坐标空间通过分离算符的方法随时间传播。如果有一个电子脱离了内部区域,另一个电子还在内部区域运动,这个时候可以认为一个电子是电离的,此时它与核及另一个电子之间的库仑作用是可以忽略的。当两个电子都进入外部区域时,可以认为两个电子都电离了,即波函数在激光场中传播。在外部区域,粒子间库仑

相互作用是可以忽略的,因此可以获得电子波包传播随时间演化的形式。

非次序双电离的(1+1)维数值求解含时薛定谔方程的方法可以重现膝盖状结构,也能显示在较高激光强度机制下电子主要沿同方向发射[13]。(1+1)维理论模型最主要的不足是不能描述电子发射的角分布,同时由于两个电子都限制在激光场偏振方向运动,高估了两个电子间的库仑相互作用,从而导致模拟结果和实验结果只能定性一致。随后,人们对(1+1)维理论模型进行优化[22],进一步考虑了两个电子在横向方向的相对运动,该优化明显修正了计算结果[1]。

2.2 基于强场近似的 S-矩阵理论模型

基于强场近似的 S-矩阵理论模型是研究非次序双电离很好的一个研究模型。这是因为 S-矩阵理论既包含量子属性,又能提供直观的量子轨道,同时,计算量比数值求解含时薛定谔方程小很多。利用 S-矩阵理论准确描述强场非次序双电离中的重碰撞过程由 Figueira de Morisson Faria C 等人首次做了系统研究[23]。在强场近似下,在激光脉冲驱动下,双电子体系由基态 ψ_0 跃迁到激发态 $\psi_{p_1 p_2}^{(V)}$,其跃迁振幅为[24]

$$M = -\int_{-\infty}^{\infty} dt \int_{-\infty}^{\infty} dt' \langle \psi_{p_1 p_2}^{(V)}(t) \mid V_{12} U_1^{(V)}(t,t') V_1 \otimes U_2^{(0)}(t,t') \mid \psi_0(t') \rangle \quad (2\text{-}9)$$

其中:V_1 和 V_{12} 分别是原子体系的库仑势能和两个电子间的相互作用势能。$U_1^{(V)}(t,t')$ 和 $U_2^{(0)}(t,t')$ 为电子 Volkov 态的时间演化算符,两个电子交换能量是通过 V_{12} 实现的。式(2-9)包含了丰富的物理过程,可以描述如下:在初始时刻(t' 时刻以前),两个电子都处于原子体系的束缚态 $\psi_0'(t')$(基态),双电子的基态可以通过两个单电子基态的叉积得到

$$|\psi_0(t')\rangle = |\psi_0^1(t')\rangle \otimes |\psi_0^2(t')\rangle \quad (2\text{-}10)$$

在 t' 时刻,第一个电子在激光场驱动下通过遂穿电离,这个时候第一个电子处于自由态,而第二个电子仍然处于基态。随后,第一个电子在振荡激光场中运动并加速,从 t' 时刻演化到 t 时刻,在 t 时刻第一个电子返回到母离子附近并与母离子发生碰撞,将能量传递给第二个电子,随后该电子被发射出去,使得两个电子都处于自由态,两个电子的动量分别记为 p_1 和 p_2,则两个电子的态可以表示为

$$|\psi_p^{(V)}(t)\rangle = |\psi_{p_1}^{(V)}(t)\rangle \otimes |\psi_{p_2}^{(V)}(t)\rangle \quad (2\text{-}11)$$

其中

$$|\psi_{p_1}^{(V)}(t)\rangle = |P + A(t)\rangle e^{iS_p(t)} \quad (2\text{-}12)$$

为 Volkov 态,且

$$\langle r | P + A(t)\rangle = \frac{1}{(2\pi)^{-3/2}} e^{i[P+A(t)]\cdot r} \quad (2\text{-}13)$$

$$S_p(t) = -\frac{1}{2}\int_{-\infty}^{t} d\tau [P + A(\tau)]^2 \quad (2\text{-}14)$$

利用广义贝塞尔函数将 Volkov 态展开，就可以求解式(2-9)的积分[25]。计算更简单、物理图像更清楚的方法是利用鞍点近似求解[26]。

将时间演化算符 $U_1^{(V)}(t,t')$ 用 Volkov 态展开：

$$U^{(V)}(t,t') = \int d^3 K \, |\psi_K^{(V)}(t)\rangle\langle\psi_K^{(V)}(t')| \tag{2-15}$$

并将 Volkov 态代入式(2-9)，然后分离变量，跃迁振幅就可以表示为

$$M_p = -\int_{-\infty}^{\infty} dt \int_{-\infty}^{t} dt' \int d^3 k V_{PK} V_{K_0} e^{iS_p(t,t',K)} \tag{2-16}$$

其中

$$S_p(t,t',K) = -\frac{1}{2}\left\{\sum_{n=1}^{2}\int_{t}^{\infty}d\tau[P+A(\tau)]^2 + \int_{t'}^{t}d\tau[K+A(\tau)]^2\right\} + I_{p_1}t' + I_{p_2}t \tag{2-17}$$

$$V_{PK} = \langle P_2+A(t), P_1+A(t)|V_{12}|K+A(t),\psi_0^2\rangle \tag{2-18}$$

$$V_{K_0} = \langle K+A(t')|V_1|\psi_0^1\rangle \tag{2-19}$$

利用鞍点方程求和可以得到式(2-16)的积分，鞍点由下面三个式子决定：

$$\frac{\partial S_P(t,t',K)}{\partial t} = 0 \tag{2-20}$$

$$\frac{\partial S_P(t,t',K)}{\partial t'} = 0 \tag{2-21}$$

$$\frac{\partial S_P(t,t',K)}{\partial k} = 0 \tag{2-22}$$

可以得到

$$[K+A(t')]^2 = 2I_{p_1} \tag{2-23}$$

$$\sum_{n=1}^{2}[P_n+A(t)]^2 = [K+A(t)]^2 + 2I_{p_2} \tag{2-24}$$

$$\int_{t'}^{t}d\tau[K+A(\tau)] = 0 \tag{2-25}$$

利用费曼图解[27]可以直观地给出相关理论推导的物理图像，如图 2-1 所示。其中，遂穿时刻和碰撞时刻能量守恒由式(2-23)和式(2-24)分别表示，而电子在时刻 t 电离，在时刻 t' 回复到母核离子，由式(2-25)表示。式(2-16)的积分结果为

$$M_p^1 = \sum_s A_s \exp iS_{ps}(t_s,t'_s,k_s) \tag{2-26}$$

$$A_s = (2\pi i)^{5/2}\frac{V_{pks}V_{k_0s}}{\sqrt{\det S''_p(t_s,t'_s,k_s)}} \tag{2-27}$$

$$S_{PS} = S_p(t_s,t'_s,k_s) \tag{2-28}$$

图 2-1(a)和图 2-1(b)分别与非次序双电离中的直接碰撞电离和碰撞激发场致电离过程对应，两者的主要区别：前者第二个电子在碰撞后立即电离(见图 2-1(a))，而后

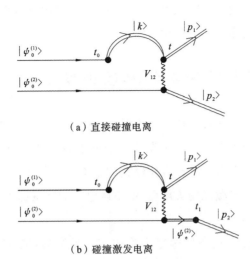

（a）直接碰撞电离

（b）碰撞激发电离

图 2-1 非次序双电离的费曼图解[27]

者第二个电子碰撞后处于激发态,随后在电场作用下电离(见图 2-1(b))。对于碰撞激发场致电离过程,其跃迁振幅[28]可以表示为

$$M_p - \int_{-\infty}^{+\infty} dt \int_{-\infty}^{t} dt' \int_{-\infty}^{t'} dt'' \int d^3 k V_{p_2 e} V_{p_1 e, k_0} V_{k_0} e^{iS(p_1, p_2, k, t, t', t'')} \tag{2-29}$$

其中

$$S(p_1, p_2, k, t, t', t'') = -\frac{1}{2} \int_{t}^{\infty} d\tau [p_2 + A(\tau)]^2 - \frac{1}{2} \int_{t'}^{\infty} d\tau [p_1 + A(\tau)]^2$$

$$-\frac{1}{2} \int_{t''}^{t'} d\tau [k + A(\tau)]^2 + I_{p_1} t'' + I_{p_2} t' + E_{2e}(t - t') \tag{2-30}$$

$$V_{k_0} = \langle k(t'') | V | \psi_0^1 \rangle \tag{2-31}$$

$$V_{p_1 e, k_0} = \langle p_1(t'), \psi_e^2 | V_{12} | k(t'), \psi_0^2 \rangle \tag{2-32}$$

$$V_{p_2 e} = \langle p_2(t) | V_{ion} | \psi_e^2 \rangle \tag{2-33}$$

上面三个式子中,第一个电子和第二个电子的基态分别用 ψ_0^1 和 ψ_0^2 表示,第二电子的激发态用 ψ_e^2 表示。式(2-29)的鞍点方程为

$$[K + A(t'')]^2 = 2I_{p_1} \tag{2-34}$$

$$[P_1 + A(t')]^2 = [K + A(t')]^2 + 2(I_{p_2} - E_{2e}) \tag{2-35}$$

$$\int_{t''}^{t'} d\tau [K + A(\tau)] = 0 \tag{2-36}$$

$$[p_2 + A(t)]^2 = 2E_{2e} \tag{2-37}$$

虽然基于强场近似的 S-矩阵理论比较好地解释了一些实验测量结果,但还存在一些明显的不足[29, 30]。例如,关联电子之间的库仑相互作用的重要性是不清楚的,而这

种作用对末态关联电子发射影响很大[2,3,4]。同时,该理论没有考虑母离子与处在中间态和末态的电子之间的库仑相互作用。

2.3 基于遂穿电离的半经典理论模型

基于遂穿电离的半经典理论模型[3]由 Chen 和 Liu 等人提出。在该理论模型中,强场非次序双电离是分两步发生的。首先第一个电子通过隧道效应穿过复合势垒电离。随后电离的电子和第二个电子都被看作经典的带电粒子。两个电子在库仑势场和激光场的共同作用下运动。当激光场关闭后,如果两电子的能量都大于零,则认为该双电离发生了。

第一个电子电离后的状态由遂穿理论决定。遂穿后,第一个电子的位置由下式决定[31]:

$$-\frac{1}{4}\eta-\frac{1}{8}\eta^2-\frac{1}{2}\eta\varepsilon=\frac{1}{4}I_{p_1} \tag{2-38}$$

其中:ε 表示电子电离时的电场,$\varepsilon=E(t_0)$。

第一个电子电离后的速度为 $v_z=0$,$v_x=v_{per}\cos(\theta)$,$v_y=v_{per}\sin(\theta)$ 。每一个运动轨迹的比重由式(2-39)决定[32]:

$$w(t_0,v_{per})=w(0)w(1) \tag{2-39}$$

$$w(0)=\frac{4(2I_{p_1})^2}{|\varepsilon|}e^{[-2(2|I_{p_1}|)^{3/2}/(3|\varepsilon|)]} \tag{2-40}$$

$$w(1)=\frac{(2|I_{p_1}|)^{1/2}}{|\varepsilon|\pi}e^{[-v_{per}^2(2|I_{p_1}|)^{1/2}/|\varepsilon|]} \tag{2-41}$$

正一价离子的基态决定第二个电子的初始状态[31]。

两个电子的运动方程为

$$\frac{d^2r_i}{dt^2}=-E(t)-\mathbf{\nabla}[V_{ne}(r_i)+V_{ee}(r_1,r_2)] \tag{2-42}$$

其中:$E(t)$为电场;$V_{ne}(r_i)$、$V_{ee}(r_1,r_2)$分别为核与电子和两个电子之间相互作用的势能,且

$$V_{ne}(r_i)=-\frac{2}{r_i} \tag{2-43}$$

$$V_{ee}(r_1,r_2)=\frac{1}{|r_1-r_2|} \tag{2-44}$$

半经典模型有两个显著的特点,即第一个电子的电离过程是一个量子的过程;双电离的发生过程是经典的轨迹。这样既包含了一定的量子效应,又能给出直观的双电离过程。因此,该方法广泛地应用于双电离微观动力学研究。

2.4　全经典系综理论模型

描述强场原子、分子电离过程,最准确的方法是数值求解含时薛定谔方程,这是因为原子、分子电离过程通常情况下是一个量子过程。然而,对于双电子体系的原子、分子双电离来说,全维量子理论对当前的计算条件来说还是一个巨大的挑战[12, 14, 15]。并且,对于原子、分子非次序双电离或者非次序多电离,激光强度是非常高的,这样电子的运动就可以用经典运动方程近似描述。正是基于这样的原因,提出了不少经典的近似计算方法[5-11]。这里介绍一下 Eberly 等人建立的全经典系综理论模型[33-35],利用该模型在重现关联电子末态纵向动量分布和描述强场非次序双电离关联电子动力学细节等方面的研究[36-40]都取得了很大的成功。

系综理论模型是一种全经典理论。首先要选择一个系综,该系综包含大量的原子或者分子。初始系综(初始条件)是原子或者分子的双电子基态分布。初始系综可以通过以下方法得到(以原子双电离为例),先让两个电子处在原子核附近,根据能量守恒,即体系的总能量等于原子的第一和第二电离能之和,这样可以给两个电子一个初始动能。然后两个电子随机分配该动能,对任一个电子,获得动能后,再给它一个随机的动量方向。最后两个电子仅在库仑场中自由运动足够长的时间(一般 100 a.u.),就可以得到一个稳定的双电子初始系综分布。如图 2-2 所示,给出了氩原子在动量坐标和空间坐标的初始系综分布。初始系综确定后,就可以让双电子体系在激光场作用下演化。在全经典系综理论模型中,电子对演化的规律遵循牛顿运动方程:

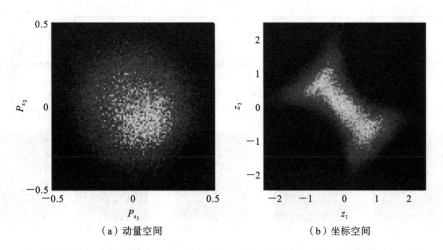

（a）动量空间　　　　　　　　　　　（b）坐标空间

图 2-2　经典系综理论模型中氩原子电子对在动量空间和坐标空间的初始系综分布

单位:原子单位。图 2-2(a)中 p_{z_1}、p_{z_2} 表示两个电子在 z 轴方向的初始动量,图 2-2(b)中 z_1、z_2 表示两个电子在 z 轴方向的初始坐标。

$$\frac{d^2 r_i}{dt^2} = -E(t) - \mathbf{\nabla}[V_{ne}(r_i) + V_{ee}(r_1, r_2)] \tag{2-45}$$

其中：$E(t)$、$V_{ne}(r_i)$ 和 $V_{ee}(r_1, r_2)$ 分别是激光脉冲瞬时电场强度、核与电子之间和电子与电子之间相互作用的势能。对于真实原子的库仑势，为了双电子体系的稳定性，在该模型中，采取软核库仑势。因此核与电子之间和电子与电子之间的库仑势能分别如下：

$$V_{ne}(r_i) = -\frac{2}{\sqrt{r_i^2 + a^2}} \tag{2-46}$$

$$V_{ee}(r_i) = \frac{1}{\sqrt{(r_1 - r_2)^2 + b^2}} \tag{2-47}$$

其中：a 为软核屏蔽参数，对不同的原子、分子，其取值范围是不同的，对于氦原子，一般取 $a = 1.5$；b 主要体现电子间相互作用，一般取值比较小（$b = 0.05$）。由于两个电子的运动都由牛顿运动方程决定，因此只需直接求解式（2-45）就可以得到非次序双电离的全部过程，同时，还可以进行反演分析，通过电子演化轨迹跟踪分析每一个双电离过程的细节。在激光场结束之后，如果两个电子的总能量都为正值，则定义双电离发生了。

采用经典系综理论模型研究强场原子、分子非次序双电离有明显的优势。例如，可以计算双电离的整个过程，通过反演分析可以得到双电离任何时刻的电子对运动细节，并且相对于数值求解含时薛定谔方程方法和基于强场近似的 S-矩阵，运算量要小很多。然而，由于原子、分子电离过程是一个全量子过程，所以经典系综理论的可靠性需要考证。Eberly 等人比较了数值求解含时薛定谔方程和经典系综理论的双电离结果。图 2-3 给出了双电子原子体系在激光场作用下，用不同方法获得的双电子空间分布（在

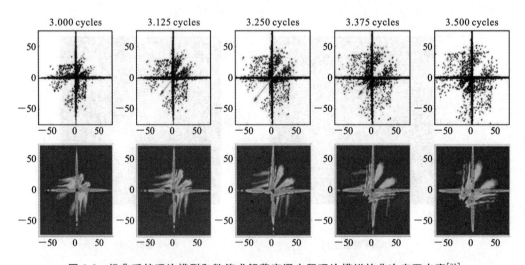

图 2-3   经典系综理论模型和数值求解薛定谔方程理论模拟的非次序双电离[33]

第一行为 1 维经典系综理论模拟得到的电子分布，第二行为数值求解 1 维含时薛定谔方程得到的电子概率分布。激光强度：0.65 PW/cm²。波长：800 nm。

不同时刻)。显然,经典系综理论和量子的数值求解薛定谔方程方法得到的结果是非常一致的[33],这证明了经典系综理论模型是可靠的。

参考文献

[1] Staudte A, Ruiz C, Schöffler M, et al. Binary and recoil collisions in strong field double ionization of helium[J]. Phys. Rev. Lett., 2007, 99(26): 263002.

[2] Haan S, Van Dyke J S, Smith Z S. Recollision excitation, electron correlation, and the production of high-momentum electrons in double ionization[J]. Phys. Rev. Lett., 2008, 101(11): 113001.

[3] Ye Difa, Liu Xueshen, Liu Jie. Classical trajectory diagnosis of a fingerlike pattern in the correlated electron momentum distribution in strong field double ionization of helium[J]. Phys. Rev. Lett., 2008, 101(23): 233003.

[4] Chen Zhangjin, Liang Yaqiu, Lin C D. Quantum theory of recollisional (e, 2e) process in strong field nonsequential double ionization of helium[J]. Phys. Rev. Lett., 2010, 104(25): 253201.

[5] Ho P J, Eberly J H. In-plane theory of nonsequential triple ionization[J]. Phys. Rev. Lett., 2006, 97(8): 083001.

[6] Sacha K, Eckhardt B. Nonsequential triple ionization in strong fields[J]. Phys. Rev. A, 2001, 64(5): 053401.

[7] Feuerstein B, Moshammer R, Ullrich J. Nonsequential multiple ionization in intense laser pulses, interpretation of ion momentum distributions within the classical 'rescattering' model[J]. J. Phys. B, 2000, 33(21): L823-L830.

[8] Liu X, Figueira de Morisson Faria C, Becker W, et al. Attosecond electron thermalization by laser-driven electron recollision in atoms[J]. J. Phys. B, 2006, 39 (16): L305- L311.

[9] Zhou Yueming, Liao Qing, Lu Peixiang. Complex sub-laser-cycle electron dynamics in strong-field nonsequential triple ionizaion[J]. Opt. Express, 2010, 18 (15): 16024.

[10] Emmanouilidou A. Recoil collisions as a portal to field-assisted ionization at near-uv frequencies in the strong-field double ionization of helium[J]. Phys. Rev. A, 2008, 78(2): 023411.

[11] Emmanouilidou A, Staudte A. Intensity dependence of strong-field double-ionization mechanisms: from field-assisted recollision ionization to recollision-assis-

ted field ionization[J]. Phys. Rev. A, 2009, 80(5): 053415.

[12] Parker J S, Doherty B J S, Taylor K T, et al. High-energy cutoff in the spectrum of strong-field nonsequential double ionization[J]. Phys. Rev. Lett., 2006, 96(13): 133001.

[13] Lein M, Gross E K U, Engel V. Intense-field double ionization of helium:identifying the mechanism[J]. Phys. Rev. Lett., 2000, 85(22): 4707-4710.

[14] Smyth E S, Parker J S, Taylor K T. Numerical integration of the time-dependent Schrödinger equation for laser-driven helium[J]. Comput. Phys. Commun., 1998, 114(1): 1-14.

[15] Parkery J, Taylory K T, Clarkz CW, et al. Intense-field multiphoton ionization of a two-electron atom[J]. J. Phys. B, 1996, 29(2): L33-L42.

[16] Dundas D, Taylor K, Parker J, et al. Double-ionization dynamics of laser-driven helium[J]. J. Phys. B, 1999, 32(9): L231-L238.

[17] Parker J, Moore L, Dundas D, et al. Double ionization of helium at 390 nm[J]. J. Phys. B, 2000, 33(20): L691-L698.

[18] Liao Qing, Lu Peixiang, Zhang Qingbin, et al. Phase-dependent nonsequential double ionization by few-cycle laser pulses [J]. J. Phys. B, 2008, 41 (12): 125601.

[19] Prauzner-Bechcicki J S, Sacha K, Eckhardt B, et al. Time-resolved quantum dynamics of double ionization in strong laser fields[J]. Phys. Rev. Lett., 2007, 98(20): 203002.

[20] Feit M D, Fleck Jr J A, Steiger A. Solution of the Schrödinger equation by a spectral method[J]. J. Comput. Phys., 1982, 47(3): 412-433.

[21] Chelkowski S, Foisy C, Bandrauk A D. Electron-nuclear dynamics of multiphoton H_2^+ dissociative ionization in intense laser fields[J]. Phys. Rev. A, 1998, 57(2):1175-1185.

[22] Ruiz C, Plaja L, Roso L, et al. Ab initio calculation of the double ionization of helium in a few-cycle laser pulse beyond the one-dimensional approximation[J]. Phys. Rev. Lett., 2006, 96(5): 053001.

[23] Figueira de Morisson Faria C, Schomerus H, Liu X, et al. Electron-electron dynamics in laser-induced nonsequential double ionization[J]. Phys. Rev. A, 2004, 69(4): 043405.

[24] Becker A, Faisal F H M. Intense-field many-body S-matrix theory[J]. J. Phys. B, 2005, 38(3): R1-R56.

[25] Becker A, Faisal F H M. S-Matrix analysis of coincident measurement of two-electron energy distribution for double ionization of He in an intense laser field [J]. Phys. Rev. Lett., 2002, 89(19): 193003.

[26] Figueira de Morisson Faria C, Lewenstein M. Bound-state corrections in laser-induced nonsequential double ionization [J]. J. Phys. B, 2005, 38 (17): 3251-3271.

[27] Figueira de Morisson Fariaa C, Liu X. Electron-electron correlation in strong laser fields[J]. J. Mod. Opt., 2011, 58(13): 1076-1131.

[28] Shaaran T, Figueira de Morisson Faria C. Laser-induced nonsequential double ionization, kinematic constraints for the recollision-excitationtunneling mechanism[J]. J. Mod. Opt., 2010, 57(11): 984-991.

[29] Kopold R, Becker W, Rottke H, et al. Routes to nonsequential double ionization[J]. Phys. Rev. Lett., 2000, 85(18): 3781-3784.

[30] Popruzhenko S V, Goreslavskii S P. Photoelectron momentum distribution for double ionization in strong laser fields [J]. J. Phys. B, 2001, 34 (8), L239-L246.

[31] Chen Jing, Liu Jie, Fu Libin, et al. Interpretation of momentum distribution of recoil ions from laser-induced nonsequential double ionization by semiclassical rescattering model[J]. Phys. Rev. A, 2000, 63(1): 011404.

[32] Delone N B, Krainov V P. Energy and angular electron spectra for the tunnel ionization of atoms by strong low-frequency radiation[J]. J. Opt. Soc. Am. B, 1991, 8(6):1207-1211.

[33] Panfili R, Eberly J, Haan S. Comparing classical and quantum simulations of strong-field double-ionization[J]. Opt. Express, 2001, 8(7): 431-435.

[34] Panfili R, Haan S L, Eberly J H. Slow-down collisions and nonsequential double ionization in classical simulations[J]. Phys. Rev. Lett., 2002, 89(11): 113001.

[35] Ho P J, Eberly J. Different rescattering trajectories related to different total electron momenta in nonsequential double ionization[J]. Opt. Express, 2003, 11(22): 2825-2831.

[36] Haan S L, Cully J, Hoekema K. Speed-up collisions in strong-field double ionization[J]. Opt. Express, 2004, 12(20): 4758-4767.

[37] Ho P J, Panfili R, Haan S L, et al. Nonsequential double ionization as a completely classical photoelectric effect [J]. Phys. Rev. Lett., 2005, 94 (9): 093002.

[38] Ho P J, Eberly J H. Classical effects of laser pulse duration on strong-field double ionization[J]. Phys. Rev. Lett. , 2005, 95(19): 193002.

[39] Haan S L, Breen L, Karim A, et al. Variable time lag and backward ejection in full-dimensional analysis of strong-field double ionization [J]. Phys. Rev. Lett. , 2006, 97(10): 103008.

[40] Haan S L, Breen L, Karim A, et al. Recollision dynamics and time delay in strong-field double ionization[J]. Opt. Express, 2007, 15(3): 767-778.

[41] Feuerstein B, Moshammer R, Fischer D, et al. Separation of recollision mechanisms in nonsequential strong field double ionizaion of Ar, the role of excitation tunneling[J]. Phys. Rev. Lett. , 2001, 87(4): 043003.

3

强激光场中原子非次序双电离

3.1 中红外激光脉冲驱动的原子非次序双电离

2015 年,巴塞罗那的实验小组利用光参量锁模脉冲放大技术,获得了中红外波段的激光脉冲(波长 $\lambda > 3000$ nm),从此开启了强场物理的新纪元。利用中红外激光脉冲,Wolter 等人研究了 Xe 原子的非次序双电离(Nonsequential Double Ionization, NSDI),他们在关联电子沿激光偏振方向的动量谱中观测到了一个前所未有的结构——叉形结构,这更加引起了人们对中红外激光脉冲下原子 NSDI 的研究兴趣。本章利用三维经典系综方法,首先,通过比较 Xe 原子在近红外激光脉冲和中红外激光脉冲驱动下 NSDI 的关联电子沿激光偏振方向的动量谱,进一步探索中红外激光下有效再碰撞和 NSDI 是如何发生的、是否有新的物理过程;其次,探索中红外激光下 Xe 原子 NSDI 的关联电子动力学行为对激光强度的依赖。研究表明,中红外激光脉冲驱动下导致 NSDI 发生的有效再碰撞过程完全不同于近红外激光的情况。近红外激光时,有效再碰撞往往发生在第一个电子的第一次返回;而中红外激光时,有效再碰撞却往往发生在第一个电子的第二次返回。近红外激光与中红外激光下 NSDI 的机制也有很大的差别,近红外激光时,NSDI 的机制强烈依赖于激光强度,强度较高时,直接碰撞电离机制支配着 NSDI,强度较低时,碰撞激发场致电离机制支配着 NSDI;中红外激光时,无论较高强度和较低强度,NSDI 均由直接碰撞电离机制支配,同时碰撞激发场致电离机制几乎被完全抑制。另外,研究发现中红外激光下再碰撞过程中两电子能量的不均匀共享十分普遍,比较多的双电离事件中两电子再碰撞过程中能量严重的不均匀共享,这导致第一个电子的动量在激光场结束时往往为零,第二个电子可以获得一个比较大的动量,这些事件对应的关联电子沿激光偏振方向的动量谱呈现出明显的十字形结构;很少的双电离事件中两电子再碰撞过程中能量均匀分配,这导致在激光场结束时两电子的动量大小几乎相等,这些事件对应的关联电子沿激光偏振方向的动量谱沿第一、三象限的对角线分布;有相当一部分双电离事件中电子对再碰撞过程中能量分配情况介于均匀分配与严重不均匀分配之间,这导致在激光场结束时两电子的动量既不相等,又差别不是很大,这些双电离事件对应的关联电子沿激光偏振方向的动量谱呈现出实验上已经观测到的叉形结构。进而发现再碰撞过程中两电子能量的不均匀共享程度强烈依赖于激光强度,从而导致关联电子动量谱强烈依赖于激光强度。例如,强度较低时,能量不均匀共享较弱,导致关联电子动量谱在第一、三象限显示出微弱的 V 形结构;强度增大时,能量不均匀共享增强,导致关联电子动量谱在第一、三象限显示出非常明显的 V 形结构;强度很高时,能量不均匀共享非常严重,导致关联电子动量谱转变为非常明显的十字形结构。另外,无论是高强度还是低强度,关联电子沿垂直激光偏振方向的动量谱均呈现出强烈的排斥行为。为此进一步把入碰电子和被碰电子区别开,发现再碰撞过程中入碰电子往往被分配较高的能量,但当激光场结束时沿激光偏振方向往往获得较小的动量,而垂直激光偏振方向往往获得较大的动量;被碰电子在碰撞过程中往往被分配了较低的能量,但在激光场结束时沿激光偏振方向往往获得较大的动量,而垂直激光偏振方向往往获得较小的动量。

3.1.1　引言

　　强激光场(强度 $10^{13} \sim 10^{16}$ W/cm^2)与稀有气体原子或分子相互作用能够导致许多新奇的非线性物理现象,如高次谐波产生(High-order Harmonic Generation, HHG)[1, 2]、域上电离(Above Threshold Ionization, ATI)[3-5]、NSDI[6]和阿秒脉冲产生[7, 8]等,这些非线性现象的核心物理过程是再碰撞[9-11]:先发生电离的电子在激光场的作用下加速运动,一段时间后可能被激光场驱动回母核离子附近,并发生再碰撞。

　　激光的波长 λ 能够在很大程度上影响再碰撞过程。较早的 Ti 蓝宝石激光系统的基频波长为 800 nm,由此人们利用 800 nm 的激光脉冲做了大量的研究。随着超快激光技术的发展,如光参量锁模脉冲放大技术[12],人们可以获得更长波长的激光脉冲,甚至可以获得中红外激光脉冲,中红外激光的波长 $\lambda > 3~\mu m$。由于回复电子的再碰撞能量(再碰撞之前的能量)正比于 λ^2,因此对于中红外激光脉冲可以提供足够大的再碰撞能量,而如此大的再碰撞能量正是分子结构的动力学成像[13, 14]或产生高能宽频带辐射所需要的[15]。

　　截至目前,人们注意到对较长波长激光脉冲驱动下原子 NSDI 的研究比较少,特别是中红外激光脉冲[16-18]。近红外激光已经为研究电子关联行为提供了一个极好的且简单的平台[19-36],而电子关联是构成物质世界的基础。本节将回答两个问题:中红外激光脉冲驱动下 NSDI 和再碰撞过程是如何发生的? 其中是否有新的物理?

通过比较近红外与中红外激光脉冲驱动下 Xe 原子 NSDI，展示出如果第一个电子返回碰撞时携带较大的能量，会导致 NSDI 过程和关联电子动力学发生意想不到的改变。例如，中红外激光时，有效再碰撞是以第二次返回轨迹为主，不再像近红外激光时那样以第一次返回为主，第二次返回时电子携带较低的能量。另外，近红外激光时 NSDI 过程中碰撞激发场致电离（RESI）机制经常发生，对于较低的强度，RESI 甚至占主导地位；而中红外激光时，由于非常高的再碰撞能量导致 NSDI 过程中 RESI 几乎被完全抑止。中红外激光时，返回电子能够携带较高的再碰撞能量是很容易理解的，但是人们完全不清楚如此高的再碰撞能量会对 NSDI 造成什么样的后果，这归咎于电子与母核离子之间复杂的相互作用。预测 NSDI 的关联电子动力学行为由近红外激光到中红外激光时发生明显改变，这会在关联电子动量谱上留下印记，实验上可以直接观测到这一变化。

本节利用 Eberly 等人提出的经典系综方法[27]，这个方法已经被广泛地用于描述强场双电离过程，无论是定性的还是定量的[23,25,26,30,35,38-45]。由于原子是量子力学系统，因此原子与外加激光场之间的相互作用理应由对应的多电子含时薛定谔方程描述，但利用量子力学求解要求非常高的计算条件[46,47]。相对而言，经典方法为研究强场双电离问题提供了一种非常简单且直观的途径。

经典系综方法的大概思想是利用一个经典模型原子的系综模拟量子力学的波函数。激光场没有打开之前，一个经典模型原子的系综首先被置于经典物理所允许的相空间中，系统的总能量 $E_{tot}=-1.23$ a.u.，这个值等于 Xe 原子第一电离能（12.13 eV）和第二电离能（20.98 eV）之和的相反数。E_{tot} 满足下面公式：

$$E_{tot}=\left(\frac{p_1^2}{2}-\frac{2}{\sqrt{r_1^2+a^2}}\right)+\left(\frac{p_2^2}{2}-\frac{2}{\sqrt{r_2^2+a^2}}\right)+\frac{1}{\sqrt{r_{12}^2+b^2}}=-1.23 \text{ a.u.} \quad (3-1)$$

其中：$\vec{p_i}$ 和 $\vec{r_i}$ 是第 i（$i=1$ 或 2）个电子的动量和位置；$\vec{r}_{12}=\vec{r}_1-\vec{r}_2$ 代表两个电子的相对位置；a 和 b 是软核参数[48,49]，为了把原子放在经典力学所允许的位置，设定 $a=2.0$ a.u.，为了防止非物理库仑奇点，设定 $b=0.1$ a.u.[45]。

获得初始条件之后，打开激光场，两个电子在激光场和库仑场的共同作用下运动，其运动方程由牛顿运动方程描述，即

$$\frac{d^2\vec{r_i}}{dt^2}=-\nabla\left(-\frac{2}{\sqrt{r_i^2+a^2}}+\frac{1}{\sqrt{r_{12}^2+b^2}}\right)-\vec{E}(t) \quad (3-2)$$

其中：$\vec{E}(t)$ 是梯形脉冲包络的激光电场，包括 10 个光周期，其中 2 个光周期线性增加到最大值，6 个光周期保持最大值，2 个光周期线性减小为零。激光场的偏振方向沿 z 轴方向。本节的研究中使用了两种激光脉冲：一种是近红外激光脉冲（波长为 800 nm），另一种是中红外激光脉冲（波长为 3200 nm）。计算过程中可以直接获得两电子每一时刻的位置和动量，除此之外，还可以获得一些结果，这些结果实验上能够直接测量到，如

双电离概率和关联电子的末态动量谱,同时实验上测量不到的结果也可以在经典系综方法中得到,如电离时间和再碰撞时间,这些结果只能在理论计算中得到,它们对洞察关联电子微观动力学过程是非常有帮助的。

3.1.2　探索中红外激光下 NSDI 的有效再碰撞过程和电离机制

图 3-1 给出了双电离概率随着激光强度变化而变化的曲线,其中灰色方框对应 800 nm 的激光脉冲,黑色圆圈对应 3200 nm 的激光脉冲。对于这两种激光脉冲,双电离的饱和强度均发生在 1.0×10^{15} W/cm^2 附近,在低于该饱和强度时均呈现出了明显的膝盖状结构,这是 NSDI 的典型特征。

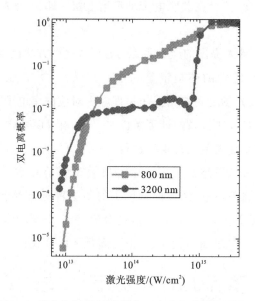

图 3-1　双电离概率随着激光强度变化而变化的曲线

灰色方框代表 800 nm 激光场,黑色圆圈代表 3200 nm 激光场。这两种脉冲的形状都是梯形包络且包括 10 个光周期,其中 2 个光周期线性增加到最大值,6 个光周期保持最大值不变,2 个光周期线性减小为零。

这里有一个非常有趣的现象值得一提,图 3-1 中,在强度 2.0×10^{13} W/cm^2 附近,两条曲线有一个明显的交点。这表明当激光强度低于交点对应的强度时,3200 nm 的激光脉冲对双电离的发生更加有效;而强度高于交点对应的强度时,800 nm 的激光脉冲对双电离的发生更加有效。这个结果归咎于两个因素之间的竞争:第一个电子的返回能量和第一个电子的返回概率。波长越长,第一个电子的返回能量越大,但波包沿横向方向的扩散导致返回概率越小。激光强度低于交点对应的强度时,返回能量起主导作用,因此中红外激光时的双电离概率更高;激光强度高于交点对应的强度时,对于近红外激光脉冲来说,返回能量不再是双电离发生的一个严格的限制,这时返回概率起主导因素,因此近红外激光时的双电离概率更高。

从双电离概率随着激光强度变化而变化的曲线可以看出,NSDI 是返回电子与母核离子之间的相互作用,即再碰撞的结果(取决于第二个电子发生电离需要被传递多少的能量)在碰撞上是 NSDI 的核心问题。

图 3-2 给出了激光脉冲结束时 Xe 原子 NSDI 的关联电子沿激光偏振方向的动量谱,即纵向方向(z 方向)的动量分布,其中水平坐标轴代表一个电子的纵向方向,垂直坐标轴代表另外一个电子的纵向方向,这里提到的"两个电子"是不可区分的。左列和右列分别对应的激光波长为 800 nm 和 3200 nm,分别标注在每一列的最上方;上排和下排分别对应的激光强度为 1.0×10^{14} W/cm^2 和 4.0×10^{13} W/cm^2,分别标注在每个小图的右下角。

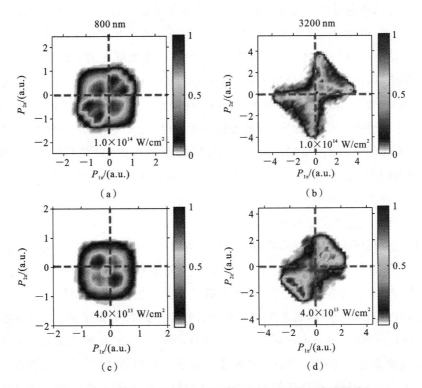

图 3-2　Xe 原子 NSDI 的关联电子沿激光偏振方向的动量谱

P_{1z} 和 P_{2z} 分别代表两电子沿纵向方向(激光偏振方向)的动量分量。图 3-2(a)和图 3-2(b)对应的激光强度为 1.0×10^{14} W/cm^2,图 3-2(c)和图 3-2(d)对应的激光强度为 4.0×10^{13} W/cm^2。左列和右列分别对应的激光波长为 800 nm 和 3200 nm。

首先,对于相同的激光强度,当激光波长由近红外到中红外时,关联电子动量谱第一、三象限的分布数量和第二、四象限的分布数量(即正关联和反关联行为)发生了明显的改变。激光强度较高(上排)时,对于 800 nm,如图 3-2(a)所示,关联电子动量谱主要分布在第一、三象限,即呈现出正关联行为,这类双电离事件占总双电离事件的 57%;一部分关联电子动量谱分布在第二、四象限,即呈现出反关联行为,这一类双电离事件占总的双电离事件的 43%。比较而言,对于 3200 nm 的激光脉冲,如图 3-2(b)所示,关联电子显示出更加强烈的正关联行为,大约 80% 的关联电子动量谱分布在第一、三象限;激光强度较低(下排)时,比较图 3-2(c)和图 3-2(d),电子对由正关联转变到反关联的现象更加明显,对于 800 nm 激光只有 46% 的电子对显示出正关联行为,而对于 3200 nm 激光,83% 的电子对呈现出了正关联行为。

其次,由近红外激光转变到中红外激光时,关联电子动量谱的分布形状也发生了明显的变化。对于 800 nm 的激光脉冲,如图 3-2(a)所示,关联电子动量谱在第一、三象限呈现出了明显的 V 形结构(也被称为指形结构)[27, 28]。理论研究表明,激光强度较低时,母核离子的库仑吸引以及两电子之间的排斥作用是导致 V 形结构的原因[33];而激光强度较高时,再碰撞过程中能量的不均匀共享是导致 V 形结构的原因[35]。当激光波长增大到 3200 nm 时,如图 3-2(b)所示,关联电子动量谱呈现出明显的十字形结构(X 形结构)特点,即两电子的动量谱主要沿坐标轴分布,这意味着一个电子的末态能量比较大,而另一个的末态动量几乎为零。利用单周期的近红外激光脉冲,实验上已经报道了相似的十字形结构[31]。另外,当激光强度较低时,对于 800 nm 的激光场,如图 3-2(c)所示,关联电子动量谱呈现出强烈的反关联行为,这是 RESI 机制的明显迹象[34, 35],同时表明 RESI 机制主导 NSDI;然而对于 3200 nm 的激光场,如图 3-2(d)所示,关联电子动量谱呈现出较强烈的正关联行为,非常少的电子对呈现出反关联行为,这意味着 RESI 机制在很大程度上受到抑止。

由以上分析可知,当激光脉冲由近红外波段过渡到中红外波段时,无论是高强度还是低强度,Xe 原子 NSDI 的关联电子沿纵向的动量谱均发生了明显的变化,这意味着关联电子的微观动力学行为发生了很大的改变。为了更加直接地洞察这一改变,追踪分析了所有的双电离事件,对于每一个发生双电离的事件,分别记录下它的单电离时间(t_{SI})、再碰撞时间(t_r)和双电离时间(t_{DI})。这里,单电离时间 t_{SI} 被定义为其中一个电子的能量(该能量包括电子的动能、母核离子与电子之间的势能、电子与电子之间的势能的一半)大于零的时刻;再碰撞时间 t_r 被定义为第一个电子电离之后在返回母核离子过程中距离母核离子最近的时刻;双电离时间 t_{DI} 被定义为当两个电子的能量都大于零的时刻。

图 3-3 和图 3-4 分别给出了高强度和低强度下碰撞时间和双电离时间分布,每个图的上排和下排分别对应着 800 nm 和 3200 nm。对于 800 nm 的激光脉冲,激光强度较高和较低时,碰撞时间往往发生在激光场的零值点附近,如图 3-3(a)和图 3-4(a)所示。双电离时间往往发生在激光场峰值附近,如图 3-3(b)和图 3-4(b)所示。这与 Simple Man 理论预测的结果是一致的,即碰撞往往发生在激光场的零值点附近,因为此时电

子返回的能量最大;双电离往往发生在激光场峰值附近,因为此时势垒被压缩得最低。对于 3200 nm 的激光脉冲,碰撞时间和双电离时间分布完全与 Simple Man 理论预测的结果不一致,如图 3-3 和图 3-4 的下排所示。这表明中红外激光下 NSDI 的发生和再碰撞过程完全不同于近红外激光的情况,需要更进一步的探究。

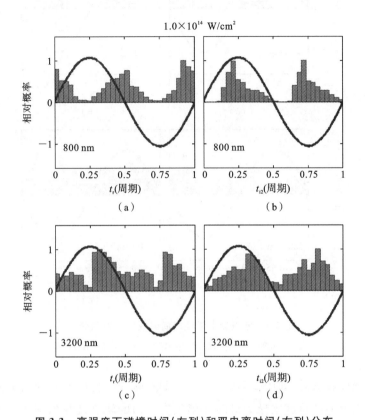

图 3-3 高强度下碰撞时间(左列)和双电离时间(右列)分布

上排和下排分别对应着 800 nm 和 3200 nm,激光强度为 1.0×10^{14} W/cm^2。时间均被归一化处理。

图 3-5(a)和图 3-5(c)给出了第一个电子从发生电离到与母核离子发生有效再碰撞的时间延迟,即 $(t_r - t_{SI})$ 的统计分布,其中图 3-5(a)对应着高强度的结果,图 3-5(c)对应着低强度的结果,灰色虚线和黑色实线分别对应着 800 nm 和 3200 nm 激光场。当激光强度较高时,对于 800 nm 的激光场,如图 3-5(a)中的虚线所示,$(t_r - t_{SI})$ 的分布大多数位于 0.75 个光周期,这个位置的轨迹对应着有效再碰撞发生在第一个电子的第一次返回;对于 3200 nm 的激光场,如图 3-5(a)中的实线所示,$(t_r - t_{SI})$ 的分布大多数位于 1.25 个光周期,这个位置的轨迹对应着有效再碰撞发生在第一个电子的第二次返回,并且与 800 nm 的激光场比较,位于 0.75 个光周期的峰降低了很多,这表明第一次返回轨迹受到很大的抑止。

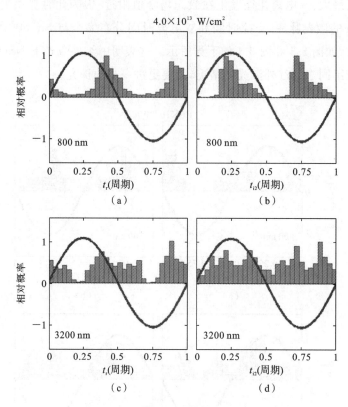

4.0×10^{13} W/cm^2

图 3-4 低强度下碰撞时间和双电离时间分布

图 3-4 与图 3-3 相同,但对应的强度为 4.0×10^{13} W/cm^2

当激光强度较低时,如图 3-5(c)所示,当激光脉冲由近红外转变到中红外时,同样显示出第二次返回的轨迹主导 NSDI,而第一次返回的轨迹被强烈抑止。因此,无论高强度还是低强度,近红外时有效再碰撞的发生是第一次返回的轨迹占主导,中红外时有效再碰撞的发生转变为第二次返回的轨迹占主导,这种转变归咎于碰撞效率发生改变,即再碰撞过程中两电子之间的能量分配发生改变,后面会对此作出解释。

双电离和再碰撞之间的时间差(即 $t_{\mathrm{DI}} - t_{\mathrm{r}}$)可以作为 NSDI 机制的指示器,如果 $t_{\mathrm{DI}} - t_{\mathrm{r}} < 0.25$ 个光周期,那么 NSDI 是直接碰撞电离机制:第二个电子的电离主要归咎于第一个电子的强烈碰撞。如果 $t_{\mathrm{DI}} - t_{\mathrm{r}} > 0.25$ 个光周期,那么 NSDI 是碰撞激发场致电离机制:第二个电子不能立即被第一个电子电离,而是被激发到激发态,然后在激光场的作用下电离。这里需要注意的是,由于再碰撞往往发生在激光场零值附近,0.25 个光周期只是第二个电子从处于激发态到被激光场电离的一个粗略时间,并没有明确的时间可以刚好界定 NSDI 的这两种机制。图 3-6 给出了关联电子的能量随时间的演化,其中图 3-6(a)对应着 RII,图 3-6(b)对应着 RESI,箭头标记出了再碰撞发生的时刻。对于图 3-6(a),第一个电子在第二次返回时与母核离子发生了有效的再碰撞,碰撞

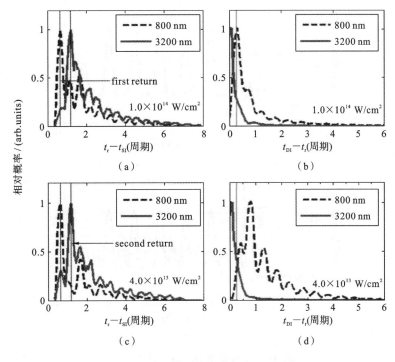

图 3-5   电离时间延迟分布

图 3-5 左列:单电离时间 t_r 和碰撞时间 t_{SI} 之间的时间延迟($t_{SI}-t_r$)分布。图 3-5 右列:双电离时间 t_{DI} 和再碰撞时间 t_r 之间的时间延迟($t_{DI}-t_r$)分布。虚线和实线分别对应着 800 nm 和 3200 nm 的激光场。上排和下排分别对应的激光强度为 1.0×10^{14} W/cm² 和 4.0×10^{13} W/cm²。

后两个电子几乎同时电离;对于图 3-6(b),有效的再碰撞也发生在第一个电子的第二次返回,碰撞后第二个电子被激发到了激发态,之后在激光场的作用下电离。从电子的能量轨迹上可以比较明显地观察出两个电子发生电离的时刻以及之间的时间差,因此通过分析能量轨迹可以有效地判断 NSDI 的机制。

图 3-5(b)和图 3-5(d)给出了双电离时间和有效再碰撞时间之间的时间延迟(即 $t_{DI}-t_r$)的统计分布,其中虚线和实线分别代表 800 nm 和 3200 nm 的激光场。竖直的细线被标记在 0.25 个光周期的位置。对于 3200 nm,当激光强度处于较高和较低时,如图 3-5(b)和图 3-5(d)中的实线所示,($t_{DI}-t_r$)的分布几乎全部位于0.25个光周期内,这表明 RII 机制支配 NSDI 过程,同时 RESI 机制几乎被完全抑制。比较而言,对于 800 nm 的激光场,当激光强度较高时,如图 3-5(b)中的实线所示,($t_{DI}-t_r$)分布的最高峰位于 0.25 个光周期,同时大于 0.25 个光周期也有很多分布,这表明 RII 机制主导 NSDI,同时 RESI 机制也起到了重要的作用;当激光强度较低时,($t_{DI}-t_r$)分布最高峰大约位于 0.8 个光周期,这意味着 RESI 机制支配 NSDI 过程。因此,当激光波长从 800 nm 增大到 3200 nm 时,RESI 机制几乎完全被抑制,RII 过程支配着 NSDI。

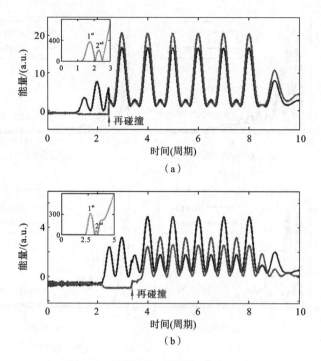

图 3-6 关联电子的能量随时间的演化

能量发生突变的时刻即箭头所示的位置表示发生了有效的再碰撞。其中,图 3-6(a)对应直接
碰撞电离过程,图 3-6(b)对应碰撞激发场致电离过程。插图给出了第一个电子与母核离子的距离
随着时间的演化,可以明显地看出有效再碰撞发生在第一个电子的第二次返回。

因此,当激光波长由 800 nm 增大到 3200 nm 时,有效的再碰撞轨迹会发生改变:
800 nm 时,有效的再碰撞发生在第一个电子的第一次返回;3200 nm 时,有效的再碰撞
发生在第一个电子的第二次返回。另外,主导 NSDI 的电离机制也发生了明显的改变:
800 nm 时,对于较高的激光强度,RII 机制主导 NSDI,但 RESI 机制也起到了非常重要
的作用;对于较低的激光强度,RESI 机制主导 NSDI;3200 nm 时,对于较高强度和较低
强度,RESI 机制均几乎被完全的抑止,NSDI 过程均由 RII 机制主导。有效的再碰撞轨
迹和电离机制发生改变将会在关联电子动量谱中留下明显的印迹,如图 3-2 所示,而实
验室上可以直接测量出这些动量谱,因此,有效再碰撞轨迹的改变和 NSDI 机制的改变
是完全可以被实验直接证实的。下面解释当激光波长由 800 nm 增大到 3200 nm 时,
有效的再碰撞轨迹和电离机制为什么会发生改变。

为了更加直观地洞察有效再碰撞发生在第一个电子的第二次返回的轨迹,图 3-7
给出了具有代表性的运动轨迹,其中图 3-7(a)给出了母核离子与电子之间的距离随时
间的演化,图 3-7(b)给出了电子沿 z 方向的速度随时间的演化。图 3-7(a)中的插图给
出了从开始到 3 个光周期的时间内电子与母核离子之间的距离变化。由插图可知,第

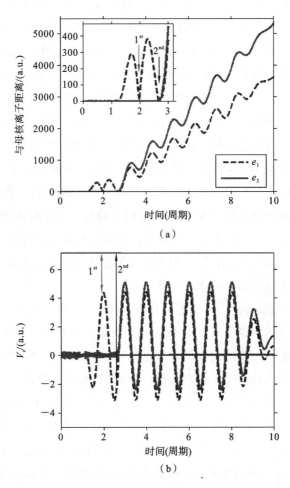

（a）

（b）

图 3-7　NSDI 中有效再碰撞发生在第一个电子的第二次返回的示意图

图 3-7（a）电子与母核离子的距离随时间的演化，图 3-7（b）两电子沿 z 轴的速度随时间的演化。虚线和实线分别代表第一个电子（e_1）和第二个电子（e_2）。图 3-7（a）中的插图给出了从刚加入激光场到 3 个光周期的时间内电子与母核离子间的距离变化。

一个电子，即 e_1（虚线）在 1.25 个光周期时刻发生电离，此时对应着激光场的峰值位置，之后 e_1 在激光场的作用下远离母核离子，并且当激光场的方向改变时又逐渐向母核离子靠近，在 2 个光周期时，此时对应的激光场为零，第一次返回到母核离子附近，但这一次并没有与母核离子发生有效的再碰撞，使第二个电子即 e_2（实线）发生电离，由图 3-7（b）知，第一次返回母核离子附近时，e_1 的速度约为 4 a.u.；之后，e_1 在激光场的作用下又远离母核离子激光场，再次改变方向时再次向母核离子靠近，在 2.7 个光周期时第二次返回到母核附近，并与母核离子发生了有效的再碰撞，从而导致 e_2 立即电离，第二次返回母核离子时，e_1 的速度为 2 a.u.，很显然，e_1 第二次返回时的速度大小仅仅是第一次返回时的一半，同时方向相反。

根据 Simple Man 模型可知，e_1 第二次返回母核离子时的能量小于第一次返回时的能量。人们容易理解的是，返回能量越低，越不容易发生 NSDI，而返回能量越高，越容易发生 NSDI，这是因为 e_1 返回能量越高，越有能力传递给 e_2 足够的能量并使之发生电离。由上面的分析可知，e_1 第一次返回母核离子时的能量（等于速度的平方）比第二次返回时的能量高出了很多（第一次的返回能量大约是第二次的 4 倍），这与 Simple Man 理论的预测是一致的，但是 e_1 第一次返回时并没有与母核离子发生有效的再碰撞，导致了 NSDI 发生，而是在第二次返回时发生了有效再碰撞，导致了 NSDI 发生，同时对于 3200 nm 的激光脉冲，图 3-5(a) 和图 3-5(c) 已经明确地显示出，NSDI 往往发生在 e_1 的第二次返回，这意味着 3200 nm 激光脉冲下第二次返回的轨迹导致 NSDI 的发生是非常普遍的。这个意外的现象意味着人们之前对 NSDI 的认识并不完善，同时表明中红外激光脉冲下原子 NSDI 过程完全不同于近红外激光脉冲情况。但问题随之而来，为什么 3200 nm 的激光脉冲下，NSDI 往往发生在发回能量较低时的第二次返回，而没有发生在回碰能量较高时的第一次返回？

为了找到上面问题的答案，分别追踪分析了 800 nm 和 3200 nm 激光脉冲下 NSDI 的轨迹。通过轨迹分析获得了 e_1 第一次和第二次返回母核离子的能量，同时根据 Simple Man 模型也得到了 e_1 第一次和第二次返回母核离子的能量，如表 3-1 所示，很明显数值模拟结果与基于 Simple Man 模型获得的结果符合得比较好。由表 3-1 可知，当激光波长为 800 nm、强度为 1.0×10^{14} W/cm^2 时，e_1 第一次和第二次返回母核离子的能量分别为 0.66 a.u. 和 0.42 a.u.，很显然这两个值都小于 Xe 原子的第二电离能（Xe$^+$ 的电离能）：0.77 a.u.（20.98 eV）。因此，就很容易理解为什么在这样的波长和强度下，NSDI 是第一次返回的轨迹和 RESI 机制占主导作用。这归咎于两个因素间的竞争：碰撞效率与回碰能量。当 e_1 的回撞能量低于第二电离能时，碰撞效率与碰撞能量相比较，碰撞能量起主导作用，此时，回碰能量越高，相对而言 e_1 传递给第二个电子的能量越多，越容易发生 NSDI。

表 3-1　根据 Simple Man 理论和的数值模拟得到的 e_1 第一次返回母核离子
和第二次返回母核离子的能量

波长/(nm)	强度/(W/cm^2)	Simple Man 理论		数值模拟	
		E_1^{st}/(a.u.)	E_2^{nd}/(a.u.)	E_1^{st}/(a.u.)	E_2^{nd}/(a.u.)
800	1.0×10^{14}	0.55	0.34	0.66	0.42
	4.0×10^{13}	0.27	0.11	0.26	0.14
3200	1.0×10^{14}	7.10	3.72	6.13	3.13
	4.0×10^{13}	3.05	1.18	2.36	1.33

当激光波长为 3200 nm、强度为 1.0×10^{14} W/cm^2 时，e_1 第一次和第二次返回母核离子的能量分别为 6.13 a.u. 和 3.13 a.u.。很明显，这两个值都比 Xe 原子的第二电离能大很多，然而此时，碰撞效率与碰撞能量相比较，碰撞效率起主导作用。更大的返回能量会使碰撞效率降低，这是因为返回能量很高时，e_1 通过有效核区的时间非常短，因此与母核离子发生相互作用的时间非常短，从而只能传递很少的能量给 e_2；而越低的返回能量会使得碰撞效率比较高，这是因为返回能量较低时，e_1 通过有效核区的时间比较长，因此与母核离子发生相互作用的时间比较长，从而能够传递给 e_2 足够的能量并导致其直接电离。

对于 3200 nm 的激光脉冲，即使强度降低到 4.0×10^{13} W/cm^2，e_1 第一次和第二次返回母核离子的能量分别为 1.18 a.u. 和 3.05 a.u.，这两个值仍然都大于 Xe 原子的第二电离能，此时仍然是碰撞效率起主导作用，返回能量越低，越容易发生 NSDI。因此，对于中红外激光脉冲，即使在较低的强度，对于 NSDI 的发生仍然是第二次返回的轨迹更有效。

由上面对第一个电子返回能量的分析可知，中红外激光脉冲下能够产生能量非常高的返回电子，这个返回能量通常比原子的第二电离势能大很多，如此高的返回能量使得电子处于有效核区的时间非常短，会导致两个电子在再碰撞过程中能量严重不均匀共享，从而使得激光场结束时一个电子获得比较大的动量，而另一个电子获得非常小的动量，这些电离事件对应的关联电子沿激光偏振方向的动量谱呈现出明显的十字形结构，如图 3-2(b)所示。

两电子再碰撞过程中能量共享的情况可以在关联电子动量谱上明显地呈现出来，如果两个电子再碰撞过程中能量非常均匀共享，关联电子动量谱将呈现出十字形结构；如果两个电子再碰撞过程中能量分配非常均匀，关联电子动量谱将沿第一、三象限的对角线分布。为了定量描述两电子再碰撞过程中能量共享的情况，比较了近红外和中红外激光脉冲下两电子碰撞后 0.03 个光周期的相对能量，同时把两种激光脉冲下的相对能量划分为三种情况：均匀共享（区域 I）、严重不均匀共享（区域 III）和比较不均匀共享（区域 II），并给出了这三种情况下轨迹对应的关联电子沿激光偏振方向的动量谱，如图 3-8 和图 3-9 所示。对于中红外激光脉冲，无论强度处于较高和较低，当再碰撞过程中两电子能量严重不均匀共享时，关联电子动量谱都呈现出十字形结构，如图 3-8(h)和图 3-9(h)所示。当再碰撞过程中能量比较不均匀共享时，关联电子动量谱呈现出叉形结构，如图 3-8(g)和图 3-9(g)所示，叉形结构已经被 Pullen 等人的实验观测到，但他们并没有对该结构作出解释，通过能量分析成功地解释了该结构；当再碰撞过程中能量均匀共享时，关联电子动量谱沿第一、三象限的对角线分布，如图 3-8(f)和图 3-9(f)所示。

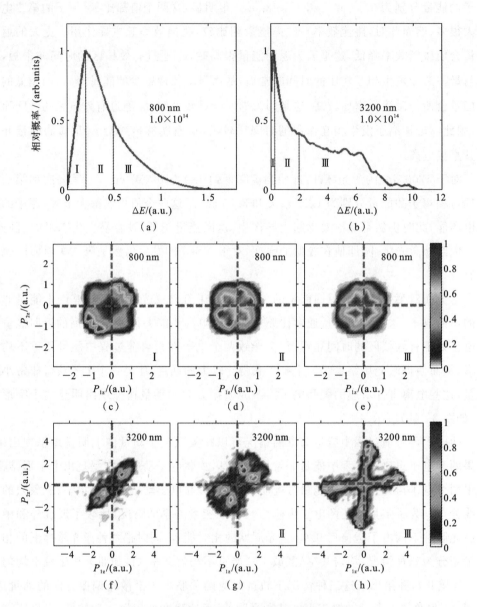

图 3-8　不同激光波长下两电子能量差示意图

图 3-8(a)(b) 为 ΔE 的分布，ΔE 为碰撞后 0.03 个光周期两电子的能量差的绝对值，其中图 3-8(a) 为 800 nm，图 3-8(b) 为 3200 nm，激光强度均为 1.0×10^{14} W/cm²。ΔE 被分割为三个区域，即Ⅰ、Ⅱ、Ⅲ，依次对应着两电子再碰撞过程中能量均匀共享、不均匀共享、严重不均匀共享。图 3-8(c)～图 3-8(h) 关联电子沿激光偏振方向的动量谱，其中图 3-8(c)(d)(e) 分别对应着三个 800 nm 区域中的轨迹，图 3-8(f)(g)(h) 分别对应着三个 3200 nm 区域中的轨迹。

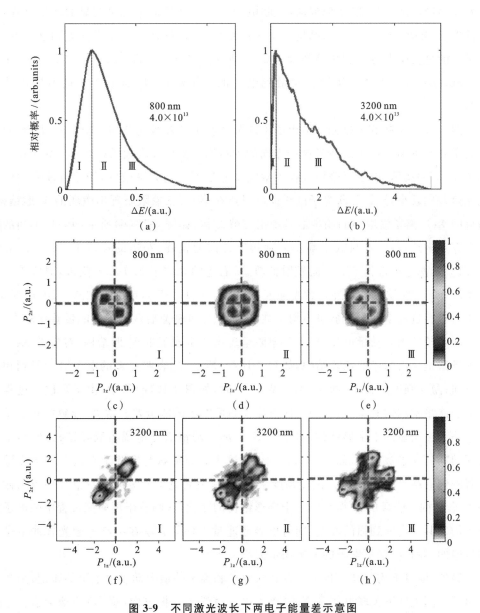

图 3-9 不同激光波长下两电子能量差示意图

图 3-9 与图 3-8 相同,但对应的激光强度为 4.0×10^{13} W/cm^2。

3.1.3 再碰撞中两电子能量不均匀共享的普遍性

在近红外激光脉冲且强度非常高时,Zhou 等人[35]在研究 He 原子 NSDI 的关联电子动量谱呈现出的 V 形结构时发现再碰撞过程中两电子能量不均匀共享是导致其形成的原因,同时指出能量的不均匀共享现象在近红外时比较普遍。本节将展示出,能量不均匀共享在中红外下更加普遍,并且能量的不均匀共享行为可以通过控制激光强度很好地表现出来,如强度从低到高,关联电子的纵向动量谱呈现出明显的转变过程:微弱的 V 形结构—明显的 V 形结构—十字形结构,而近红外激光是无法做到这一点的。更重要的是实验上可以利用冷靶反冲离子动量谱仪(Cold Target Recoil Ion Momentum Spectroscoy,COLTRIMS)测量到电子的三维动量,从而证实能量不均匀共享行为。

图 3-10 的上排和下排分别给出了不同强度时中红外激光脉冲驱动下 Xe 原子 NSDI 的关联电子和 Xe^{2+} 离子沿激光偏振方向的动量谱。激光强度较低(2×10^{13} W/cm²)时,如图 3-10(a)所示,由于再碰撞过程中两电子能量不均匀共享较弱,即再碰撞后两电子的能量差比较小,导致关联电子的纵向动量谱在第一、三象限呈现出微弱的 V 形结构;对应的 Xe^{2+} 离子沿纵向的动量谱呈现出三峰结构,如图 3-10(d)所示,其中,中间的峰位于零点附近,对应着两电子都发射到相反方向的轨迹,左边的峰位于-2.0 a. u. 附近,对应着两电子都沿$+x$方向发射的轨迹,右边的峰位于 2.0 a. u. 附近,对应着两电子都沿$-x$方向发射的轨迹。激光强度增加,即7×10^{13} W/cm² 时,如图 3-10(b)所示,由于再碰撞过程中两电子能量不均匀共享增大,即再碰撞后两电子的能量差比较大,导致关联电子的纵向动量谱在第一、三象限呈现出非常明显的 V 形结构,对应的 Xe^{2+} 离子动量谱呈现出明显的双峰结构,如图 3-10(e)所示,这表明更多的电子对发射到相同的方向;激光强度非常大,即4×10^{14} W/cm² 时,如图 3-10(c)所示,由于再碰撞过程中两电子能量不均匀共享非常严重,即再碰撞后两电子的能量差非常大,导致关联电子动量谱呈现出明显的十字形结构;对应的 Xe^{2+} 离子动量谱也呈现出双峰结构,但两个峰之间的"谷"几乎被填平,如图 3-10(f)所示,这个分布形状与实验上在近红外激光脉冲下观测到的结果很相似[31]。激光强度从低到高,关联电子的纵向动量谱呈现出由微弱的 V 形结构—明显的 V 形结构—十字形结构的变化,这归咎于再碰撞过程中两电子能量不均匀共享由弱到强的改变,同时也表明能量不均匀共享在中红外激光脉冲下是非常普遍的,并且决定了电子的末态动量大小。

另外,能量不均匀共享也可以在关联电子和离子的横向动量谱上留下印记,图 3-11 给出了不同强度下关联电子和 Xe^{2+} 离子沿垂直激光偏振方向(横向)的动量谱。不同的强度下,关联电子动量谱均主要沿第二、四象限的对角线分布,即呈现出强烈的排斥行为,并且随着强度增大,排斥行为逐渐增大,如图 3-11(a)~图 3-11(c)所示。Xe^{2+} 离子动量谱均呈现出明显的单峰结构,且峰值位于零点,不依赖于激光强度,但强度越高,Xe^{2+} 离子动量分布越宽,如图 3-11(d)所示。动量谱呈现出的排斥行为是因为再碰撞过程中两电子之间存在排斥力,而能量不均匀共享强弱可以间接反映出排斥力的强弱,强度较低时是弱碰撞,即排斥作用较弱导致的能量不均匀共享,强度较高时是强碰撞,即排斥作用较强导致的能量不均匀共享。

总之,由上面的分析可知,随着强度的增加,关联电子和离子的纵向动量谱(图

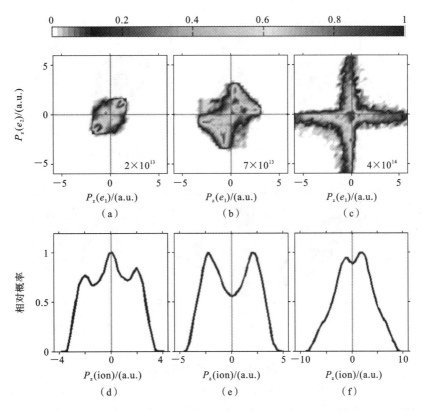

图 3-10 中红外激光脉冲驱动下 Xe 原子 NSDI 的关联电子和 Xe^{2+} 离子沿激光偏振方向的动量谱

图 3-10(d)(e)(f)依次与图 3-10(a)(b)(c)对应。图 3-10(a)激光强度为 2×10^{13} W/cm^2,图 3-10(b)激光强度为 7×10^{13} W/cm^2,图 3-10(c)激光强度为 4×10^{14} W/cm^2。

3-10)和横向动量谱(图 3-11)均发生了变化,但纵向动量谱的变化更加明显,而导致这种变化的根源是再碰撞过程中两电子能量的不均匀共享发生改变。因此,实验上证实能量不均匀共享最有效的方法是测量关联电子或离子的纵向动量谱。

能量不均匀共享是指再碰撞后两电子的能量不同,为了展示两电子能量不均匀共享的情况,首先区分入碰电子(e_r)和被碰电子(e_b)。e_r 是指首先发生电离的电子或返回发生有效再碰撞的电子,e_b 是指有效再碰撞发生之前仍然处于束缚态的电子。图 3-12 给出了再碰撞后 0.03 个光周期 e_r 和 e_b 的能量分布。很明显,随着激光强度的逐渐增大,两电子再碰撞过程中能量不均匀共享逐渐增加,并且再碰撞后入碰电子往往获得更多的能量。这种现象是比较容易理解的,由 3.1.2 节知,中红外激光脉冲下第一个电子(即入碰电子)返回到母核离子附近时往往具有很高的能量,通过有效核区的时间很短,即与母核离子发生有效碰撞的时间很短,从而入碰电子只能传递很少的一部分能量给被碰电子,再碰撞后入碰电子仍然保留很高的能量,而被碰电子仅仅获得较少的能量,从而导致能量不均匀共享。而激光强度更大时,入碰电子返回母核离子附近时的

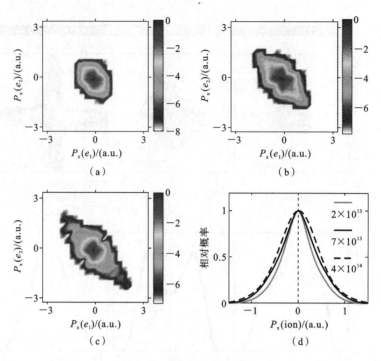

图 3-11　电子动量谱分布

关联电子沿垂直激光偏振方向的动量谱分别对应图 3-11(a)～图 3-11(c)；图 3-11(d)是
Xe^{2+} 离子动量分布，其中灰色线、深灰色线和黑色线分别代表激光强度为 $2×10^{13}$ W/cm²、
$7×10^{13}$ W/cm² 和 $4×10^{14}$ W/cm² 。

能量更大，通过有效核区的速度更快，与母核离子发生有效再碰撞的时间更短，从而传
递给被碰电子的能量更少，因此再碰撞后保留了更高的能量，导致能量不均匀共享更加
严重。

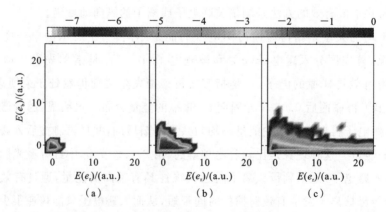

图 3-12　再碰撞后 0.03 个光周期入碰电子(e_r)和被碰电子(e_b)的能量分布

既然再碰撞后入碰电子获得了较高的能量,而被碰电子获得了较低的能量,那么激光场结束时,入碰电子的动量是否比被碰电子的动量大呢? 为了回答这个问题,给出了入碰电子和被碰电子纵向和横向的末态动量分布,如图 3-13 所示。很明显,平行激光偏振方向,如图 3-13(a)(b)(c)所示,入碰电子往往获得比较小的末态动量,而被碰电子往往获得比较大的末态动量;垂直激光偏振方向,如图 3-13(c)(d)(e)所示,入碰电子的末态动量往往比被碰电子的末态动量大。因此,再碰撞后入碰电子有较高的能量,但激光场结束时沿激光偏振方向却获得了较小的动量;再碰撞后被碰电子有较小的能量,但激光场结束时沿激光偏振方向却获得了较大的动量。垂直激光场偏振方向,激光场结束时入碰电子的动量往往比被碰电子的动量大。下面通过轨迹分析来解释这个有趣的现象。

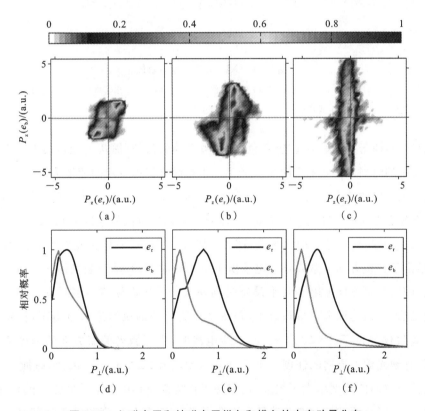

图 3-13 入碰电子和被碰电子纵向和横向的末态动量分布

图 3-13(a)(b)(c)为入碰电子(e_r)和被碰电子(e_b)沿激光偏振方向的动量谱;图 3-13(d)(e)(f)为入碰电子和被碰电子沿垂直激光偏振方向的动量分布,其中 $P_\perp = \sqrt{P_x^2 + P_y^2}$;图 3-13(d)(e)(f)依次与图 3-13(a)(b)(c)对应,其中黑线代表入碰电子,深灰色线代表被碰电子。

以强度 4×10^{14} W/cm² 为例,首先分析入碰电子的运动轨迹,图 3-14 给出了 e_r 从 3.4 T(T 为激光周期)到 3.41 T 时间内的运动轨迹,相临两点间的时间步长为 0.001 T(约 1×10^{-17} s),其中 c 点表示再碰撞发生的时刻,d 点表示脱离母核离子束缚(即发生

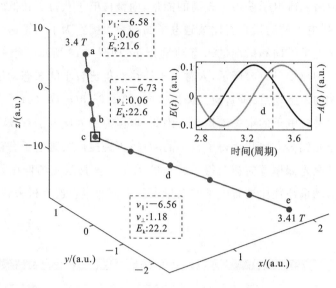

图 3-14 入碰电子的运动轨迹

运动时间从 $3.4\ T$ 到 $3.41\ T$(T 代表激光周期)。插图中给出了电场和矢势随时间
的变化,其中黑色线代表激光场,灰色线代表矢势。

电离)的时刻;插图给出了激光场(灰色线)和激光场的矢势(深灰色线),其中竖直虚线代表电离发生的时刻。在 $3.4\ T$ 时刻(a 点),e_r 平行激光偏振方向的速度为 -6.58 a.u.,垂直激光偏振方向的速度为 0.06 a.u.,动能为 21.6 a.u.。再碰撞发生的前一刻时(b 点),e_r 平行激光偏振方向的速度为 -6.73 a.u.,垂直激光偏振方向的速度为 0.06 a.u.,动能为 22.6 a.u.。因此从 a 点运动到 b 点,即 4×10^{-17} s 内,e_r 平行激光偏振方向的速度增大,这是由于在该方向上激光场对电子做了正功的原因;而垂直激光偏振方向的速度保持不变,因为在该方向上电子几乎没有受到外力的影响而保持匀速运动。在 c 点发生再碰撞之后,e_r 快速地离开母核离子,并在 d 点脱离核的束缚进入自由态,从发生再碰撞到电离仅仅经过了 2×10^{-17} s。e_r 发生电离时,平行激光偏振方向的速度为 -6.56 a.u.,垂直激光偏振方向的速度为 1.18 a.u.,动能为 22.2 a.u.。因此,碰撞后 e_r 沿垂直激光偏振方向的速度增大了很多,这归咎于再碰撞过程中两电子间强大的排斥作用。根据 Simple Man 理论[51],末态动量有两个因素决定:初始速度和电离时刻对应的激光场的矢势,即 $v_{\text{末}}=v_{\text{初始}}-A$。由于 e_r 的初始速度(即电离时刻的速度)为 -6.56 a.u.,电离时刻对应的矢势(竖直虚线与黑色曲线的交叉点)明显为正值,对于强度为 4×10^{14} W/cm²,e_r 电离时刻对应的矢势几乎与初始速度相等,即 $v_{\text{初始}}\approx A$,因此激光场结束时,e_r 的动量几乎为零,如图 3-13(c)所示。

对于被碰电子(e_b),图 3-15 给出了 e_b 从 $3.4\ T$ 到 $3.65\ T$ 时间内的运动轨迹,相邻两点间的时间步长为 $0.01\ T$(约 1×10^{-16} s),其中 b 点为再碰撞发生的时刻,e 点为电

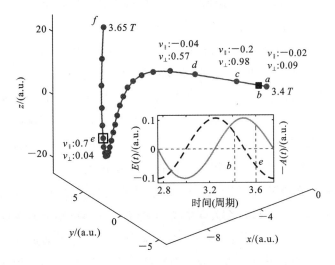

图 3-15 被碰电子的运动轨迹

运动时间从 3.4 T 到 3.65 T,插图中给出了电场和矢势随时间的变化,其中黑色线代表激光场,灰色线代表矢势。

离时刻,插图给出了激光场(黑色线)和激光场的矢势(灰色线),其中竖直黑色虚线代表电离发生的时刻。再碰撞发生前,即 3.4 T 时刻(a 点),e_b 处于基态,沿激光偏振方向的速度为 -0.02 a.u.,垂直激光偏振方向的速度为 0.09 a.u.。再碰撞发生后的两个时刻(即 c 点和 d 点):在 c 点时,e_b 沿激光偏振方向的速度为 -0.2 a.u.,垂直激光偏振方向的速度为 0.98 a.u.;在 d 点时,e_b 沿激光偏振方向的速度为 -0.04 a.u.,垂直激光偏振方向的速度为 0.57 a.u.,因此从 c 点到 d 点,e_b 沿激光偏振方向和垂直激光偏振方向都做减速运动,这是由于 e_b 离母核离子很近,从而受到母核较强的吸引作用。e_b 发生电离时(e 点),沿激光偏振方向的速度为 0.7 a.u.,垂直激光偏振方向的速度为 0.04 a.u.,从 d 点到 e 点的过程中,由于受到母核离子的吸引作用,使得 e_b 的运动方向发生改变,此时对应的激光场矢势也为负值,公式 $v_{\text{末}} = v_{\text{初始}} - A$ 中,等式右边的第一项为正值,而第二项为负值,从而两者之差可得到一个较大的值,因此 e_b 沿激光偏振方向的末态动量往往比较大,如图 3-13(c)所示。这里列举的被碰电子的运动轨迹,Haan 等人[52]在近红外激光脉冲下也已经发现并形象地称之为"boomerange"过程。

3.2 椭圆偏振激光场中原子非次序双电离

基于经典理论和半经典理论,人们均预测出强激光驱动下原子 NSDI 不仅有第一次返回轨迹的贡献(对应着最短的返回时间,即短轨道),也有第二次、第三次甚至更多次返回轨迹的贡献(对应着较长的返回时间,即长轨道),而长轨道和短轨道之间的竞争依赖于两个因素。一是激光场的偏振态:线偏振激光脉冲驱动下原子 NSDI 的贡献是短轨道占主导,而椭圆偏振激光脉冲驱动下且椭偏率较大时是长轨道占主导;二是激光场的波长,由第 2 章知,中红外激光脉冲驱动下 NSDI 的贡献是第二次返回轨迹(即长轨道)占主导,而近红外激光脉冲驱动下是第一次返回轨迹(即短轨道)占主导。尽管理论已经预测出长轨道和短轨道的存在,可是一直没有得到实验的证实,实验上利用什么方法可以证实长、短轨道的存在? 本章利用经典系综模型,再访了椭圆偏振激光脉冲和线偏振激光脉冲驱动下再碰撞和 NSDI 的问题,提出了两种方法可以在实验上证实长、短轨道的存在。方法一,利用少光周期的线偏光和椭偏光(椭偏率为0.3),并保持脉宽不变(6 个光周期),分别作用在 Xe 原子。由于椭偏光时再碰撞以长轨道为主,而线偏光时以短轨道为主,这一结果将在关联电子动量谱上留下印迹,导致关联电子沿激光偏振平面长轴方向的动量谱有明显的不同,如线偏光下关联电子动量谱主要分布在第一象限,而椭偏光下关联电子动量谱主要分布在第三象限。方法二,利用两种脉宽的少光周期的椭偏光(两种激光的椭偏率均固定为 0.18),脉宽可设定为 4 个光周期,另一个脉宽设可定为 6 个光周期。由于 4 个光周期时,长轨道被抑制,短轨道占主导地位;6 个光周期时,长轨道占主导。这一结果会在关联电子动量谱上留下印迹,对于较长波长的激光脉冲,关联电子沿激光偏振平面长轴方向的动量谱主要分布在第一象限;对于较短波长的激光脉冲,关联电子沿激光偏振平面长轴方向的动量谱主要分布在第三象限。这两种方法最终都是通过比较关联电子动量谱证实 NSDI 中的短轨道和长轨道的存在。更重要的是,世界上多数的实验室都可以实现这两种方法中的激光脉冲,也就是说,这种方案是十分可行且有效的。

3.2.1 引言

NSDI 首次被发现是由于实验上观测到原子双电离概率比基于单电子近似的 ADK 理论(假设两个电子是次序电离)预测的结果高出了好几个数量级[53],自从被发现后的二十多年,许多物理学家致力于研究强场下原子 NSDI 现象[6, 10, 54, 55],因为 NSDI 被认为是研究自然界的电子关联这一普遍现象的最简单的途径。

NSDI 可以由半经典再碰撞理论很好地解释[9, 11, 56, 57]:首先,第一个电子通过隧穿效应穿过激光场和库仑场形成势垒,并且在激光场作用下远离母核离子;其次,当激光场改变方向时,第一个电子可能返回到母核离子附近,并发生再碰撞,从而传递能量给第二个电子导致其电离。

依据这个简单且直观的理论,再碰撞和 NSDI 的发生强烈地依赖于外加激光场的偏振态。如果外加激光场是椭圆偏振或者圆偏振,那么发生再碰撞的概率几乎可以被完全抑止,这是由于受到垂直激光偏振方向激光场的作用,第一个电子电离之后会逐渐地远离母核离子,从而抑制返回母核离子的概率。早期的实验研究了椭圆偏振激光脉冲驱动下稀有气体原子(如 Ar 原子和 Ne 原子)的双电离[58,59],在双电离概率曲线上没有发现膝盖状结构,这意味着没有 NSDI 过程,从而证实了先前的理论预测。然而有趣的是,后来的实验研究了圆偏振激光脉冲驱动下 Mg 原子、NO 分子和 O$_2$ 分子的双电离,在双电离概率曲线上观测到了明显的膝盖状结构,这表明存在 NSDI 过程,从此留下了许多未解之谜,也引起了人们对 NSDI 的研究兴趣。

大量的理论研究已经报道了椭圆偏振、圆偏振激光脉冲驱动下原子 NSDI 强烈地依赖于原子种类[60-65]。基于经典理论,Wang 等人已经预测即使在椭偏光或圆偏光下 NSDI 仍然是通过再碰撞而发生的,并且再碰撞只能通过"椭圆形轨迹"发生[59],再碰撞的发生也强烈地依赖于原子种类[65,66]。图 3-16(a)和图 3-16(b)分别给出了椭偏光和线偏光驱动下 NSDI 中典型的再碰撞轨迹,箭头和数字分别表示电子运动的瞬时方向和先后顺序。很明显,两个轨迹有明显的区别。对于线偏光(Linear Polarization,LP),如图3-16(b)所示,如果第一个电子电离后沿+x 方向运动(灰色曲线),那么它往往从+x 方向返回到母核离子附近,并发生再碰撞,从而传递能量给第二个电子导致其电离(黑色曲线),再碰撞后第一个电子和第二个电子都沿−x 方向运动。对于椭偏光(Elliptical Polarization,EP),如图3-16(a)所示,如果第一个电子电离之后沿+x 方向运动(灰色曲线),它常常会围绕着母核离子运动一周,然后从−x 方向返回到母核离子附近,并发生再碰撞,从而传递能量给第二个电子导致其电离(黑色曲线),再碰撞后第一个电子和第二个电子都沿+x 方向运动。当然 LP 和 EP 下还有更多复杂的运动轨迹,但图 3-16(a)和图 3-16(b)中的轨迹是最典型的,也分别支配着 EP 和 LP 下的 NSDI。

图 3-16(b)所示的电子在 LP 下的运动轨迹是典型的短轨道,而图 3-16(a)所示的电子在 EP 下的运动轨迹是典型的长轨道。区分短轨道和长轨道的关键是第一个电子从发生电离到返回母核离子附近穿过直线 x=0 的次数,如果只穿过一次,则属于短轨道,如果穿过两次、三次,甚至更多次,则属于长轨道[67]。在单电离的背景下,Lai 等人[25,68]在实验上研究了 ATI,讨论了随着激光场椭偏率的变化,短轨道和长轨道的相对贡献,从而在 ATI 中证实了长轨道和短轨道的存在。然而在 NSDI 中,短轨道和长轨道还没有被实验证实。

本节利用经典系综模型(该模型已经被广泛地用于研究强场 NSDI 过程[25,27,28,31,64-69,70-73])研究了当激光脉冲从 LP 转变到 EP 时,再碰撞是如何转变的,分析了短轨道和长轨道的相对贡献,展示了再碰撞过程中短轨道到长轨道的转变可以在动量谱上留下印记[64-67],从而为实验建议了两种可以证实长轨道和短轨道存在的方法。

原子是基本的量子力学系统,因此利用含时薛定谔方程描述原子与激光场的相互作用过程是很合理的,但是利用量子力学会使得计算量非常大,目前的计算条件很难达到,并且也非常费时[68-70],所以 Eberly 等人提出了一个非常简单却很实用的全经典系

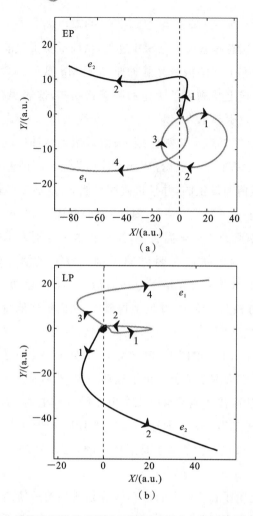

图 3-16 线偏光和椭偏光驱动下原子 NSDI 中典型的再碰撞轨迹

灰色曲线代表先电离的电子,即第一个电子(e_1)的运动轨迹,灰色曲线代表后电离的电子,即第二个电子(e_2)的运动轨迹。箭头和数字分别表示电子运动的瞬时方向和先后顺序。

综模型[49,70],该模型在定性甚至定量上都可以很好地解释强场下的 NSDI 过程[64-68,70-73]。在这种全经典模型中,电子对的运动均由牛顿运动方程描述:

$$\mathrm{d}^2 \boldsymbol{r}_i / \mathrm{d}t^2 = -\boldsymbol{\nabla}[V_{\mathrm{ne}}(r_i) + V_{\mathrm{ee}}(r_{ij})] - \boldsymbol{E}(t) \tag{3-3}$$

其中:$\boldsymbol{r}_i$ 是电子的位置矢量($i=1$ 或 2);V_{ne} 和 V_{ee} 分别代表母核离子与电子以及电子与电子之间的库仑势;$\boldsymbol{E}(t)$ 代表含时的激光电场。本节利用两种类型的少光周期的激光脉冲:LP 和 EP。对于 EP,激光场被限定在 x-y 平面内传播,实际情况中激光场是在三维平面传播的,而把它限定在二维平面是否会导致计算结果不准确呢? Wang 等人[64]利用经典模型在研究原子 NSDI 时已经明确指出,三维的结果与二维的结果没有明显的区别,并且利用三维会使计算量增大很多。激光场沿 x 方向和 y 方向可以被描述为

$$E_x = (E_0 / \sqrt{\varepsilon^2 + 1}) f(t) \sin(\omega t + \Phi) \tag{3-4}$$

$$E_y = (\varepsilon E_0 / \sqrt{\varepsilon^2 + 1}) f(t) \cos(\omega t + \Phi) \tag{3-5}$$

其中：E_0、ε、ω、Φ 分别是激光场的振幅、椭偏率、角频率、CEP。当 $\varepsilon \neq 0$ 时，$E(t)$ 为 EP，此时 x 轴为椭圆偏振平面的长轴方向，y 轴为椭圆偏振平面的短轴方向。当 $\varepsilon = 0$ 时，$E(t)$ 为 LP，此时 x 轴为主轴方向，y 轴为次轴方向。$f(t)$ 是激光脉冲的包络，由下式给出：

$$f(t) = \sin^2 \left(\frac{\pi t}{NT} \right) \tag{3-6}$$

其中：T 是激光脉冲的周期；N 是周期的个数；N 与 T 的乘积表示激光场的脉宽。核与电子以及电子与电子之间的库仑势由下式给出：

$$V_{ne}(r_i) = -2 / \sqrt{|r_i|^2 + a^2}, \quad V_{ee}(r_1, r_2) = 1 / \sqrt{|r_1 - r_2|^2 + b^2} \tag{3-7}$$

为了避免自电离和非物理库仑奇点[43, 49, 72]，设定 $a = 2.0$ a.u.，$b = 0.1$ a.u.。初始系综是在满足经典力学的条件下开始演化的，两个电子的初始位置被随意地放置在经典力学所允许的区域，然后两电子随之获得势能，而系统总的能量为 -1.23 a.u.，这个值等于 Xe 原子的第一电离能(12.13 eV)和第二电离能(20.98 eV)之和的相反数。对于每一个模型原子，系统的总能量减去势能之后剩余的为总动能，并把总动能随机分配给两个电子，对于每一个动能，动量的方向是随机给定的。之后两个电子自由演化，其演化过程由牛顿方程决定，直到达到一个相对稳定的分布，即两个电子的位置分布满足高斯分布。对于 LP，系综的大小为 2.0×10^5，对于 EP，系综的大小为 2.0×10^6。之所以在 EP 下选取更大的系综，是因为 EP 下的双电离概率比 LP 下低很多，只有选取

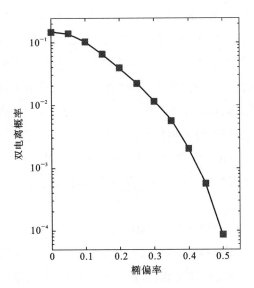

图 3-17 双电离概率随着椭偏率变化的曲线

激光强度为 2.5×10^{14} W/cm^2，脉宽为 6 个光周期。

足够大的系综才可以得到足够多的双电离事件。图 3-17 给出了双电离概率随着椭偏率变化的曲线,计算中使用的激光强度为 2.5×10^{14} W/cm^2,脉宽为 6 个光周期。由图 3-17 可知,椭偏率为 0.3 时,双电离概率约为 10^{-2};为 LP,即椭偏率等于零时,双电离概率约为 10^{-1},前者比后者低了大约一个数量级。之所以设定椭偏率为 0.3,一方面是因为该椭偏率下短轨道可以被充分地抑止,另一方面也可以获得较为足够多的双电离事件。如果选取更大的椭偏率,双电离概率会减低很多,从而收集不到足够多的双电离事件进行统计分析。

获得初始系综之后,激光场被打开。系综中的每一个模型原子与激光场相互作用,两电子的运动仍然遵循牛顿方程,即式(3-3)。当激光场足够强时,原子可能发生单电离和双电离,如果激光脉冲结束时两电子的能量都大于零,则发生双电离。另外,两电子的位置和动量在激光场的任意时刻都可以被记录下来,从而可以得到关联电子的动量谱,而关联电子的一些重要的动力学信息可以从动量谱中获得。

3.2.2 结果与讨论

图 3-18 的左列和右列分别给出了线偏振(LP)和椭圆偏振(EP)激光脉冲驱动下关联电子沿 x 方向的末态动量谱,即 P_{1x}、P_{2x},图 3-18 对应的 CEP 依次为 0、0.2π、0.4π、0.6π 和 0.8π,对于 LP 和 EP,除了激光脉冲的偏振态不相同,其他的激光参数(如激光强度、波长和脉宽等)均一样。由图 3-18 可知,对于每一个 CEP,当激光场由 LP 改变到 EP 时,关联电子的末态动量谱均发生了很明显的改变。例如,当 CEP=0 时,对于 LP,如图 3-18(a_1)所示,电子对的末态动量主要分布在第三象限,这表明再碰撞之后两电子都沿 $-x$ 方向运动;对于 EP,如图 3-18(a_2)所示,关联电子的末态动量在第一象限的分布数量明显增多,这些双电离事件表明再碰撞之后两电子都沿 $+x$ 方向运动。又例如,当 CEP=0.6π 时,对于 LP,如图 3-18(c_1)所示,关联电子的末态动量主要分布在第一象限;对于 EP,如图 3-18(c_2)所示,关联电子的末态动量主要分布在第三象限。另外,发现关联电子的末态动量除了在第一、三象限有分布外,在第二、四象限也有分布,尽管分布数量比较少,这些双电离事件表明再碰撞之后一个电子沿 $+x$ 方向运动,另一个电子沿 $-x$ 方向运动。先前实验上研究了原子的 NSDI[74,75],其中关联电子动量谱与模拟的结果在形状上是很相似的,只不过实验中使用的靶材是 Ar 原子,而这里使用的是 Xe 原子。

基于经典方法,获得了 EP 下原子 NSDI 的关联电子动量谱,如图 3-18 右列所示,而基于强场近似理论,Shilovski 等人[63]也得到了 EP 下 NSDI 的关联电子动量谱。这里有必要对两种方法下的结果做比较。在强场近似下,不仅完全忽略核与电子之间的吸引作用,而且使用三体接触势取代长程库仑排斥作用,而再碰撞过程中核对电子的吸引和长程库仑排斥作用对两电子的动力学行为起到了十分关键的作用,因此根据强场

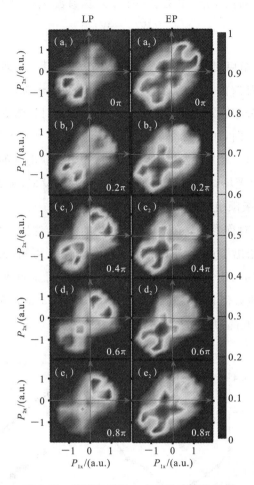

图 3-18 关联电子沿 x 方向的末态动量谱

左列和右列分别代表线偏光（LP）和椭偏光（EP）的结果。对应的 CEP 依次为 0、0.2π、

0.4π、0.6π 和 0.8π。对于 LP 和 EP，激光强度均为 2.5×10^{14} W/cm²，波长均为 780 nm，脉

宽均为 6 个光周期。

近似理论得到的关联电子动量谱没有第二、四象限的分布，动量谱全部分布在第一、三
象限，并且没有重现出 V 形结构[75-77]。通过对经典结果和强场近似结果比较可得到两
个结论：①两电子的末态动量谱之所以有第二、四象限的分布，即两个电子碰撞之后的
背靠背发射，是由于核与电子之间的吸引作用；②关联电子末态动量谱呈现出的 V 形
结构是由于电子之间的排斥作用。

由图 3-18 可知，当激光脉冲由 LP 转变到 EP 时，关联电子的末态动量谱发生了非
常明显的改变，其发生改变的原因是 LP 下有效再碰撞的发生是短轨道占主导，而 EP
下有效再碰撞的发生是长轨道占主导，因此由 LP 到 EP，关联电子动量谱发生改变是
有效再碰撞轨迹发生改变的有力证据。

为了定量地分析,参照文献,定义了一个不对称参数 a:

$$\alpha=\frac{W_{+x}-W_{-x}}{W_{+x}+W_{-x}} \tag{3-8}$$

其中,W_{+x}代表激光场结束时两电子都沿+x方向发射的数目,即关联电子动量谱中分布在第一象限的电子对数目;W_{-x}代表激光场结束时两电子都沿-x方向发射的数目,即关联电子动量谱中分布在第三象限的电子对数目。不对称参数 a 可以直接反映出再碰撞后两电子的发射方向,如果关联电子的末态动量全部分布于第一象限,也就是说激光场结束时两电子都沿+x方向发射,那么 $a=1$;如果关联电子的末态动量全部分布于第三象限,也就是说激光场结束时两电子都沿-x方向发射,那么 $a=-1$。其他情况下,a 的值位于这两个极限值之间。

图 3-19 给出了不对称参数 a 随着 CEP 变化的曲线,这里不仅显示出了图 3-18 所示的 CEP 的结果,还给出了更多 CEP 的结果。由图 3-19 可知,大多数的 CEP 下,当激光场由 LP 转变到 EP 时,不对称参数 a 都会发生非常明显的改变,只有两个 CEP 下(0.3π 和 1.3π),a 的值近似相等。另外,在 LP 和 EP 下,a 都在两个极限值之间振荡,最大值都为 0.3,最小值都为 -0.3。

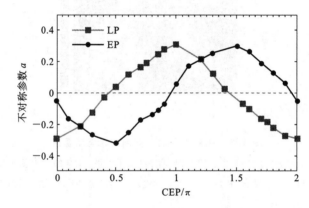

图 3-19   不对称参数 a 随着 CEP 变化的曲线

灰色曲线和黑色曲线分别代表线偏振光和椭偏光。

图 3-18 和图 3-19 的结果都可以在实验上直接获得,实验上测量出这样的结果不仅可以洞察双电离的再碰撞动力学,而且可以洞察当激光脉冲由 LP 转变到 EP 时再碰撞动力学是如何改变的。为了更加深入地理解有效的再碰撞过程是如何发生改变的,追踪分析了所有 NSDI 的运动轨迹,在追踪分析过程中,记录下单电离时间(t_{i1})和再碰撞时间(t_r)。这里,单电离时间定义为当其中一个电子的能量刚好大于零的时刻(电子的能量包括动能、核与电子间的势能以及电子与电子之间的势能的一半);再碰撞时间定义为第一个电子电离之后返回母核离子过程中距离母核离子最近的时刻。

图 3-20 给出了单电离时间、再碰撞时间及单电离与有效再碰撞之间时间延迟的统计分布,对于 LP 和 EP,都以 CEP $\Phi=0.5\pi$ 为例。对于 LP,如图 3-20(a)所示,单电离和有效碰撞之间的时间延迟分布呈现出五个峰,即 P_1,P_2,P_3,P_4 和 P_5,其中峰 P_1 最高,这表明有效再碰撞主要来自峰 P_1 对应的轨迹,而峰 P_1 位于 $0.5T$ 附近,对应着第一次返回的轨迹,即短轨道,如图 3-16(b)所示。峰 P_2、P_3、P_4 和 P_5 在时间延迟上位于靠后的位置,它们分别对应着第二次、第三次、第四次和第五次返回的轨迹,一个明显的特征:它们的贡献随着时间延迟的增大降低得很快,以致峰 P_5 基本上没有显示出来。对于 EP,如图 3-20(d)所示,单电离和有效碰撞之间的时间延迟分布也呈现出五个峰,即 P_0,P_2,P_3,P_4 和 P_5,其中峰 P_2 最高,并且峰 P_1 消失,同时增加了一个峰 P_0,而峰 P_2 位于 $1.25T$ 附近,对应着第一个电子的第二次返回轨迹,即长轨道,如图 3-16(a)所示。尽管也存在第三次、第四次和第五次返回轨迹,即峰 P_3,P_4 和 P_5,对应着更长的轨道,但这些轨迹对 NSDI 的贡献却非常小。

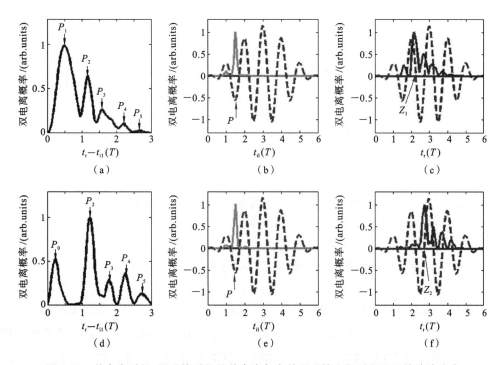

图 3-20 单电离时间、再碰撞时间及单电离与有效再碰撞之间时间延迟的统计分布

图 3-20(b)(e)表示单电离时间(t_{i1})的统计分布;图 3-20(c)(f)表示再碰撞时间(t_r)的统计分布;图 3-20(a)(d)表示单电离与有效再碰撞之间时间延迟(t_r-t_{i1})的统计分布。图 3-20(a)(c)对应 LP,图 3-20(d)(f)对应 EP。这里选取 CEP$=0.5\pi$,横轴的单位 T 代表激光场的周期。

LP 和 EP 下,对于单电离时间,如图 3-20(b)和 3-20(e)所示,第一个电子几乎都在峰 P(如箭头所示)附近发生电离。然而,对于有效再碰撞时间,两者却表现出完全不同的行为,LP 时,如图 3-20(c)所示,大部分有效再碰撞时间发生在激光场的零值点 Z_1 附近;而 EP 时,如图 3-20(f)所示,有效再碰撞时间却往往发生在激光场的零值点 Z_2 附近。很明显,Z_2 比 Z_1 迟了半个光周期。

图 3-21 给出了有效再碰撞轨迹中更长轨道的示意图,其中图 3-21(a)和图 3-21(b)分别对应着第三次和第四次返回的轨迹,灰色曲线和黑色曲线分别代表第一个电子 (e_1)和第二个电子(e_2),箭头和数字分别表示电子运动的瞬时方向和先后顺序。在 NSDI 中出现更长的轨道也是比较容易理解的,因为第一个电子电离之后可能不能在一个光周期内(即第一次返回时)与母核离子发生有效再碰撞,而是在一个半光周期甚至两个光周期时与母核离子发生有效再碰撞,从而传递能量给第二个电子导致其电离。利用经典模型,Wang 和 Eberly 在 NSDI 中也发现了更长的轨道。

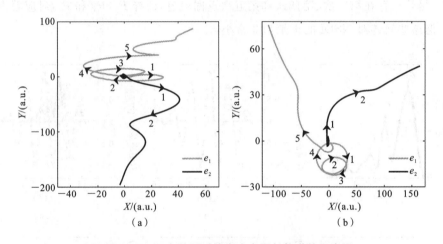

图 3-21　EP 下有效再碰撞发生在更长轨道的示意图

图 3-21(a)对应有效再碰撞发生在第三次的返回轨迹,图 3-21(b)对应有效再碰撞发生在第四次的返回轨迹。第一个电子(即先电离的电子)的轨迹标记为灰色曲线,第二个电子(即后电离的电子)的轨迹标记为黑色曲线。箭头和数字分别代表电子运动的瞬时方向和先后次序。

值得一提的是图 3-20(d)中有一个非常有趣的现象,单电离与再碰撞之间的时间延迟分布中,在 $0.25T$ 的位置出现了一个峰 P_0,很显然有效再碰撞不可能在如此短的时间内发生,那么这个位置的峰到底对应着什么样的轨迹呢?通过轨迹分析发现,峰 P_0 对应的轨迹是"exit collision",这种轨迹 Haan 等人[63]已经在 LP 下讨论过。在 LP 下,如图 3-20(a)所示,峰 P_0 并没有显示出来,这是因为峰 P_1 的贡献比较大,从而把峰 P_0 覆盖了,实际上的 P_1 应该是"P_0+P_1"。图 3-22 给出了电子对的能量随着时间变化的曲线,这是典型的"exit collision"轨迹,其中灰色线和黑色线分别代表第一个电子和第二个电子,黑色虚线和灰色虚线分别代表沿 x 方向和 y 方向的激光电场。时间等于 $2T$ 时,对应的沿 x 方向的激光场达到最大值,两电子的能量都为负值表示它们都处于束缚态,在激光电场的作用下,第一个电子(灰色线)迅速离开束缚态进入自由态(能量为正值),同时传递一部分能量给第二个电子(黑色线),第二个电子获得能量之后被激发到较高的激发态,之后再在激光电场的作用下电离。这与正常情况下的再碰撞过程是不相同的,正常情况下,第一个电子需要从第二个电子借得能量,从而被激发到激发态,然后借助激光场发生电离。"exit collision"使第二个电子得到激发,导致它的电离发生在激光场最大值之后的 $0.25\ T$。因此,对于 EP,峰 P_0 位于 $0.25T$。

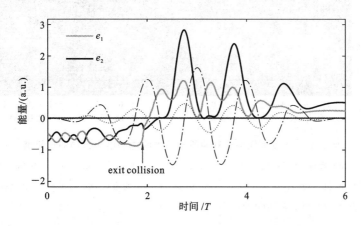

图 3-22   电子对的能量随着时间变化的曲线

这是 NSDI 中典型的"exit collision"轨迹。灰色线和黑色线分别代表第一个电子和第二个电子。
黑色虚线和灰色虚线分别代表沿 x 方向和 y 方向的激光电场。

上面的分析显示,在固定激光脉宽的前提下,分别利用 LP 和 EP 时,NSDI 关联电子的末态动量谱呈现出很大的区别,这归咎于主导 NSDI 的有效再碰撞由短轨道转变到长轨道。因此,利用 LP 和 EP 可以证实短轨道和长轨道的存在。另外,预测可以通过控制激光场的脉宽来控制短轨道和长轨道的相对贡献,从而证实短轨道和长轨道的存在,图 3-23 证实了这个预测。图 3-23 给出了椭圆偏振激光脉冲驱动下关联电子沿激光偏振平面长轴方向(x 方向)的末态动量谱,上排对应的激光脉宽为 $6T$,下排对应的激光脉宽为 $4T$,这两种激光场除了脉宽不同之外,其他的激光参数均一样。这里给出了四个 CEP 的关联电子动量谱,CEP 的大小分别标注在每个图的左上角,短轨道(Short Trajectory,S)和长轨道(Long Trajectory,L)的相对贡献均标注在每个图的右下角。对于 $6T$ 的激光脉冲(上排),短轨道的贡献比长轨道的贡献更多一些,两者所占的比例分别约为 55% 和 45%。由于长轨道的主导贡献,导致关联电子动量谱主要分布在第一象限;然而对于 $4T$ 的激光脉冲(下排),由于长轨道在很大程度上被抑制,所以短轨道的贡献明显增加了许多,短轨道的贡献在 76% 左右。长轨道的贡献受到抑制很容易理解,因为脉宽变短之后完全不能够满足长轨道所需的返回时间。由于短轨道的主导贡献,导致关联电子动量谱主要分布在第三象限。因此,当激光脉冲的宽度由

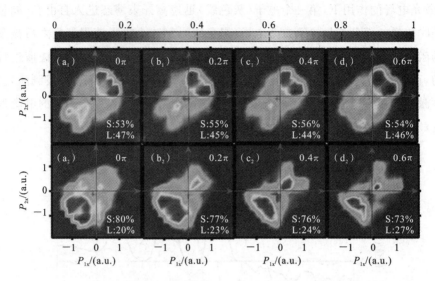

图 3-23   椭圆偏振激光脉冲驱动下关联电子沿 x 方向的动量谱

上排和下排对应的激光脉宽分别为 $6T$ 和 $4T$。CEP 依次为 0、0.2π、0.4π、0.6π。两种激光的强度和波长均为 1.7×10^{14} W/cm² 和 780 nm,椭偏率均为 0.18。对于 $6T$ 的激光脉冲,系综大小为 4×10^4,对于 $4T$ 的脉冲,系综大小为 6×10^4。

$6T$ 转变到 $4T$ 时,关联电子动量谱会发生明显的改变,这种改变究其根源是长、短轨道发生改变。所以,实验上可以利用不同脉宽的椭圆偏振激光脉冲,证实 NSDI 中的短轨道和长轨道。

3.3   正交双色场驱动的原子非次序双电离

3.3.1   引言

非次序双电离是再碰撞过程导致的。第 2 章提到,返回电子可能与核发生多次碰撞,实验得到的结果是多次再碰撞的累加结果。这使得双电离过程的研究更加复杂。近年来,越来越多的科学家开始研究如何控制非次序双电离的过程,以更加深入地认识非次序双电离关联电子动力学过程。

正交双色场是控制返回电子波包的重要手段[76-80],例如正交偏振双色脉冲沿长波长偏振方向的两个电子的相关动量谱显示惊人的反关联或正关联特点,这可以通过改变双色场的相对相位来操纵。研究表明正交双色场可以以阿秒的精度控制返回电子波包的再碰撞时间。本章讨论利用双色场手段控制非次序双电离的电离产率,从而进一步认识非次序双电离的再碰撞过程。

本章采用 3D 经典系综模型。这种方法的一般思想是用经典建模的原子集合来模拟量子波函数的演化。双电子系统的演化受牛顿经典运动方程控制（除非另有说明，否则使用原子单位）：

$$\frac{d^2 \vec{r}_i}{dt^2} = -\boldsymbol{\nabla}\left(-\frac{2}{\sqrt{r_i^2+a^2}}+\frac{1}{\sqrt{r_{12}^2+b^2}}\right)-\vec{E}(t) \tag{3-9}$$

其中：下标 $i=1,2$，为电子标号；r_i 为第 i 个电子的位置；r_{12} 为两个电子的相对位置；$E(t)$ 为正交偏振双色激光电场。$V_{ne}(r_i)=-2/\sqrt{r_i^2+a^2}$ 为离子核-电子势能；$V_{ee}(r_1,r_2)=1/\sqrt{(r_1-r_2)+b^2}$ 为电子-电子势能。正交双色场（OTC）电场为 $E(t)=f(t)[E_x(t)\hat{x}+E_y(t)\hat{y}]$。$f(t)$ 为两个周期开启、四个周期平台期、两个周期关闭的梯形脉冲包络。其中，长波长的电场沿 x 轴方向偏振，短波长的电场沿 y 轴方向偏振。$E_x(t)=E_{x_0}\cos(\omega_x t)$、$E_y(t)=E_{y_0}\cos(\gamma\omega_x t+\Delta\varphi)$。$E_{x_0}$，$E_{y_0}$ 分别为沿 x 轴方向偏振电场和沿 y 轴方向偏振电场的振幅。ω 为沿 x 轴方向偏振电场的频率。$\gamma=\lambda_x/\lambda_y$ 是波长比值。$\Delta\phi$ 是两电场之间的相对相位。在本节中，沿 x 轴和 y 轴偏振方向的电场强度都设置为 1×10^{14} W/cm^2。

3.3.2 结果与讨论

图 3-24 分别显示了两种不同波长 400 nm＋800 nm（菱形）、400 nm＋1200 nm（方形）的双电离概率随正交双色场相对相位变化的概率曲线。结果表明，波长为 400 nm＋800 nm 的概率曲线在 0.1π、0.6π、1.1π、1.6π 附近都有四个显著的峰，并且 0.6π 和 1.6π 处的峰值远高于 0.1π 和 1.1π 处的峰值，这与之前用半经典系综模型计算和实验对氖的 NSDI 产率测量是一致的。波长为 400 nm＋1200 nm 的概率曲线在 0.1π、1.1π 附近同样存在两个显著的峰。不同的是，概率曲线在 0.6π、1.6π 附近成为谷底。这种差异表明了不同波长下 NSDI 的微观电子动力学不同。

众所周知，NSDI 是由再碰撞过程诱导的，当自由电子在激光场的作用下加速后有一定的概率返回母核离子发生再碰撞。为了探明 OTC 不同波长比对 NSDI 产率的影响，反演分析系综内所有电子对的轨迹，并统计了第一个电子电离后返回母核离子的概率。这里，第一个电子电离定义为第一个电子能量大于 0 或者离母核离子的距离大于 6 a.u.，第一个电子能返回母核离子定义为第一个电子电离以后两个电子最接近的距离小于 3 a.u.。图 3-25 分别显示了两种不同波长下，第一个电子返回母核离子的概率随正交双色场相对相位变化的概率曲线。结果显示对于两种不同的波长，第一个电子返回的概率曲线趋势分别与它们各自 NSDI 的产率曲线（图 3-24）类似。这说明了不同波长的 OTC 可以控制隧穿电子返回母核离子的概率，从而导致 NSDI 产率曲线的变化。

为了理解第一个电子在不同波长的正交双色场驱动下返回概率的变化。反演分析了 NSDI 中双电子经典轨迹，并统计了波长为 400 nm＋800 nm、400 nm＋1200 nm，不

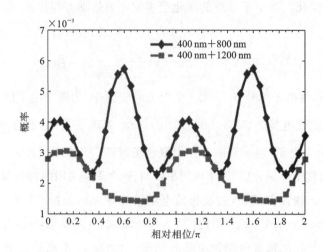

图 3-24 双电离概率随正交双色场相对相位变化的概率曲线

激光波长分别为 400 nm+800 nm(菱形),400 nm+1200 nm(方形),激光强度均为 $1×10^{14}$ W/cm² 。

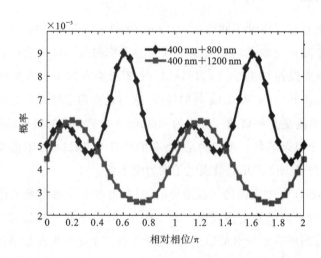

图 3-25 第一个电子返回母核离子的概率随正交双色场相对相位变化的概率曲线

同相对相位下的第一个电子飞行时间,如图 3-26 所示。这里,飞行时间被定义为从第一个电子电离到再碰撞后两个电子最接近时刻的时差,再碰撞时间被定义为两个电子最接近的时刻。结果显示,400 nm+800 nm 波长下,飞行时间最小的部分集中在相对相位为 0.6π 附近。相反的是,400 nm+1200 nm 波长下,飞行时间最小的部分集中在相对相位为 0.1π 附近,最大的部分集中在相对相位为 0.6π 附近。飞行时间越短,第一个电子波包扩散得越弱,导致第一个电子返回碰撞母核离子的概率就会越大。因此在相对相位为 0.6π 时,400 nm+1200 nm 波长下 NSDI 的概率曲线呈现谷底。

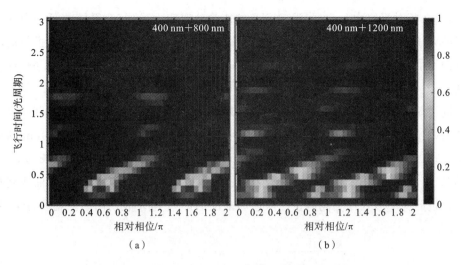

图 3-26　飞行时间随正交双色场相对相位变化的分布

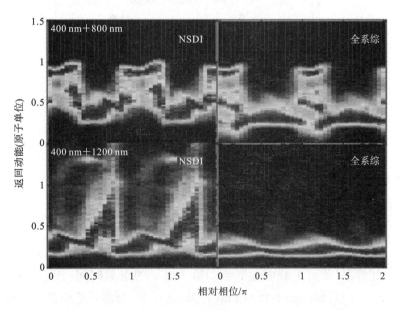

图 3-27　第一个电子返回动能随正交双色场相对相位变化的分布

激光波长分别为 400 nm＋800 nm(上行)、400 nm＋1200 nm(下行)。

图 3-27 显示了 400 nm＋800 nm(上行)、400 nm＋1200 nm(下行)波长下,NSDI 和全系综中第一个电子返回母核离子时(碰撞前 0.03 个光周期)具有的动能分布。结果显示,对于 400 nm＋800 nm 波长来说,全系综的第一个电子返回母核离子时具有的动能分布与 NSDI 中的在各个相对相位下都大体相似,这说明大部分返回的第一个电子携带的动能都满足发生 NSDI 的要求。对于 400 nm＋1200 nm 波长来说,全系综的第一个电子返回母核离子时具有的动能分布与 NSDI 中在相对相位为 0.1π 附近的大体

相似,而在相对相位为 0.6π 附近,NSDI 的能量分布较大,这与全系综的第一个电子返回母核离子时具有的动能分布相差很大。这意味着大部分返回的电子因为携带的动能较低而不能产生双电离现象,从而导致 NSDI 概率曲线在相对相位为 0.6π 时呈现谷底。

同样统计了 800 nm+1600 nm、800 nm+2400 nm 波长下,双电离概率随正交双色场相对相位变化的曲线,如图 3-28 所示。明显的是,波长为 800 nm+1600nm 的概率曲线呈现四峰结构,与波长为 400 nm+800 nm 的概率曲线趋势相同。波长为 800 nm+2400 nm 的概率曲线呈现双峰结构,与波长为 800 nm+2400 nm 的概率曲线趋势相同。这说明对于波长比相同的正交双色场来说,第一个电子表现出的微观动力学相似。

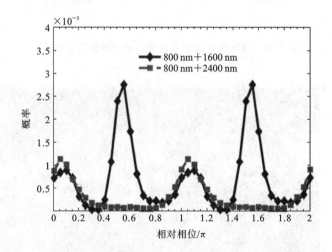

图 3-28　双电离概率随正交双色场相对相位变化的概率曲线

激光波长分别为 800 nm+1600 nm(菱形)、800 nm+2400 nm(正方形),激光强度均为 1×10^{14} W/cm²。

对于上述情况,分析了合电场形状和第一电子的电离时间。图 3-29 显示了 400 nm+800 nm(左列)、400 nm+1200 nm(右列)波长下,全部系综中第一个电子电离时间的概率分布(灰色区域)和 NSDI 中第一个电子电离时间分布(黑色区域),激光相对相位分别为 0.1π(上行)、0.6π(下行)。结果显示 400 nm+800 nm 波长下,全部系综中第一个电子大多在合成激光场峰值左右电离,呈现类高斯分布,共五个峰,其中主峰位于中间。而 NSDI 中第一个电子电离时间分布主要集中在三个峰的位置,其中第二个和第四个峰的位置几乎没有分布。这说明在这两个区域电离的电子并不能返回原子核发生回碰。当波长为 400 nm+1200 nm,全部系综中第一个电子电离时间同样在合电场峰值处,共七个峰。相对相位为 0.1π 时,NSDI 电离时间在其中五个峰有分布,而相对相位为 0.6π 时,NSDI 电离时间只有三个峰有分布。这说明在 NSDI 发生电离的窗口在减小。本文第 2 章介绍了电子的返回条件,即电离出口发生在激光场峰值之后,正交双色场中电子受两个相互垂直的激光电场作用,因此理论上电子返回的要求更加苛刻。例如,沿 x 轴,第一个电子需要在 800 nm 激光电场峰后的位置;沿 y 轴,第一个电子需要在 400 nm 激光电场峰后的位置,还需要发生多次返回。当然原子核的库仑聚焦效应可以使电子更容易返回,与母核离子发生再碰撞。当正交双色场的相对相位发生变化,其合成电场的峰值对应的相位也会发生变化,影响电场峰值与电子电离窗口之间的时间差,从而影响 NSDI 的产率。

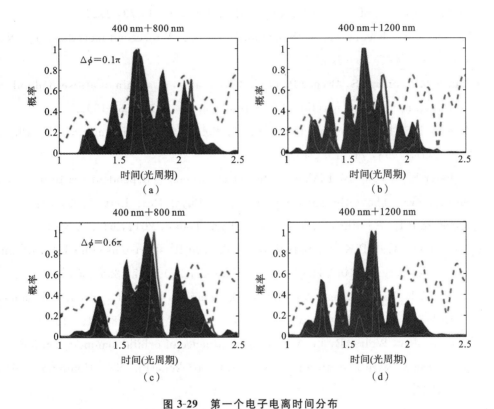

图 3-29　第一个电子电离时间分布

激光波长分别为 400 nm+800 nm(左列)、400 nm+1200 nm(右列)。

参考文献

[1] McPherson A,Gibson G,Jara H,et al. Studies of multiphoton production of vacuum-ultraviolet radiation in the rare gases[J]. J. Opt. Soc. Am. B,1987,4:595-601.

[2] Ferray M,Huillier A L,Li X F,et al. Multiple-harmonic conversion of 1064 nm radiation in rare gases[J]. J. Phys. B,1988,21:L31-L35.

[3] Agostini P,Fabre F,Mainfray G,et al. Free-free transitions following six-photon

ionization of xenon atoms[J]. Phys. Rev. Lett, 1979, 42: 1127.

[4] Kruit P, Kimman J, Muller H G, et al. Electron spectra from multiphoton ionization of xenon at 1064, 532, and 355 nm[J]. Phys. Rev. A, 1983, 28: 248.

[5] Paulus G G, Nicklich W, Xu H, et al. Plateau in above threshold ionization spectra[J]. Phys. Rev. Lett, 1994, 72: 2851.

[6] Walker B, Sheehy B, Agostini L F, et al. Precision measurement of strong field double ionization of helium[J]. Phys. Rev. Lett, 1994, 73: 1227.

[7] Hentschel M, Kienberger R, Spielmann C, et al. Attosecond metrology[J]. Nature, 2001, 414: 509-513.

[8] Paul P M, Toma E S, Breger P, et al. Observation of a train of attosecond pulses from high harmonic generation[J]. Science, 2001, 292: 1689-1692.

[9] Corkum P B. Plasma perspective on strong field multiphoton ionization[J]. Phys. Rev. Lett, 1993, 71: 1994-1997.

[10] Schafer K J, Yang B, DiMauro L F, et al. Intensity-dependent scattering rings in high order above-threshold ionization[J]. Phys. Rev. Lett, 1993, 70: 1599.

[11] Corkum P B. Recollision physics[J]. Phys. Today, 2011, 64(3): 36-41.

[12] Chalus O, Bates P K, Smolarski M, et al. Mid-IR short-pulse OPCPA with micro-joule energy at 100KHz[J]. Opt. Express, 2009, 17: 3587-3594.

[13] Blaga C I, Xu Junliang, Anthony D D. Imaging ultrafast molecular dynamics with laser-induced electron diffraction[J]. Nature, 2012, 483: 194-197.

[14] Pullen M G, Wolter B, Le A T, et al. Influence of orbital symmetry on diffraction imaging with rescattering electron wave packets[J]. Nat. Commun, 2016, 7: 11922.

[15] Popmintchev T, Chen M, Popmintchev D. Bright coherent ultrahigh harmonics in the keV X-ray regime from mid-infrared femtosecond lasers[J]. Science, 2012, 336: 1287-1291.

[16] DiChiara A D, Sistrunk E, Blaga C I, et al. Inelastic scattering of broadband electron wave packets driven by an intense midinfrared laser field[J]. Phys. Rev. Lett, 2012, 108: 033002.

[17] Wolter B, Pullen M G, Baudisch M, et al. Strong-field physics with mid-IR fields[J]. Phys. Rev. X, 2015, 5: 021034.

[18] Pullen M G, Wolter B, Wang X, et al. Transition from non-sequential to sequential double ionisation in many-electron systems[J]. Phys. Rev. A, 2017, 96: 033401.

[19] Beck W, Liu X, Ho P J, et al. Theories of photoelectron correlated in laser-driven multiple atomic ionization[J]. Rev. Mod. Phys, 2012, 84: 1011-1043.

[20] Weber T, Giessen H, Weckenbrock M, et al. Correlated electron emission in multiphoton double ionization[J]. Nature, 2000, 405: 658-661.

[21] Feuerstein B, Moshammer R, Fischer D, et al. Separation of recollision mechanisms in nonsequential strong field double ionization of Ar: the role of excitation tunneling[J]. Phys. Rev. Lett, 2001, 87: 043003.

[22] Lein M, Gross E K U, Engel V. Intense-field double ionization of helium: identifying the mechanism[J]. Phys. Rev. Lett, 2000, 85: 4707-4710.

[23] Panfili R, Haan S L. Slow-down collision and nonsequential double ionization in classical simulations[J]. Phys. Rev. Lett, 2002, 89: 113001.

[24] Weckenbrock M, Zeidler D, Staudte A, et al. Fully differential rates for femtosecond multiphoton double ionization of neon[J]. Phys. Rev. Lett, 2004, 92: 213002.

[25] Ho P J, Panfili R, Haan S L, et al. Nonsequential double ionization as a completely classical photoelectric effect[J]. Phys. Rev. Lett, 2005, 94: 093002.

[26] Haan S L, Breen L, Karim A, et al. Variable time lag and bachward election in full-dimension analysis of strong field double ionization[J]. Phys. Rev. Lett, 2006, 97: 103008.

[27] Staudte A, Ruzi C, Schoffler M, et al. Binary and recoil collisions in strong field double ionization of helium[J]. Phys. Rev. Lett, 2007, 99: 263002.

[28] Rudenko A, V L B Jesus, Ergler T, et al. Correlated two-electron momentum spectra for strong-field nonsequential double ionization of He at 800 nm[J]. Phys. Rev. Lett, 2007, 99: 263003.

[29] Liu Y, Tschuch S, Rudenko A, et al. Strong-field double ionization of Ar below the recollision threshold[J]. Phys. Rev. Lett, 2008, 101: 053001.

[30] Haan S L, Van Dyke J S, Smith Z S. Recollision excitation, electron correlation, and the production of high-momentum electrons in double ionization[J]. Phys. Rev. Lett, 2008, 101: 113001.

[31] Bergues B, Kubel M, Johnoson N G, et al. Attosecond tracing of correlated electron-emission in non-sequential double ionization[J]. Nat. Commun, 2012, 3: 813.

[32] LiuYunquan, Fu Libin, Ye Difa, et al. Strong-field double ionization through sequential release from double excitation with subsequent coulomb scattering

[J]. Phys. Rev. Lett, 2014, 112: 013003.

[33] Ye Difa, Liu Xueshen, Liu Jie, et al. Classical trajectory diagnosis of a finger-like pattern in the correlated electron momentum distribution in strong field double ionization of helium[J]. Phys. Rev. Lett, 2008, 101: 233003.

[34] Sun Xufei, Li Min, Ye Difa, et al. Mechanism of strong-field double ionization of Xe[J]. Phys. Rev. Lett, 2014, 113: 103001.

[35] Zhou Yueming, Liao Qing, Lu Peixiang, et al. Asymmetric electron energy sharing in strong-field double ionization of Helium[J]. Phys. Rev. A, 2010, 82: 053402.

[36] Yuan Zongqiang, Ye Difa, Liu Jie, et al. Inner-shell electron effects in strong-field double ionization of Xe[J]. Phys. Rev. A, 2016, 93: 063409.

[37] Panfili R, Eberly J H, Haan S L. Comparing classical and quantum simulations of strong-field double-ionization[J]. Opt. Express, 2001, 8: 431-435.

[38] Wang X, Eberly J H. Effects of elliptical polarization on strong-field short-pulse double ionization[J]. Phys. Rev. Lett, 2009, 103: 103007.

[39] Mauger F, Chandre C, Uzer T. Strong field double ionization: the phase space perspective[J]. Phys. Rev. Lett, 2009, 102: 173002.

[40] Wang X, Eberly J H. Elliptical polarization and probability of double ionization [J]. Phys. Rev. Lett, 105: 083001.

[41] Fu Libin, Xin Guoguo, Ye Difa, et al. Recollision dynamics and phase diagram for nonsequential double ionization with circularly polarized laser fields[J]. Phys. Rev. Lett, 2012, 108: 103601.

[42] Zhou Yueming, Huang Cheng, Liao Qing, et al. Classical simulation including electron correlations for sequential double ionization[J]. Phys. Rev. Lett, 2012, 109: 053004.

[43] Wang X, Tian J, Eberly J H. Angular correlation in strong-field double ionization under circular polarization[J]. Phys. Rev. Lett, 2013, 110: 073001.

[44] Chaloupka J L, Hickstein D D. Dynamics of strong-field double ionization in two-color counterrotating fields[J]. Phys. Rev. Lett, 2016, 116: 143005.

[45] Li Yingbin, Yu Benhai, Tang Qingbin, et al. Transition of recollision trajectories from linear to elliptical polarization[J]. Opt. Express, 2016, 24: 6469-6479.

[46] Parker J S, Moore L R, Dundas D, et al. Double ionization of helium at 390 nm [J]. J. Phys. B, 2000, 33: L691-L698.

[47] Hu S. Boosting photoabsorption by attosecond control of electron correlation [J]. Phys. Rev. Lett. , 2013, 111: 123003.

[48] Javanainen J, Eberly J H, Su Q. Numerical simulations of multiphoton ionization and above-threshold electron spectra [J]. Phys. Rev. A, 1988, 38: 3430-3446.

[49] Su Q, Eberly J H. Model atom for multiphoton physics[J]. Phys. Rev. A, 1991, 44: 5997-6008.

[50] Linden H B, Heuvell H B, Muller H G, et al. Multiphoto ionization of xenon with 100-fs laser pulses[J]. Phys. Rev. Lett. , 1988, 60: 565.

[51] Chen Z, Le A, Morishita T, et al. Quantitative rescsttering theory for laser-induced high-energy plateau photoelectron spectra[J]. Phys. Rev. A, 2009, 79: 033409.

[52] Haan S, Smith Z S. Classical explanation for electrons above energy 2U$_p$ in strong-field double ionization at 390 nm[J]. Phys. Rev. A, 2007, 76: 053412.

[53] Fittinghoff D N, Bolton P R, Chang B, et al. Observation of nonsequential double ionization of helium with optical tunneling[J]. Phys. Rev. Lett. , 1992, 69: 2642.

[54] Havermeier T, Jahnke T, Kreidi K, et al. Single photon double ionization of the Helium dimer[J]. Phys. Rev. Lett. , 2010, 104(15): 153401.

[55] Pullen M G, Wolter B, Wang X, et al. Transition from nonsequential to sequential double ionization in many-electron systems [J]. Phys. Rev. A, 2017, 96: 033401.

[56] Haan S L, Van Dyke J S, Smith Z S. Recollision excitation, electron correlation, and the production of high-momentum electrons in double Ionization[J]. Phys. Rev. Lett. , 2008, 101(11): 113001.

[57] Dietrich P, Burnett N H, Ivanov M, et al. High-harmonic generation and correlated two-electron multiphoton ionization with elliptically polarized light[J]. Phys. Rev. A, 1994, 50: R3585.

[58] Burnett N H, Kan C, Corkum P B. Ellipticity and polarization effects in harmonic generation in ionizing neon[J]. Phys. Rev. A, 1995, 51: R3418.

[59] Gillen G D, Walker M A, VanWoerkom L D. Enhanced double ionization with circularly polarized light[J]. Phys. Rev. A, 2001, 64: 043413.

[60] Guo C, Gibson G N. Ellipticity effects on single and double ionization of diatomic molecules in strong laser fields[J]. Phys. Rev. A, 2001, 63: 040701.

[61] Guo C, Li M, Nibarger J P, et al. Single and double ionization of diatomic molecules in strong laser fields[J]. Phys. Rev. A, 1998, 58: R4271.

[62] Shvetov-Shilovski N I, Goreslavski S P, Popruzhenko S V, et al. Ellipticity effects and the contributions of long orbits in nonsequential double ionization of atoms[J]. Phys. Rev. A, 2008, 77: 063405.

[63] Wang X, Eberly J H. Elliptical trajectories in nonsequential double ionization [J]. New J. Phys, 2010, 12: 093047.

[64] Mauger F, Chandre C, Uzer T. Recollisions and correlated double ionization with circularly polarized light[J]. Phys. Rev. Lett, 2010, 105: 083002.

[65] Kamor A, Mauger F, Chandre C, et al. How key periodic orbits drive recollisions in a circularly polarized laser field [J]. Phys. Rev. Lett., 2013, 110: 253002.

[66] Guo Jing, Liu Xueshen, Chu S I. Exploration of nonsequential-double-ionization dynamics of Mg atoms in linearly and circularly polarized laser fields with different potentials[J]. Phys. Rev. A, 2013, 88: 023405.

[67] Lai Xuanyang, Wang Chuanliang, Chen Yongju, et al. Elliptical polarization favors long quantum orbits in high-order above-threshold ionization of noble gases [J]. Phys. Rev. Lett., 2013, 110: 043002.

[68] Su Q, Eberly J H. Model atom for multiphoton physics[J]. Phys. Rev. A, 1991, 44: 5997.

[69] Tong Aihong, Zhou Yueming, Lu Peixiang. Resolving subcycle electron emission in strong-field sequential double ionization[J]. Opt. Express, 2015, 23: 15774-15783.

[70] Lein M, Gross E K U, Engel V. Intense-field double ionization of helium, identifying the mechanism[J]. Phys. Rev. Lett., 2000, 85(22): 4707-4710.

[71] Herrwerth O, Rudenko A, Kremer M, et al. Wavelength dependence of sub-laser-cycle few-electron dynamics in strong-field multiple ionization [J]. New J. Phys., 2008, 10(2): 025007.

[72] Liu A, Thumm U. Laser-assisted XUV few-photon double ionization of helium: Joint angular distributions[J]. Phys. Rev. A, 2014, 89: 063423.

[73] Parker J S, Doherty B J S, Taylor K T, et al. High-Energy cutoff in the spectrum of strong-field nonsequential double ionization[J]. Phys. Rev. Lett., 2006, 96 (13): 133001.

[74] Camus N, Fischer B, Kremer M, et al. Attosecond correlated dynamics of two

electrons passing through a transition state [J]. Phys. Rev. Lett., 2012, 108: 073003.

[75] Haan S, Smith Z, Shomsky K, et al. Anticorrelated electrons from high-intensity nonsequential double ionization of atoms [J]. Phys. Rev. A, 2010, 81: 023409.

[76] Richter M, Kunitski M, Schöffler M, et al. Streaking Temporal Double-Slit Interference by an Orthogonal Two-Color Laser Field [J]. Phys. Rev. Lett., 2015, 114: 143001.

[77] Zhou Yueming, Huang Cheng, Tong Aihong, et al. Correlated electron dynamics in nonsequential double ionization by orthogonal two-color laser pulses [J]. Opt. Express., 2011, 19(3): 2301-2308.

[78] Yuan Zongqiang, Ye Difa, Xia Qinzhi, et al. Intensity-dependent two-electron emission dynamics with orthogonally polarized two-color laser fields [J]. Phys. Rev. A, 2015, 91: 063417.

[79] Zhou Yueming, Huang Cheng, Liao Qing, et al. Control the revisit time of the electron wave packet [J]. Opt. Lett., 2011, 36(15): 2758-2760.

[80] Zhang L, Xie X, Roither S, et al. Subcycle Control of Electron-Electron Correlation in Double Ionization [J]. Phys Rev Lett., 2014, 112: 193.

4

强激光场中分子非次序双电离

4.1 中红外激光场中分子非次序双电离关联电子动力学

4.1.1 引言

非次序双电离是激光与物质相互作用的一个基本过程,由于包含很强的电子关联行为,自首次实验观测到离子产率对激光强度呈现膝盖状结构[1]以来,强场非次序双电离引起越来越多的关注。一系列的实验和理论研究[2-11]证明再碰撞机制[12, 13]是非次序双电离的基本物理机制。根据该机制,第一个电子在激光场的驱动下通过隧道电离,然后在振荡激光场作用下运动,当激光脉冲偏振方向改变时,返回到母核离子附近,并与之发生非弹性碰撞,导致第二个电子直接电离或被激发并在激光场峰值附近电离。前一种电离过程定义为直接碰撞电离,后一种电离过程一般称为碰撞激发场致电离[9]。

由于受到激光放大技术的限制,先前的研究采用的激光波长主要在近红外波长区域($\lambda \leqslant 1~\mu m$)。随着激光技术的快速发展,目前采用的激光波长已经拓展到中红外波长($1 \leqslant \lambda \leqslant 10~\mu m$)区域[14]。近年来,利用中红外激光脉冲研究激光与物质相互作用受到了广泛的关注,并发现了一些新奇的现象[15-18]。例如,阈值上电离谱有一个反常的低能峰结构被观测到[15, 16]。在高次谐波产生的研究中发现,利用中红外激光脉冲不仅可以提高高次谐波的强度,还能降低啁啾[18],这非常有利于产生阿秒脉冲。在中红外激光脉冲驱动下,强场原子、分子非次序双电离也引起了实验研究者的极大兴趣[19-21]。实验研究发现,正二价离子的纵向动量分布呈现一个显著的双峰结构[19, 20],这与近红外波长机制的情况是不同的。在近红外波长激光脉冲驱动下,正二价离子纵向动量分布是一个宽的单峰结构。双峰结构随波长的增加会变得更加显著[19, 20]。

对于在近红外波长激光脉冲驱动下分子的非次序双电离,先前的研究显示,电子对的关联行为与分子取向有强烈的依赖关系[22, 23]。实验研究发现,氮分子在 800 nm 激光脉冲作用下发生非次序双电离,当激光脉冲偏振方向与分子取向平行时,关联电子对主要倾向于沿同方向发射,即末态关联电子对主要分布在相同半球。当激光脉冲偏振方向与分子取向垂直时,与平行取向的情况相比,更多的关联电子沿相反方向发射,即更多的关联电子末态分布在相反半球。那么,在中红外波长情况下,关联电子动力学与分子取向的依赖关系就是一个需要讨论的问题。本章利用三维系综理论[8,24]研究了中红外波长激光脉冲驱动下氮分子非次序双电离电子关联动力学。研究结果显示电子对的关联行为与分子取向不存在依赖关系,这与近红外波长机制的情况相反。当激光脉冲波长从近红外区域增大到中红外区域时,正二价离子纵向关联动量分布会从一个宽的单峰结构演化为双峰结构,并且双峰结构随波长的进一步增加变得更加显著,这与实验观测结果一致。反演跟踪双电离轨迹可以揭示,随激光波长的增加,直接碰撞电离对非次序双电离总产率的贡献显著增强。中红外波长机制下,在平行和垂直分子取向方向上,直接碰撞电离都占主导地位,因此,所有分子取向的关联电子对都主要倾向于沿相同方向发射,即末态动量分布都主要集中在相同半球,也就是说,在中红外波长情况下,电子对关联行为与分子取向不存在依赖关系。另外,本章还研究了正二价离子纵向动量分布对激光强度的依赖特性。

由于描述双电子系统与激光相互作用对计算量的要求很高,当前主要依靠经典的方法[25-30]来开展研究。这里利用 Eberly 等人[8,24]开发的经典系综理论模型研究强场氮分子非次序双电离。应用该模型,能够很好地理解和解释许多非次序双电离现象。系统的演化遵循经典运动方程 $\mathrm{d}^2 \vec{r}_i/\mathrm{d}t^2 = -\vec{E}(t) - \mathbf{\nabla}[V_{\mathrm{ne}}(\vec{r}_i) + V_{\mathrm{ee}}(\vec{r}_1, \vec{r}_2)]$,下标 i 表示不同的电子,$\vec{E}(t)$ 是线偏振激光脉冲的电场。核与电子及电子与电子间的相互作用用三维软核库仑势表示,分别为

$$V_{\mathrm{ne}} = -1/\sqrt{(\vec{r}_1 + R/2)^2 + a^2} - 1/\sqrt{(\vec{r}_1 - R/2)^2 + a^2} - 1/\sqrt{(\vec{r}_2 + R/2)^2 + a^2}$$
$$- 1/\sqrt{(\vec{r}_2 - R/2)^2 + a^2}$$

$$V_{\mathrm{ee}} = -1/\sqrt{(\vec{r}_1 - \vec{r}_2)^2 + b^2}$$

为了获得初始状态,系综中任意电子对的初始位置满足初始能量等于氮分子基态能量 -1.67 a.u.,可用的动能在两个电子之间随机分布,然后让电子对在库仑场中运动足够长的时间,进而获得稳定的动量和空间分布,如图 4-1 所示,分别表示氮分子双电子在动量空间和坐标空间的初始系综分布。为了避免自电离和保持系统的稳定性,选择屏蔽参数 a 和 b 的值分别为 1.15 a.u. 和 0.05 a.u.。在计算中,核间距 R 选定为 2 a.u.,近似等于氮分子的平衡核间距。电场 $\vec{E}(t)$ 是线性的偏振场,偏振方向沿 z 轴方向。梯形激光脉冲包含十个光周期,两个线性增加,中间的六个光周期保持光强最大值,两个线性减小。当激光脉冲演化结束后,判定双电离发生的条件是,两个电子的能量都大于零。

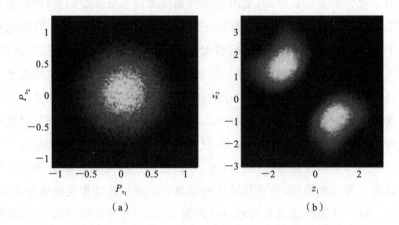

图 4-1 经典系综理论模型中氮分子电子对在动量空间和坐标空间的初始系综分布

图中 P_{z_1}、P_{z_2} 表示两电子在 z 轴方向的动量，z_1、z_2 表示两电子在 z 轴方向的坐标。

4.1.2 关联电子动力学对分子成像的依赖

理论上，全维量子理论可以清楚地描述非次序双电离。然而，由于巨大的计算量，利用数值求解全维的含时薛定谔方程的方法目前仅能处理只有两个电子的原子系统在较短波长的情况[31]。因此，在长波长情况下，目前利用全量子理论计算强场驱动的分子非次序双电离（包含两个关联电子）是非常困难的。并且，大量的研究表明，利用经典理论研究大多数双电离现象都能给出合理的解释[8, 23, 32]。这可能是因为在强激光场作用下，量子效应对双电离动力学过程的影响是比较弱的。因此，虽然经典理论不包含量子效应，但利用经典系综方法处理强场双电离过程是合理并可以接受的。因此，本章中利用经典系综理论为相关的物理过程提供一个直觉的深刻洞察。特别地，研究表明双中心干涉和轨道对称效应对分子非次序双电离有较大的影响[33-35]。例如，利用 S 矩阵理论研究发现，最高占据轨道和次最高占据轨道对氮分子非次序双电离取向的依赖效应是不同的[35]。对双原子、分子非次序双电离研究[34]发现，关联电子动量分布呈现干涉结构来源于分子的双中心干涉。这些量子效应不能用经典模型描述，而必须用量子理论描述，如发展中的 S 矩阵理论[33-35]。对于本章重点讨论的问题，经典系综理论是有效的。

图 4-2 是激光强度为 $I=1.0\times10^{14}$ W/cm^2，波长分别为 800 nm（第一行）、1200 nm（第二行）和 1600 nm（第三行），沿激光偏振方向的关联电子纵向动量分布。图 4-2(a)、4-2(c)和 4-2(e)对应的分子取向平行于激光偏振方向，图 4-2(b)、4-2(d)和 4-2(f)对应的激光偏振方向垂直于分子取向。对于 800 nm 激光脉冲，图 4-2(a)和 4-2(b)显示，电子关联强烈依赖于分子取向。对比平行分子取向，图 4-2(b)显示当激光偏振方向垂直于分子取向时，大部分的关联电子对沿相反方向发射，即纵向动量末态分布主要

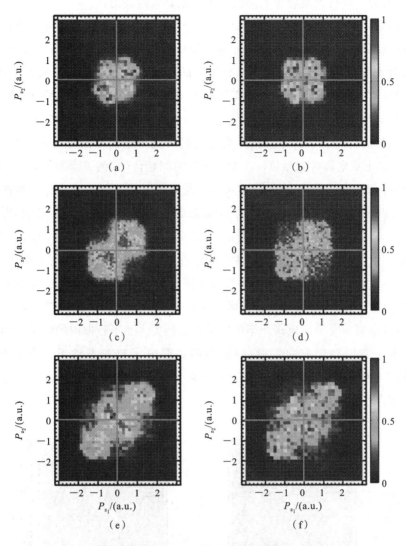

图 4-2 关联电子纵向动量分布

激光强度为 1.0×10^{14} W/cm^2。图 4-2(a)(b)的激光波长为 800 nm，图 4-2(c)(d)的激光波长为 1200 nm，图 4-2(e)(f)的激光波长为 1600 nm。

集中在相反的半球，这与实验测量结果是一致的。统计结果显示，对 800 nm 激光脉冲，分布在相同半球的电子对占总的双电离产量的比例在平行和垂直分子取向分别是 60%和 50%。这表明在近红外波长情况下，非次序双电离与分子取向有很强的依赖关系。然而，对于激光波长分别为 1200 nm 和 1600 nm 的情况，电子对末态关联行为不再依赖于分子取向。对于 1200 nm 激光脉冲，分布在相同半球的产量占总双电离产量的比例在平行和垂直分子取向分别是 68%和 66%，而对于 1600 nm 激光，分布在相应半球的贡献分别是 61%和 59%。这表明，与近红外波长的情况相比，在中红外波长机制下,电子对的关联行为与分子取向的依赖关系是很微弱的。

以上结果表明,在中红外波长机制下,电子对关联行为与分子取向没有依赖关系。通过向后跟踪分析双电离轨迹,可以直观地分析中红外激光脉冲驱动下分子非次序双电离关联电子动力学。再碰撞和双电离发生的时间可以通过反演分析双电离轨迹确定。对于每一个轨迹,将返回电子距离母核离子最近的时刻定义为碰撞时刻。将两个电子的总能量(包括电子的动能、电子与核之间的库仑吸引势能和一半的电子与电子库仑排斥作用势能)都大于零,并且到激光场关闭一直为正能量的时刻定义为双电离时刻。图 4-3 给出双电离时间相位(t_{DI})对再碰撞时间相位(t_r)的二维图像分布,激光波长为 1200 nm。图 4-3(a)和 4-3(b)分别对应激光偏振方向平行和垂直分子取向的情况。从图 4-3 可以看出,对于两种分子取向,再碰撞都主要发生在激光场零点前,即 $0.3T\sim$ $0.5T$(或者 $0.8T\sim1.0T$,T 是激光周期)。这与经典再碰撞理论的预测是一致的[12]。另外,双电离时间和碰撞时间分布都主要集中在主对角线上,这意味着大部分的双电离事件在碰撞后很快发生。这与近红外波长的情况是不同的。对近红外波长机制,非次序双电离事件有很大一部分来自碰撞激发场致电离(延迟电离)的贡献[23],垂直取向情况下,延迟双电离对总的双电离产率的贡献的比例要大于平行取向的情况,因此导致更多的关联电子对沿相反方向发射,即更多的关联电子对末态动量分布在相反的半球[23]。但是在中红外波长情况下,对激光偏振方向平行和垂直分子取向的情况,直接碰撞电离都占主导地位。

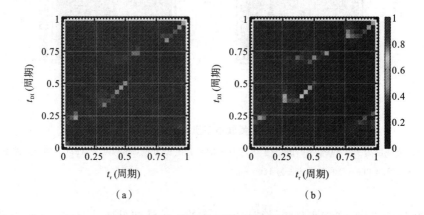

(a)   (b)

图 4-3 双电离时间相位对再碰撞时间相位的二维图像分布

图 4-3(a)分子取向平行,图 4-3(b)分子取向垂直激光偏振方向。激光波长为 1200 nm。激光强度为 1.0×10^{14} W/cm^2。

4.1.3 离子动量分布对激光波长的依赖

接下来,进一步研究激光波长对离子纵向动量分布的影响。图 4-4 是氮分子在不同波长下正二价离子纵向动量的分布,波长分别是 800 nm、1200 nm 和 1600 nm,对应的激光强度分别为 2.25×10^{14} W/cm²、1.0×10^{14} W/cm² 和 0.563×10^{14} W/cm²。以上激光强度的选取是为了满足与三个波长对应的有质动力势能是相同的,正二价离子动量的单位为 $\sqrt{U_p}$,U_p 为有质动力势能。对于 800 nm 脉冲,离子动量分布呈现一个宽的单峰结构,这与实验结果是一致的[36]。当波长增加到 1200 nm 时,单峰结构演化为双峰结构,如图 4-4(a) 和 4-4(b) 所示。当波长进一步增加,双峰结构变得更加显著(如图 4-4(c) 所示),这些结果与实验结果符合得很好[19,20]。

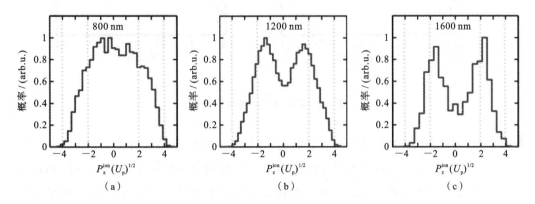

图 4-4　氮分子在不同波长下正二价离子纵向动量的分布

　　为了全面理解动量分布的演化,分析了不同波长的双电离和再碰撞之间的时间间隔。图 4-5 的纵轴表示双电离产率,横轴表示双电离时间与再碰撞时间之间的时间间隔。图 4-5(a) 时间间隔的单位为光周期。图 4-5(b) 时间间隔单位为真实时间(fs)。

　　对于 800 nm 激光脉冲,约 40% 的双电离对应的时间间隔小于 0.25 光周期,这表明大部分的双电离是通过碰撞激发场致电离机制发生的。然而,对于波长为 1200 nm 和 1600 nm 的激光脉冲,约 50% 和 60% 的双电离事件对应的时间间隔小于 0.25 光周期,这意味着随波长的增加,越来越多的双电离是通过直接碰撞电离机制发生的。图 4-5(b) 显示,在长波长情况下,"绝对"时间间隔小于短波长,"绝对"时间间隔可以理解为热化时间[37]。这个结果表明对于长波长,电子热化得更快。这进一步说明,在中红外波长机制下,更多的双电离事件通过直接碰撞电离机制发生。随波长的增加,直接碰撞电离机制对双电离的贡献显著增强,这导致随激光波长从近红外区域增加到中红外区域,正二价离子纵向动量分布从宽的单峰结构演化为双峰结构[19,20]。

　　上述研究表明直接碰撞电离通道对总的双电离产率的贡献与波长有很强的依赖关系。下面定性地讨论一下这种依赖关系。有质动力势能给定时,与长波长相比,短波长的激光脉冲的电场更强。因此,在短波长情况下,再碰撞之后处于激发态的正一价离子的电离率更高。而对于长波长情况,由于电场较弱,激发态离子的电离率就较低,导致

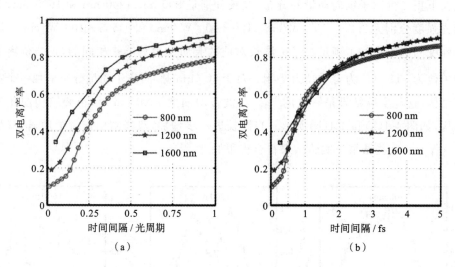

图 4-5　双电离产率与时间间隔

碰撞激发场致电离通道被抑制。也就是说,在长波长机制下,直接碰撞电离通道占主导地位。Alnaser 等人[19]研究发现,离子动量分布的结构与换算参数 $\alpha = I_p^3/\omega^2$(I_p 和 ω 分别是电离能和激光频率)有关,当换算参数值比较大时,峰值结构比较明显,分析结果与 Alnaser 等人的分析是一致的。

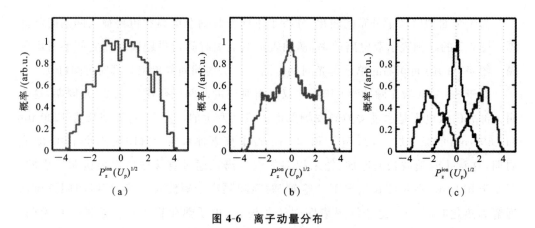

图 4-6　离子动量分布

波长为 1600 nm。图 4-6(a)激光强度为 0.8×10^{14} W/cm^2,图 4-6(b)激光强度为 1.0×10^{14} W/cm^2。

为了探测激光强度对中红外激光脉冲驱动下氮分子非次序双电离电子动力学的影响,对于 1600 nm 激光脉冲,又考虑了 0.8×10^{14} W/cm^2 和 1.0×10^{14} W/cm^2 两个激光强度下的离子动量分布,分别显示在图 4-6(a)(b)中。对比图 4-4(c)和图 4-6(a),可以看出随强度的增加,零点附近动量分布的产率增加。图 4-6(a)显示,当激光强度为 0.8×10^{14} W/cm^2 时,离子动量分布呈现一个不显著的双峰结构。强度继续增加,正二价离子动量谱演化成一个三峰结构,如图 4-6(b)所示。这个结果与低强度机制下的双峰结构形成鲜明的对比。把高强度下的双电离事件分成两部分:一部分是关联电子分布在相同半球(灰色实线),另一部分是分布在相反半球(黑色实线),如图 4-6(c)所示,中央的峰来自分布在相反半球电子对的贡献。为了弄清楚对三峰结构负责任的动力学过程,检测了双电离和再碰撞事件对应的相位,如图 4-7 所示。对于分布在相同半球的电子对,如图 4-7 的灰色实线曲线所示,大部分的再碰撞发生在激光脉冲电场零点之前,相对应的双电离发生在激光电场零点附近或者再碰撞后的峰值之前。这些结果表明,这些双电离事件发生在同一个 1/4 光周期之内,因此相应的电子对分布在相同半球[9,38]。然而,对于分布在相反半球的电子对,如图 4-7 的黑色实线曲线所示,再碰撞和双电离事件大部分发生在激光场峰值附近。再碰撞后,由于激光场只能提供一个很小的漂移动量,电子对将沿相反方向发射[9,38]。这个过程导致在高强度机制下,有相当一部分电子对分布在相反的半球,从而导致在正二价离子动量分布上出现一个附加的中央峰。

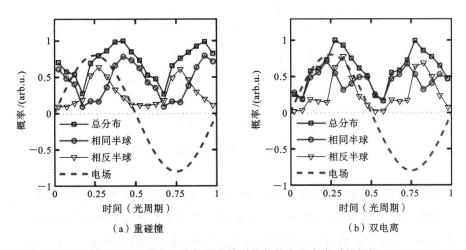

图 4-7 双电离产率与再碰撞时间相位和双电离时间相位

4.1.4 关联电子动力学对激光强度的依赖

在图 4-8 中,给出了随激光强度变化的双电离产率曲线。激光波长为 1300 nm,激光强度为 $4\times10^{13}\sim2\times10^{15}$ W/cm²。图 4-8 显示曲线呈现清晰的膝盖状结构,与先前的实验结果是一致的[39],这意味着在长波长机制下分子双电离主要是通过非次序电离通道发生的。根据计算结果,可以把曲线分成两部分(竖直的右侧灰色虚线显示分割的位置):非次序双电离激光强度区域($4\times10^{13}\sim1\times10^{15}$ W/cm²)和次序双电离激光强度区域($1\times10^{15}\sim2\times10^{15}$ W/cm²)。在这两个区域双电离的发生分别是通过碰撞和无碰撞发生的。本文中,主要讨论强场驱动分子的非次序双电离。根据再碰撞理论,返回电

子的最大动能约为 $3.17U_p$。在此基础上可以给出一个简单的判据,当激光强度为 6×10^{13} W/cm² 时,$3.17U_p=|I_{p_2}|$,该激光强度为阈值强度。若激光强度低于该激光强度,则延迟发射(碰撞激发场致电离)占主导地位,若激光强度高于该强度,则直接碰撞电离占主导地位。通过反演跟踪分析双电离轨迹,在不同的强度机制下,发现占主导地位的双电离机制是不同且复杂的。

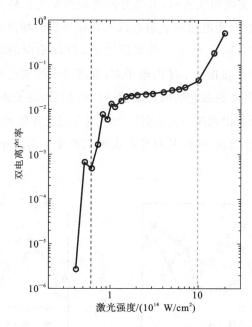

图 4-8 随激光强度变化的双电离产率曲线

通过反演分析随时间演化的双电离轨迹,可以揭示中红外激光脉冲驱动的分子双电离的微观动力学,进而可以提供一种直观的探究和理解不同激光强度下分子双电离的电离机制。图 4-9 中给出几种典型的双电离轨迹,图 4-9 给出不同强度机制下两个电子能量随时间演化的轨迹。当激光强度低于阈值强度时,如图 4-9(a)(b)所示,主要有两种负责任的双电离过程,分别是单次碰撞和多次碰撞诱导的关联发射过程。对这两种负责任的双电离过程,通过检查双电离轨迹,发现大多数的双电离源于碰撞之后形成的双激发态,如图 4-9(a)和 4-9(b)所示。这与先前的利用近红外激光驱动原子双电离的研究结果是相似的[23,40]。在低激光强度机制下,返回电子最大的碰撞能量不能直接电离内层电子。因此,碰撞之后两个电子处在能量较高的束缚态,在激光脉冲电场的作用下,束缚态电子在随后的激光脉冲电场峰值附近电离。图 4-9(a)显示,双电离和碰撞时间延迟约为 $T/4$(T 是激光周期,$1T=4.3$ fs),由于延迟时间较短,意味这两个电子沿相同方向发射[8],即关联电子末态动量分布在相同半球。图 4-9(b)显示,处在半释放状态的电子反复返回母核离子,并与母核离子碰撞。在每次碰撞过程中都会传递一定的能量给第二个电子[18]。在最后一次碰撞后,处在束缚态的电子经过约 $T/2$ 的时间延迟后释放。这意味这两个电子将沿相反的方向发射,即关联电子末态动量分布在相反的半球。统计结果显示单次碰撞电离过程占主导地位。例如,当激光强度等于 5×10^{13} W/cm² 时,约 70% 的双电离事件是通过单次碰撞电离过程发生的。因此关联电子末态动量分布主要集中在相同的半球,如图 4-10(a)所示。

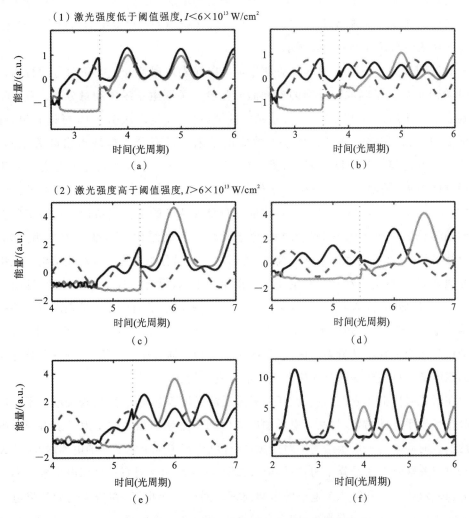

图 4-9　不同激光强度下典型的双电子能量演化轨迹

竖直虚线指示碰撞发生的时间。

当激光强度高于阈值强度,即激光强度为 $6 \times 10^{13} \sim 1 \times 10^{15}$ W/cm² 时,不包括次序双电离通道(见图 4-9(f)),主要有三种双电离过程,如图 4-9(c)(d)(e)所示。强场分子非次序双电离通过直接碰撞电离通道(见图 4-9(c)(e))和碰撞激发场致电离通道(见图 4-9(d))发生。图 4-9(c)(d)(e)显示双电离都是通过单次碰撞发生的,这与低激光强度的情况是不同的。特别地,图 4-9(c)(d)显示,碰撞发生的时间在激光电场零点附近,这与再碰撞理论预测是一致的。但是,发现一种有趣的直接碰撞激发场致电离过程(见图 4-9(e)),碰撞时间在激光脉冲电场峰值附近。统计结果显示随激光强度的增加,直接碰撞电离对双电离总产率的贡献增加,而碰撞激发场致电离对双电离总产率的贡献降低。但是,随激光强度的进一步增加,直接碰撞电离对双电离总产率的贡献反而下降了。这是由于在高激光强度机制下,随激光强度的增加,次序双电离发生的概率不断增加。当激光强度达到或超过 1×10^{15} W/cm^2 时,无碰撞的次序双电离通道占主导地位,相应的代表性轨迹如图 4-9(f)所示。

通过细致分析关联电子纵向动量分布可以深入地理解电子关联动力学行为。图 4-10 给出平行分子轴取向方向的不同激光强度下关联电子纵向动量分布。P_{z_1} 和 P_{z_2} 分别表示两个电子的末态纵向(沿激光场偏振方向)动量。从图 4-10 可以看出,随激光强度的增加,在中红外波长情况下关联电子末态动量分布呈现丰富的关联图像。在非次序双电离激光强度区域(见图 4-10(a)～图 4-10(e)),关联电子对更倾向于沿相同方向发射,关联电子末态动量分布主要集中在相同半球。特别地,在低激光强度(见图 4-10(a)),关联电子末态纵向动量分布呈现清晰的手指状结构。这与实验上观测到的强场氩原子非次序双电离关联电子动量分布的结构[40]类似。在文献[40]中,实验结果显示,在低于阈值强度情况下,关联电子动量分布呈现平行双线结构。在中等激光强度下,关联电子动量分布主要集中在相同半球,没有出现手指状结构(见图 4-10(b)(c))。然而,在高激光强度下(见图 4-10(e)),关联电子动量分布呈现清晰的手指状结构。不过,与低激光强度下的情况形成鲜明对比的是,在高强度激光强度下,有一部分动量分布集中在零动量附近区域(见图 4-10(e))。通过反演分析,发现这部分分布对应的双电离事件主要是通过无碰撞次序电离发生的。

在激光强度低于阈值强度情况下,通过反演分析双电离轨迹,发现关联电子纵向动量分布呈现手指状结构,与两个电子的电离时间差是密切相关的。为了澄清两个电子间的电离时间差与手指状结构的对应关系,详细检查了两个电子间的电离时间差($\Delta t = t_2^i - t_1^i$)与关联末态动量分布的关系,结果如图 4-11 所示。对每一个双电离事件 i,t_1^i 和 t_2^i 分别表示第一个和第二个电子的电离时间。对每一个电子,在碰撞之后如果电子在某一时刻后的总能量一直为正,则定义该时刻为电子电离时间。电子的能量包含电子与离子之间的相互作用势能、电子的动能及一半的电子排斥势能。依据电子间电离时间差的不同,分离低激光强度下的关联电子动量分布(图 4-10(a)对应的双电离事件),如图 4-11 所示。图 4-11(a)(b)分别给出电离时间差 Δt 小于 $0.3T$ 和大于 $0.5T$ 对应双电离轨迹的关联电子末态动量分布。如图 4-11(a)所示,可以清晰地看出,当电子之间电离时间差小于 $0.3T$,即两个电子电离发生在同一个半光周期内时,关联电子对末态动量分布呈现一个清晰的手指状结构,并且关联电子主要分布在相同的半球。与此

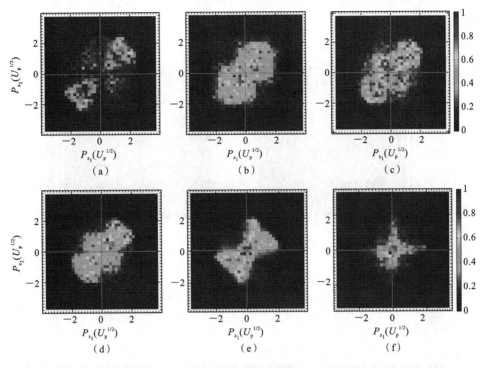

图 4-10　氮分子双电离电子对末态纵向动量分布

图 4-10(a)激光强度为 0.5×10^{14} W/cm^2，图 4-10(b)激光强度为 1×10^{14} W/cm^2，图 4-10(c)激光强度为 1.5×10^{14} W/cm^2，图 4-10(d)激光强度为 2×10^{14} W/cm^2，图 4-10(e)激光强度为 4×10^{14} W/cm^2，图 4-10(f)激光强度为 10×10^{14} W/cm^2。

相反，当电子间电离时间差大于 $0.5T$ 时(见图 4-11(b))，双电离事件主要集中在相反的半球。在激光强度为 5×10^{13} W/cm^2 时，统计结果显示，电子间电离时间差小于 $0.3T$ 的双电离事件超过总产率的 55%，而电子间电离时间差大于 $0.5T$ 的双电离产率对总产率的贡献约为 30%。因此，总的来说，关联电子末态动量分布主要集中在相同的半球(见图 4-10(a))。根据经典重散射理论模型，电子在电场中获得的漂移动量等于电离时刻的矢量势 $P(t) = -A(t)$。由于两个电子源自同一个双激发态，且碰撞发生在激光电场零点附近，这意味着如果两个电子在不同的时刻(在同一个半光周期内)电离，两个电子获得的末态纵向动量就有一个动量差 $\Delta P_z = P_{z_1} - P_{z_2}$。这导致关联电子末态动量分布呈现手指状结构[40]。通过以上讨论表明，在中红外波长机制，关联电子纵向动量分布呈现手指状结构是双电离电子间存在电离时间差导致的。

另外，在激光强度较低时，图 4-10(a)显示，有一部分电子对的关联动量分布在大于 $2\sqrt{U_p}$ 的区域。通过轨迹跟踪分析，发现是由于返回电子在碰撞过程中受到原子核的库仑反向散射作用的结果，与近红外的情况是类似的[41]。然而，在较高激光强度机制下,由于双电离几乎不受核库仑反向散射的作用,几乎没有关联电子动量分布大于 $2\sqrt{U_p}$(见图 4-10(b)~4-10(e))。

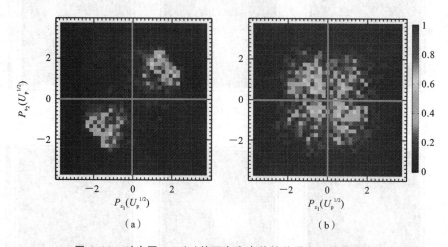

(a) (b)

图 4-11 对应图 4-10(a)的双电离事件的关联电子动量分布

图 4-11(a)两个电子电离时间差小于 0.3 光周期。图 4-11(b)电离时间差大于 0.5 光周期。

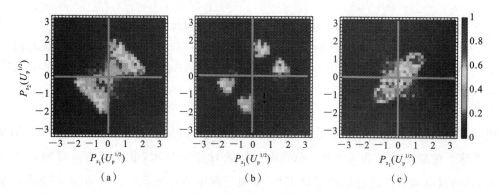

(a) (b) (c)

图 4-12 对应图 4-10(e)的双电离事件的关联电子动量分布(不包括次序双电离事件)

图 4-12(a)两个电子碰撞后能量差大于 1 a.u.。图 4-12(b)两个电子碰撞后能量差小于 1 a.u.。

在高激光强度机制下,为了探究关联电子动量分布呈现手指状结构对应的动力学,类似先前的研究,深入地跟踪分析双电离轨迹[18]。通过跟踪分析双电离轨迹,可以知道再碰撞时间及该过程中的能量分配。这里,电子首次脱离核的束缚之后,将返回电子与核最近的时刻定义为再碰撞时间[8]。根据电子对能量分配的情况,对图 4-10(e)给出的关联电子动量分布进行分析。图 4-12(a)给出不包含次序双电离的关联电子纵向动量分布。随后,根据电子对在碰撞过程中能量分配的情况,对关联电子动量分布进行分割。图 4-12(b)(c)根据碰撞后(0.01T 时)两个电子之间的能量差值进行分割,分割的条件是两个电子间的能量差大于或者小于 1.0 a.u.,分割后的动量分布分别如图 4-12

(b)(c)所示。从图 4-12(c)可以清楚地看出,如果碰撞发生后,两个电子的能量大小是相似的,则动量分布主要集中在主对角线上。与此相反,如果两个电子的能量差别比较大,则关联电子动量分布的聚集区域要偏离主对角线,呈现清晰的 V 形结构。因此,在高激光强度机制下,碰撞过程不对称的能量分配是关联电子末态动量分布呈现手指状结构的原因。

特别地,在中等激光强度下,结果显示关联电子动量分布主要集中在相同的半球,但动量分布不呈现手指状结构(见图 4-10(b)～4-10(c))。先前的研究显示,在中等激光强度下,对于氦原子非次序双电离,若采用真实的库仑势或者采用比较小的屏蔽参数[32,42],手指状结构是可以重现的。在此基础上,可能是由于计算中采用的屏蔽参数比较大,导致关联电子末态动量分布没有观测到手指状结构。由于计算量特别巨大,这个想法在本文中没有验证。有意思的是,在某些激光强度,观察到了背靠背反向散射现象。在波长为 1300 nm,激光强度分别是 1.0×10^{14} W/cm^2、1.5×10^{14} W/cm^2 和 2.0×10^{14} W/cm^2 的情况下,沿相反方向发射的关联电子对双电离总产率的贡献分别是 34%、40% 和 33%。这表明在中等激光强度机制下,反关联电子发射对双电离的贡献是不能忽略的。这种反关联现象和近红外观测的结果是不同的。在近红外机制情况下,随激光强度的增加,电子反方向发射对双电离产率的贡献越来越小,并导致正二价离子纵向动量分布的双峰结构越来越显著[43]。随着激光强度进入到比较高的强度区域,统计结果显示越来越多的双电离事件是通过次序过程发生的,即越来越多的关联电子末态纵向动量分布集中在零动量附近区域(见图 4-10(e) 和 4-10(f))。

为了理解在中等激光强度下反关联电子发射对应的微观电子动力学行为,利用反演分析的方法,对不同的双电离轨迹进行分割。通过轨迹反向跟踪,发现在中等激光强度下,有一部分双电离轨迹的再碰撞发生在激光脉冲电场峰值附近(见图 4-9(e))。关联电子反向发射可能就是源于这样的双电离过程。基于这样的考虑并根据再碰撞时间,对双电离事件进行分割。分类分割的轨迹对应的末态关联电子动量分布结果如图 4-13 所示。总的双电离事件对应图 4-10(b)～图 4-10(d)给出的双电离。当再碰撞在 $0.2T$～$0.3T$ 和 $0.7T$～$0.8T$ 范围内发生时,关联电子动量分布如图 4-13(d)～图 4-13(f)所示,可以清晰地看出,当再碰撞时间在激光脉冲电场峰值附近时,关联电子对主要沿相反方向发射。与此相反,当碰撞时间集中在激光脉冲电场零点附近时,关联电子对主要倾向于沿相同方向发射(见图 4-13(a)～图 4-13(c))。对于反关联电子发射,轨迹分析发现,主要是因为电子对在碰撞之后从激光场中获得的漂移动量比较小[9,38]。该过程导致在中等激光强度机制,双电离电子对有一定的概率沿相反方向发射。

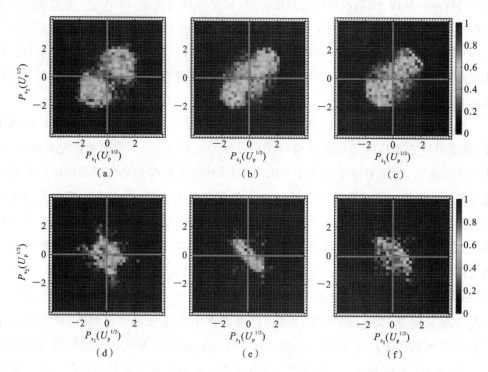

图 4-13 对应图 4-10(b)~图 4-10(d)的双电离事件的关联电子动量分布
（根据碰撞事件分布不同进行分割）

4.2 周期量级激光脉冲驱动的分子非次序双电离

4.2.1 引言

由于包含关联电子的运动，非次序双电离[1, 3]是强场电离中一个重要的现象并被持续地关注。最近二十年，大量的实验和理论研究[2, 3, 5, 6, 8, 10, 44-46]通过改变靶核、激光脉冲持续时间、强度和波长等来探索潜在的双电离机制。目前，被广泛接受的非次序双电离物理图像是基于再碰撞理论的准经典模型[12, 13]。在再碰撞理论模型中，第一个电子在激光电场的作用下通过隧道电离，然后在振荡激光场中运动，以一定的概率返回到母核离子附近，并与母核离子发生非弹性碰撞，导致第二个电子电离。如果第二个电子在碰撞后在极短的时间内（小于四分之一光周期）发生电离，相应的双电离称为直接碰撞激发场致电离。若第二个电子在碰撞后处于激发态，并在随后的激光电场最大值附近发生电离，即双电离与再碰撞之间有明显的时间延迟，该双电离被定义为激光诱导的碰撞激发场致电离（RESI）[9]。

随着飞秒激光技术的快速发展，人们在实验室已经可以获得持续时间只有几个光周期的超强超短脉冲,周期量级激光的出现为强场物理研究提供了一个重要的工具[47]。原子、分子中的电子是在阿秒时间尺度内运动,能够直接对周期量级激光脉冲的瞬时电场产生响应。因此,周期量级激光脉冲的载波包络相位(又称绝对相位)强烈地影响超快激光与物质相互作用的过程[48]。例如,高次谐波的产生[47]、阈值上单电离[49]、激光诱导的非次序双电离[50]和分子解离过程中的电子局域化[51]等。对于非次序双电离,通过控制载波包络相位,利用周期量级激光脉冲可以实现非次序双电离仅源于一次再碰撞的结果。这对准确、深入理解关联电子发射动力学是非常重要的。早前的实验研究了周期量级激光脉冲驱动的氩原子非次序双电离。实验结果显示正二价离子动量分布与载波包络相位强烈依赖[50]。随后,一些研究小组采用不同的理论方法,探索了周期量级激光脉冲驱动下原子非次序双电离关联电子动量分布[51-53]。最近,两个研究小组利用周期量级激光研究了不同激光强度下的原子非次序双电离。在较低激光强度下,关联电子动量分布呈现平行双线结构(平行主对角线)[54]。通过经典方法分析,认为再碰撞后两个电子处在不同的激发态(双激发态),随后在激光电场作用下发生电离,由于两个电子电离存在一个时间差,最终导致末态关联动量分布呈现平行双线结构。而在高激光强度下,首次观测到关联电子动量分布呈现十字结构[55]。利用经典轨道分子的方法,发现对该现象负责任的双电离是碰撞激发场致电离,而直接碰撞电离对十字结构没有贡献。

相对于原子,分子具有更多的自由度,强场驱动的分子非次序双电离过程中电子电离动力学过程更加复杂[39]。例如,电离概率与分子的核间距有很强的依赖关系,随着分子核间距的增加,会出现电离增强现象,而在核心核间距,电离概率会达到最大值[55]。并且,实验测量强场驱动的大核间距分子的非次序双电离,结果显示关联电子的角动量分布强烈依赖于分子的核间距[56,57]。本章中,采用三维经典系综理论[8,58,59],研究了周期量级激光脉冲的载波包络相位对分子双电离关联电子动力学的调控。同时,选取了几个有代表性的核间距,研究了在不同核间距情况下,关联电子动力学与核间距的依赖。计算结果显示,不对称的正二价离子纵向动量分布敏感地依赖于载波包络相位,同时也与分子核间距存在强烈依赖。反演分析显示不对称的离子动量分布与第一个电子的电离动力学密切相关。特别地,通过跟踪分析电离电子的经典轨道,随着核间距的增加,占主导地位的双电离通道由碰撞激发场致电离转变为直接碰撞电离。随着核间距的增加,占主导地位的电离通道的变化导致平均载波包络相位的离子动量分布的结构先从双峰结构演变为单峰结构,然后又从单峰结构演变为三峰结构。

本章利用 Eberly 等人[8,59]开发的全经典系综理论模型研究强场驱动的分子非次序双电离。双电子分子系统在激光电场中的演化遵循经典牛顿运动方程 $\mathrm{d}^2 \vec{r}_i / \mathrm{d}t^2 = -\vec{E}(t) - \nabla[V_{ne}(\vec{r}_i) + V_{ee}(\vec{r}_1, \vec{r}_2)]$,下标 i 表示不同的电子,$\vec{E}(t)$ 是激光的电场。用软

核库仑势表示核与电子及电子与电子间的相互作用,分别为

$$V_{ne} = -1/\sqrt{(\vec{r}_1 + R/2)^2 + a^2} - 1/\sqrt{(\vec{r}_1 - R/2)^2 + a^2} - 1/\sqrt{(\vec{r}_2 + R/2)^2 + a^2}$$
$$-1/\sqrt{(\vec{r}_2 - R/2)^2 + a^2}$$

$$V_{ee} = -1/\sqrt{(\vec{r}_1 - \vec{r}_2)^2 + b^2}$$

其中:R 为分子核间距,核间距与激光场偏振方向(z 轴方向)平行,分子核间距从 2 a.u. 变化到 12 a.u.。对每一个核间距,分子基态能量根据文献[60]获得,对应于氢分子基态。为了获得系综的初始状态,系综中任意电子对的初始位置满足初始能量等于基态能量,可用的动能在两个电子之间随机分布,然后让电子对在库仑场中运动足够长的时间,进而获得稳定的动量和空间分布[23, 24, 28],例如,当分子核间距等于 2 a.u. 时,如图 4-1 所示,图 4-1(a)和图 4-1(b)分别表示氢分子双电子在动量空间和坐标空间的初始系综分布。为了避免自电离和保持系统的稳定性,选择屏蔽参数 a 和 b 的值分别为 1.15 a.u. 和 0.05 a.u.。电场 $\vec{E}(t) = \hat{e}_z E_0 \sin^2(\pi t/\tau)\cos(\omega t + \phi)$ 是线性的偏振场,偏振方向沿 z 轴方向。E_0、ω、ϕ 和 τ 分别是激光电场振幅、频率、载波包络相位和激光脉冲的演化总时间,激光总共包含四个光周期。激光波长和强度分别为 780 nm 和 1.5×10^{14} W/cm²。电场演化结束后,如果两个电子的能量都大于零,则发生了双电离。

4.2.2 载波包络相位依赖的动量分布

在图 4-14 中,给出了纵向(平行于激光偏振方向,即 z 轴方向)正二价离子动量分布。分子核间距 R 的范围为 2~12 a.u.。由于光子的动量非常小,可以忽略,所以正二价离子动量近似等于负的两个电离电子动量的矢量和。图 4-14 的第一列和第三列显示的是平行于激光偏振方向的离子动量分布在不同的核间距下随载波包络相位的变化。第二列和第四列给出的是在不同核间距情况下的平均载波包络相位的离子纵向动量分布。对于所有的核间距,二价离子动量分布的不对称性强烈地依赖于载波包络相位(见图 4-14 中第一列和第三列)。当 $R = 2$ a.u. 时,如图 4-14(a)所示,载波包络相位依赖的离子动量分布主要集中在非零区域。因此,平均载波包络相位的离子动量分布呈现一个清晰的双峰结构,如图 4-14(b)所示。该结果与最近的实验测量结果[54]是一致的,对于周期量级激光驱动的氢分子非次序双电离,实验结果显示平均载波包络相位离子动量分布呈现一个显著的双峰结构。随着分子核间距的增加,图 4-14(c)(e)(g)显示离子动量分布向较小动量区域移动。同时,平均载波包络相位的离子动量分布的结构从双峰(见图 4-14(b)(d))演化为单峰(见图 4-14(h))结构。随着分子核间距进一步增加,动量分布移动的情况是反过来的,图 4-14(i)(k)显示离子动量分布向较大动量区域移动。同时,平均载波包络相位的离子动量分布的结构从单峰(见图 4-14(h)(j))演化为三峰(见图 4-14(l))结构。当分子核间距等于 12 a.u. 时,如图 4-14(l)所示,平均

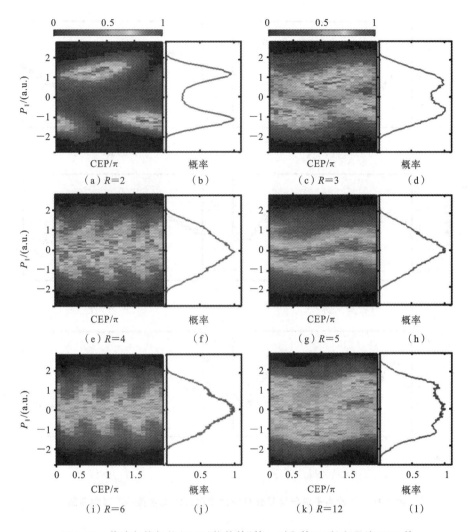

图 4-14 载波包络相位（CEP）依赖的（第一列和第三列）和平均 CEP 的
（第二列和第四列）正二价离子动量分布

分子核间距如图上所标示。对任一载波包络相位，系综大小：图 4-14（a）和图 4-14（c）为 300
万，图 4-14（e）、图 4-14（g）和图 4-14（i）为 50 万，图 4-14（k）为 200 万。

载波包络相位的离子纵向动量分布呈现一个三峰结构。这是由于不仅有一部分离子动量集中在零动量附近，而且有很大一部分离子动量分布在非零区域。以上这些结果表明，周期量级激光脉冲驱动下，分子非次序双电离的电离动力学过程是复杂的，并且在不同的核间距情况下，占主导地位的双电离机制也是不同的。

为了详细地讨论电子关联特性对载波包络相位依赖，图 4-15 给出了二价离子纵向动量分布的载波包络相位依赖的不对称曲线。离子动量分布的不对称可以用一个不对称参数 $A = (N_- - N_+)/(N_- + N_+)$ 表示。这里，对一个给定的载波包络相位 ϕ，N_- 和

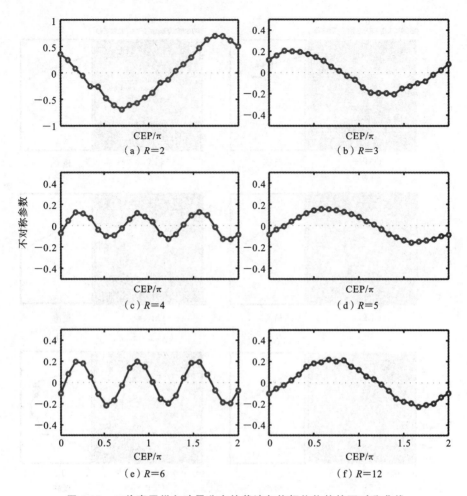

图 4-15 二价离子纵向动量分布的载波包络相位依赖的不对称曲线

N_+ 分别表示沿激光偏振方向的离子动量为负或正的离子数。对任一个核间距,图4-15 显示不对称性参数随载波包络相位的变化。虽然对不同的核间距,载波包络相位依赖 的不对称曲线显示一个正弦曲线的特点,但不同的核间距情况下,不对称曲线的振幅是 不同的,并且峰值的位置也随核间距的改变而移动。如图 4-15 所示,随核间距的增加, 不对称曲线的振幅先变小后变大,并且不对称曲线的峰(最大值或者最小值)的位置随 核间距的增加是不同的。这些意味着载波包络相位依赖的不对称的离子动量分布与分 子核间距有强烈的依赖关系。这可能是因为在不同的核间距情况下占主导地位的双电 离机制不同。

4.2.3 核间距依赖的关联电子动力学

通过反演分析随时间演化的双电离轨迹,可以直观地揭示周期量级激光脉冲驱动的分子双电离电子的微观动力学,进而可以探究不同情况下的双电离机制。对于每一个轨迹,当一个电子的总能量超过抑制势垒的高度,并且电子的速度矢量方向指向势阱的外侧[61],则该时刻为单电离时间 t_{i1}。电子的总能量包括电子的动能、离子-电子相互作用势能和一半的电子-电子作用势能。在一个电子第一次逃离母核后,如果电子在库仑势作用下返回并与母核离子碰撞,则电子与母核离子距离最近的时刻定义为碰撞时间 t_c。双电离时间是指两个电子的能量都大于零并一直保持能量为正的时刻。

对于不同结构的正二价离子动量分布,如前所述,可能是由于不同的双电离通道所导致的。在不同的分子核间距情况下,为了探测负责任的双电离通道,检查了碰撞时间和单电离时间之间的时间延迟。图 4-16 给出不同核间距情况下,碰撞时间与单电离时间之间的时间延迟,纵轴为双电离产率分布,横轴为时间延迟。图 4-16 中,时间延迟的单位为激光脉冲的光周期。对所有核间距,载波包络相位等于零,检查了其他载波包络相位的情况,与载波包络相位等于零的情况是一致的。当分子核间距等于 2 a. u. 时,分布的峰位于 $0.5T$ 附近,意味着大多数双电离的碰撞发生在激光场强度零点附近。这与三步模型的经典预测是一致的[12]。因此,在分子核间距比较小,且非次序双电离发生时,再碰撞过程是负责任的动力学。然而,随分子核间距的增加,如图 4-16 所示,该峰下包含的面积越来越小,意味着越来越少的双电离通过再碰撞发生。在中等和大的

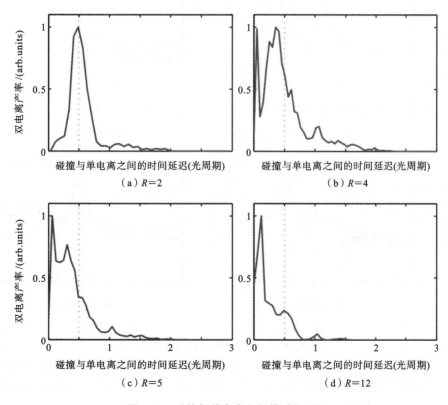

图 4-16 碰撞与单电离之间的时间延迟

分子核间距情况下,除了位于 $0.5T$ 附近的峰,在 $0.125T$ 附近也有一个峰存在,并且该峰下面包含的面积随核间距的增加越来越大。与再碰撞过程的情况比较,该时间延迟是非常小的,这表明两个电子间能量的传递过程随核间距的增加发生了变化。由于后一种碰撞过程对应的时间延迟比较短,这种碰撞过程被定义为直接碰撞[57]。通过跟踪分析,这两种碰撞过程对应的双电离机制可以获得。

图 4-17 中,两种简单的轨迹分别对应再碰撞机制(左列)和直接碰撞机制(右列)。上面一行对应的是两个电子的空间坐标随时间演化的轨迹,下面一行给出的是两个电子总能量随时间演化的轨迹。如图 4-17(a)和图 4-17(c)所示,对于这种双电离的轨迹,两个电子的能量交换是通过再碰撞过程[12, 13]交换的。然而对于另外一种双电离轨迹,如图 4-17(b)和图 4-17(d)所示,两个电子之间的能量交换是通过一次直接碰撞过程交换的,即一个电子在激光电场作用下沿着分子轴方向运动电离,通过两个核之间的势垒后电离,并且在相邻的核附近通过碰撞传递它的能量给第二个电子,最终导致非次序双电离的发生。对于两种碰撞过程,通过检测双电离轨迹,发现绝大多数的双电离通过一个短暂存在的双激发态发生,也就是说,双电离时间和碰撞时间之间有一个明显的时间

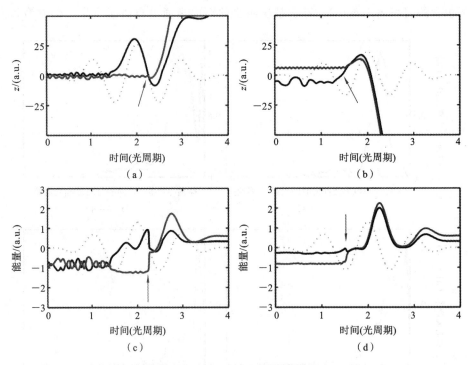

图 4-17 两种简单的双电离轨迹

第一行和第二行分别显示两个电子空间位置(z 轴方向)和能量随时间的演化轨迹。箭头标示碰撞发生的时刻。分子核间距分别是 2 a.u.(图 4-17(a)和图 4-17(c))和 12 a.u.(图 4-17(b)和图 4-17(d))。载波包络相位的值为零。虚线表示激光脉冲电场。

延迟(见图 4-17(c)(d))。因此,在当前的激光强度下,碰撞激发场致电离机制占主导地位。由于碰撞过程的不同,电离机制被分别定义为碰撞激发场致电离(RESI)和直接碰撞电离(RII)。对于这两种电离机制来说,双电离的两个电子在碰撞发生后处于激发态,然后在激光电场作用下一个接一个地电离。根据电子的电离时间,为了详细地讨论双电离通道的转换与二价离子动量分布之间的关系,进一步对双电离通道进行分类。如果两个处于激发态的电子都在碰撞后激光电场的第一个峰值前电离,相应的双电离过程分别定义为 RESIa 和 RIIa。如果一个处于激发态的电子在激光电场的第一个峰值前电离,而另一个电子在随后的峰值前电离,相应的双电离通道分别定义为 RESIb 和 RIIb。根据经典理论考虑[12],如果非次序双电离是通过 RESIa 和 RIIa 机制发生,则两个电子沿相同方向发射,也就是说关联电子末态动量分布主要集中在相同的半球。与此不同的是,如果非次序双电离是通过 RESIb 和 RIIb 通道发生的,则两个电子沿相反方向发射,即关联电子末态动量分布主要集中在相反的半球。

　　为了深入理解正二价离子动量分布随核间距的演化,分析了不同核间距情况下不同的电离通道对双电离产率的贡献,如图 4-18 所示,不同电离通道对双电离产率的贡献随核间距的改变而变化。图 4-18(a)显示,随核间距的增加,碰撞激发场致电离通道对非次序双电离产率的贡献是连续下降的。从变化的曲线可以看出,贡献先快速地下降,然后下降的速度变缓慢。相反,图 4-18(b)显示,直接碰撞激发电离通道对非次序双电离产率的贡献是持续上升的。变化的特点是先快速地增加,然后缓慢地增加。该统计结果表明,在核间距比较小时,碰撞激发场致电离占主导地位。而随核间距的增加,直接碰撞激发场致电离对双电离产率的贡献越来越大,而碰撞激发场致电离机制对双电离的贡献变得越来越少。在核间距比较大时,虽然碰撞激发场致电离通道对双电

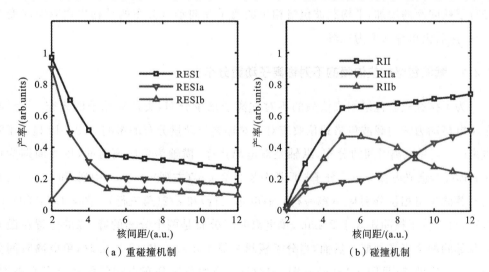

（a）重碰撞机制　　　　　　　　（b）碰撞机制

图 4-18　不同分子核间距情况下,不同的电离通道对双电离产率的贡献(载波包络相位平均)

离产率的贡献也比较大，但直接碰撞激发场致电离机制的贡献占有明显的优势。

当分子核间距等于 2 a.u. 时，统计结果揭示约 90% 的非次序双电离事件是通过 RESIa 通道发生的。这表明关联电子对主要沿相同方向发射，末态关联电子动量分布主要集中在相同的半球。这导致在分子核间距比较小时，平均载波包络相位的正二价离子纵向动量分布呈现一个清晰的双峰结构（见图 4-14(b)(d)）。对比图 4-14(b) 和图 4-14(d)，可以发现随核间距的增加，零动量附近的概率分布增加，这主要是因为 RESIa 电离通道对双电离产率的贡献降低和 RIIb 电离通道对双电离产率的贡献增加所导致的。

当分子核间距等于 5 a.u. 时，RESIb 和 RIIb 电离通道对非次序双电离的总的贡献超过 70%，也就是说大多数的关联电子对沿相反方向发射，即关联电子末态动量主要分布在相反的半球[12]。因此，平均载波包络相位的离子纵向动量分布呈现一个清晰的单峰结构（见图 4-14(h)）。并且离子动量分布不对称曲线的振幅也非常小（见图 4-15(d)）。对于 RIIa 电离通道，注意到它对双电离产率的贡献是一直增加的，增加的特点是先缓慢地增加，随分子核间距的增大，它的贡献迅速地增加（见图 4-18(b)）。当分子核间距等于 12 a.u. 时，约有 51% 的双电离是通过 RIIa 电离通道发生的，也就是说在大核间距情况下，RIIa 电离通道对分子非次序双电离产率的贡献是非常重要的。并且，统计结果显示，RESIb 和 RIIb 电离通道对双电离产率的贡献约为 40%。因此，平均载波包络相位的离子纵向动量分布呈现一个三峰结构。通过以上的讨论，随核间距的增加，负责任的非次序双电离机制由碰撞激发场致电离转变为直接碰撞电离。直接碰撞电离机制的特点是：第一个电子沿分子轴方向（也是激光偏振方向）电离，在激光电场作用下向另一个核运动并与其碰撞，最后导致双电离发生。双电离主导机制的转变导致随分子核间距的增加，平均载波包络相位的离子纵向动量分布的结构先由双峰演变为单峰，然后由单峰演变为三峰。

4.2.4 载波包络相位依赖的不对称离子动量分布

为了探究载波包络相位依赖的不对称离子动量分布，类似对原子的研究[52]，讨论了单电离动力学的载波包络相位效应对不对称离子动量分布的影响。图 4-19 显示了双电离产率对单电离时间的分布，纵轴是双电离产率，横轴为单电离时间（以光周期为单位），虚线为激光电场分布。分子核间距分别是 2 a.u.（左列）、4 a.u.（中列）和 12 a.u.（右列），载波包络相位分别是 0（第一行）、$\pi/6$（第二行）和 $\pi/2$（第三行）。图 4-19(a)(d)(g) 显示，对于分子核间距等于 2 a.u.，单电离时间分布是两个分离的峰，峰的位置在激光场相邻的两个半光周期。然而，当分子核间距等于 4 a.u. 和 12 a.u. 时，单电离时间分布是一连串的峰（见图 4-19(d)～图 4-19(i)），峰的位置分布在相邻的几个半光周期。特别地，随载波包络相位的增加，图 4-19 显示单电离峰的位置和峰下包含面积的大小

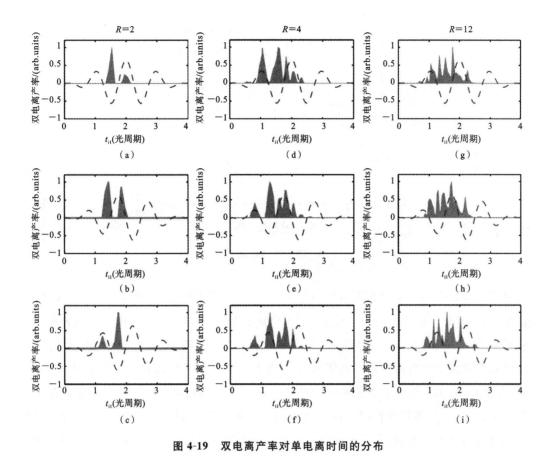

图 4-19　双电离产率对单电离时间的分布

分子核间距分别是 2 a.u.(左列)、4 a.u.(中列)和 12 a.u.(右列)。载波包络相位分别是 0(第一行)、π/6(第二行)和 π/2(第三行)。

都随电场峰位置的移动而改变。

　　图 4-20 给出激光脉冲电场示意图,载波包络相位分别是 0 和 π/6。一个分子放入电场,当激光电场达到最大(或者最小)值附近时,分子将发生电离。在当前的情况,对于所有的双电离事件,统计结果显示超过 98% 的单电离发生在四个半光周期内。这四个半光周期分别被标记为 G_1、G_2、G_3 和 G_4,如图 4-20 所示。相应地,四个半光周期对双电离产率的贡献分别记为 g_1、g_2、g_3 和 g_4。因此,可以通过分析每一个半光周期对双电离产率的贡献随核间距的变化情况来讨论载波包络相位依赖的不对称离子动量分布。

　　对于分子核间距等于 2 a.u.,图 4-19(a)(b)(c)显示,单电离时间集中在 G_2 和 G_3 两个半光周期。反演分析可以揭示负的离子动量主要来自分布在 G_2 半光周期的贡献,而来自 G_3 半光周期的贡献对应的离子动量分布为正值。因此,对任一载波包络相位,不对称参数可以表示为(g_2-g_3)。随着核间距的增加,由于电离势的降低[60],单电

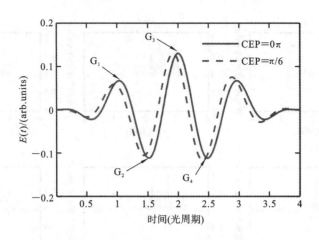

图 4-20　激光脉冲电场示意图

离过程主要集中在四个半光周期 G_1、G_2、G_3 和 G_4（见图 4-19(d)～图 4-19(i)）。统计结果显示,对于分子核间距等于 4 a.u.,在半光周期内,G_2 和 G_4 对双电离的贡献为负,而正的离子动量主要源自 G_1 和 G_3 的贡献。当分子核间距等于 12 a.u. 时,通过经典轨迹诊断发现载波包络相位依赖的不对称的离子动量分布主要来自三个半光周期的贡献,分别是 G_1、G_3 和 G_4。负的离子动量源自 G_1 和 G_4 的贡献,而 G_3 贡献的动量为正。虽然来自 G_2 半光周期的贡献约占总的双电离产率的 50%,但由于关联电子末态动量均匀地分布在四个象限,几乎不影响离子动量分布的不对称性。因此,对于分子核间距等于 4 a.u. 和 12 a.u.,不对称参数分别是 $(g_2+g_4)-(g_1+g_3)$ 和 $g_3-(g_1+g_4)$。

在分子核间距等于 2 a.u.、4 a.u. 和 12 a.u. 的情况下,图 4-21 给出载波包络相位依赖的正二价离子负动量产率(黑色实心圆曲实线)、正动量产率(深灰色空心圆实线)和二者的差(灰色空心圆虚线)。载波包络相位的取值范围为 0～π。图 4-21(a)(b)(c)与图 4-15(a)(b)(c)对应比较可以发现,在任一核间距情况下,载波包络相位依赖的不对称性是一致的。因此,上面讨论的不同半光周期的单电离动力学的载波包络相位效应强烈地影响末态离子动量分布的不对称性,并且该影响与核间距之间存在敏感的依赖,即随核间距的增加,这种影响是变化的。

在中等和大核间距情况下,在某个半光周期内有两个单电离分布峰(见图 4-19 中间列和右列)。这种行为(多电离爆发)被首次预测是通过数值求解含时薛定谔方程的方法[58]。这种现象是由于在电离过程中电子在一个质子附近发生阿秒时间尺度的电子局域化所导致的。通过经典轨迹分析发现,当双电离通过碰撞激发场致电离机制发生时,单电离时间分布在激光脉冲电场峰的后面。相反,如果双电离是通过直接碰撞激发场致电离通道发生的,则单电离时间分布在电场峰的前面。换句话说,可能是主导双电离机制随核间距发生了转变,导致出现多电离爆发。另外,对比图 4-19 的右列和中

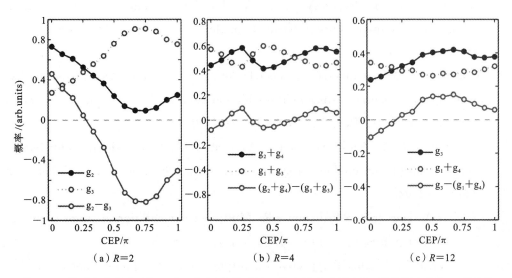

（a）R=2　　　　　　（b）R=4　　　　　　（c）R=12

图 4-21　载波包络相位（从 0 到 π 变化）依赖的正二价离子负动量产率、正动量产率和二者的差

间列，可以发现多电离爆发现象在大核间距情况下更加显著。对这些现象需要进行进一步的细致研究。

参考文献

［1］ Fittinghoff D N，Bolton P R，Chang B，et al. Observation of nonsequential double ionization of helium with optical tunneling［J］. Phys. Rev. Lett.，1992，69 (18)：2642-2645.

［2］ Walker B，Sheehy B，DiMauro L F，et al. Precision measurement of strong field double ionization of helium［J］. Phys. Rev. Lett.，1994，73(9)：1227-1230.

［3］ Weber Th，Giessen H，Weckenbrock M，et al. Correlated electron emission in multiphoton double ionization［J］. Nature，2000，405(6788)：658-661.

［4］ Staudte A，Ruiz C，Schöffler M，et al. Binary and recoil collisions in strong field double ionization of helium［J］. Phys. Rev. Lett.，2007，99(26)：263002.

［5］ Rudenko A，Zrost K，Feuerstein B，et al. Correlated multielectron dynamics in ultrafast laser pulse interactions with atoms［J］. Phys. Rev. Lett.，2004，93 (25)：253001.

［6］ Lein M，Gross E K U，Engel V. Intense-field double ionization of helium：identifying the mechanism［J］. Phys. Rev. Lett.，2000，85(22)：4707-4710.

［7］ Kopold R，Becker W，Rottke H，et al. Routes to nonsequential double ionization ［J］. Phys. Rev. Lett.，2000，85(18)：3781-3784.

[8] Haan S L, Breen L, Karim A, et al. Variable time lag and backward ejection in full-dimensional analysis of strong-field double ionization[J]. Phys. Rev. Lett. , 2006, 97(10): 103008.

[9] Feuerstein B, Moshammer R, Fischer D, et al. Separation of recollision mechanisms in nonsequential strong field double ionizaion of Ar: the role of excitation tunneling[J]. Phys. Rev. Lett. , 2001, 87(4): 043003.

[10] Weckenbrock M, Zeidler D, Staudte A, et al. Fully differential rates for femtosecond multiphoton double ionization of neon[J]. Phys. Rev. Lett. , 2004, 92(21): 213002.

[11] Becker A, Dörner R, Moshammer R. Multiple fragmentation of atoms in femtosecond laser pulses[J]. J. Phys. B, 2005, 38(9): S753-S772.

[12] Corkum P B. Plasma Perspective on Strong-Field Multiphoton Ionization[J]. Phys. Rev. Lett. , 1993, 71(13): 1993-1997.

[13] Schafer K J, Yang B, DiMauro L F, et al. Above threshold ionization beyond the high harmonic cutoff[J]. Phys. Rev. Lett. , 1993, 70(11): 1599-1602.

[14] Agostini P, DiMauro L F. Atoms in high intensity mid-infrared pulses[J]. Contemp. Phys. , 2008, 49(3): 179-197.

[15] Blaga C I, Catoire F, Colosimo P, et al. Srong-field photoionization revisited [J]. Nat. phys. , 2009, 5(5): 334-338.

[16] Quan Wei, Lin Zhiyang, Wu Mingyan, et al. Classical aspects in above-threshold ionization with a midinfrared strong laser field[J]. Phys. Rev. Lett. , 2009, 103(9): 093001.

[17] Colosimo P, Doumy G, Blaga C I, et al. Scaling strong-field interactions towards the classical limit[J]. Nat. Phys. , 2008, 4(5): 385-389.

[18] Doumy G, Wheeler J, Roedig C, et al. Attosecond synchronization of high-order harmonics from midinfrared drivers [J]. Phys. Rev. Lett. , 2009, 102(9): 093002.

[19] Alnaser A S, Comtois D, Hasan A T, et al. Strong-field nonsequential double ionization: wavelength dependence of ion momentum distributions for neon and argon[J]. J. Phys. B, 2008, 41(3): 031001.

[20] Herrwerth O, Rudenko A, Kremer M, et al. Wavelength dependence of sublasercycle few-electron dynamics in strong-field multiple ionization[J]. New J. Phys. , 2008, 10(2): 025007.

[21] DiChiara A D, Sistrunk E, Blaga C I, et al. Inelastic scattering of broadband e-

lectron wave packets driven by an intense midinfrared laser field[J]. Phys. Rev. Lett. , 2012, 108(3): 033002.

[22] Zeidler D, Staudte A, Bardon A B, et al. Controlling attosecond double ionization dynamics via molecular alignment [J]. Phys. Rev. Lett. , 2005, 95 (20): 203003.

[23] Huang Cheng, Zhou Yueming, Tong Aihong, et al. The effect of molecular alignment on correlated electron dynamics in nonsequential double ionization[J]. Opt. Express, 2011, 19(6): 5627-5634.

[24] Ho P J, Eberly J H. Classical effects of laser pulse duration on strong-field double ionization[J]. Phys. Rev. Lett. , 2005, 95(19): 193002.

[25] Sacha K, Eckhardt B. Nonsequential triple ionization in strong fields[J]. Phys. Rev. A, 2001, 64(5): 053401.

[26] Feuerstein B, Moshammer R, Ullrich J. Nonsequential multiple ionization in intense laser pulses: interpretation of ion momentum distributions within the classical 'rescattering' model[J]. J. Phys. B, 2000, 33(21): L823-L830.

[27] Liu X, Figueira de Morisson Faria C, Becker W, et al. Attosecond electron thermalization by laser-driven electron recollision in atoms[J]. J. Phys. B, 2006, 39(16): L305-L311.

[28] Zhou Yueming, Liao Qing, Lu Peixiang. Complex sub-laser-cycle electron dynamics in strong-field nonsequential triple ionization[J]. Opt. Express, 2010, 18 (15): 16024-16034.

[29] Emmanouilidou A. Recoil collisions as a portal to field-assisted ionization at near-uv frequencies in the strong-field double ionization of helium[J]. Phys. Rev. A, 2008, 78(2): 023411.

[30] Emmanouilidou A, Staudte A. Intensity dependence of strong-field double-ionization mechanisms: from field-assisted recollision ionization to recollision-assisted field ionization[J]. Phys. Rev. A, 2009, 80(5): 053415.

[31] Parker J S, Doherty B J S, Taylor K T, et al. High-energy cutoff in the spectrum of strong-field nonsequential double ionization[J]. Phys. Rev. Lett. , 2006, 96(13): 133001.

[32] Haan S L, Van Dyke J S, Smith Z S. Recollision excitation, electron correlation, and the production of high-momentum electrons in double Ionization[J]. Phys. Rev. Lett. , 2008, 101(11): 113001.

[33] Figueira de Morisson Faria C, Shaaran T, Liu X, et al. Quantum interference in

laser-induced nonsequential double ionization in diatomic molecules: Role of alignment and orbital symmetry[J]. Phys. Rev. A, 2008, 78(4): 043407.

[34] Shaaran T, Augstein B B, de Morisson Faria C F. Excitation two-center interference and the orbital geometry in laser-induced nonsequential double ionization of diatomic molecules[J]. Phys. Rev. A, 2011, 84(1): 013429.

[35] Jia Xinyan, Li Weidong, Liu Jie, et al. Alignment-dependent nonsequential double ionization of N_2 in intense laser fields: The role of different valence orbitals[J]. Phys. Rev. A, 2009, 80(5): 053405.

[36] Eremina E, Liu X, Rottke H, et al. Influence of molecular structure on double ionization of N_2 and O_2 by high intensity ultrashort laser pulses[J]. Phys. Rev. Lett., 2004, 92(17): 173001.

[37] Palaniyappan S, DiChiara A, Chowdhury E, et al. Ultrastrong field ionization of Ne^{n+} ($n \leqslant 8$): rescattering and the role of the magnetic field[J]. Phys. Rev. Lett., 2005, 94(24): 243003.

[38] Haan S L, Smith Z S, Shomsky K N, et al. Electron drift directions in strong-field double ionization of atoms[J]. J. Phys. B, 2009, 42(13): 134009.

[39] Cornaggia C, Hering Ph. Nonsequential double ionization of small molecules induced by a femtosecond laser field[J]. Phys. Rev. A, 2000, 62(2): 023403.

[40] Camus N, Fischer B, Kremer M, et al. Attosecond correlated dynamics of two electrons passing through a transition state[J]. Phys. Rev. Lett., 2012, 108(7): 073003.

[41] Zhou Yueming, Liao Qing, Lu Peixiang. Mechanism for high-energy electrons in nonsequential double ionization below the recollision-excitation threshold[J]. Phys. Rev. A, 2009, 80(2): 023412.

[42] Ye Difa, Liu Xueshen, Liu Jie. Classical trajectory diagnosis of a fingerlike pattern in the correlated electron momentum distribution in strong field double ionization of helium[J]. Phys. Rev. Lett., 2008, 101(23): 233003.

[43] Rudenko A, Ergler Th, Zrost K, et al. Intensity-dependent transitions between different pathways of strong-field double ionization[J]. Phys. Rev. A, 2008, 78(1): 015403.

[44] Lafon R, Chaloupka J L, Sheehy B, et al. Electron energy spectra from intense laser double ionization of helium[J]. Phys. Rev. Lett., 2001, 86(13): 2762.

[45] Emmamouilidou A, Parker J S, Moore L R, et al., Direct versus delayed pathways in strong-field non-sequential double ionization[J]. New J. Phys., 2011,

13(4)：043001.

[46] Wang X，Tian J，Eberly J H. Angular correlation in strong-field double ionization under circular polarization[J]. Phys. Rev. Lett.，2013，110(7)：73001.

[47] Brabec T，Krausz F. Intense few-cycle laser fields：frontiers of nonlinear optics [J]. Rev. Mod. Phys.，2000，72(2)：544-591.

[48] Zherebtsov S，Fennel T，Plenge J，et al. Controlled near-field enhanced electron acceleration from dielectric nanospheres with intense few-cycle laser fields. Nature Phys.，2011，7(8)：655-662.

[49] Paulus G G，Grasbon F，Walther H，et al. Absolute-phase phenomena in photo-ionization with few-cycle laser pulses[J]. Nature (London)，2001，414(6860)，182-184.

[50] Liu X，de Morisson Faria C F. Nonsequential double ionization with few-cycle laser pulses[J]. Phys. Rev. Lett.，2004，92(13)：133006.

[51] Kling M F，Siedschlag C，Verhoef A J，et al. Control of electron localization in molecular dissociation[J]. Science，2006，312(5771)：245-248.

[52] Liao Qing，Lu Peixiang，Zhang Qingbin，et al. Phase-dependent nonsequential double ionization by few-cycle laser pulses [J]. J. Phys. B，2008，41 (12)：125601.

[53] Micheau S，Chen Z，Le A T，et al. Quantitative rescattering theory for nonsequential double ionization of atoms by intense laser pulses[J]. Phys. Rev. A，2009，79(1)：013417.

[54] B Bergues，Kübel M，Johnson N G，et al. Attosecond tracing of correlated electron-emission in non-sequential double ionization[J]. Nat. Commun.，2012，3：813-817.

[55] Yu H，Zuo T，Bandrauk A D. Molecules in intense laser fields：enhanced ionization in a one-dimensional model of H_2[J]. Phys. Rev. A，1996，54(4)：3290-3298.

[56] Havermeier T，Jahnke T，Kreidi K，et al. Single photon double ionization of the helium dimer[J]. Phys. Rev. Lett.，2010，104(15)：153401.

[57] Ni H，Ruiz C，Dörner R，et al. Numerical simulations of single-photon double ionization of the helium dimer[J]. Phys. Rev. A，2013，88(1)：013407.

[58] Ho P J，Panfili R，Haan S L，et al. Nonsequential double ionization as a completely classical photoelectric effect[J]. Phys. Rev. Lett.，2005，94(9)：093002.

[59] Ho P J，Eberly J H. Classical effects of laser pulse duration on strong-field

double ionization[J]. Phys. Rev. Lett. , 2005, 95(19): 193002.

[60] Nguyen-Dang T T, Cha F, Manoli S, et al. Tunnel ionization of H_2 in a low-frequency laser field: A wave-packet approach[J]. Phys. Rev. A, 1997, 56(3): 2142-2167.

[61] Panfili R, Haan S L, Eberly J H. Slow-down collisions and nonsequential double ionization in classical simulations[J]. Phys. Rev. Lett. , 2002, 89(11): 113001.

5

中红外激光驱动的原子非次序
三电离关联电子动力学

5.1　强场原子三电离理论模型

对强场驱动的原子、分子电离过程的关联多电子动力学的详细理解,一方面可以拓宽大家对激光与物质相互作用过程的认识,另一方面可以澄清强场物理领域的多体微观系统的阿秒物理过程的一些概念[1]。由于电子具有很强的关联性,强场驱动的原子、分子非次序双电离和非次序多电离一直是强场物理研究领域的研究热点[2-9]。自从观测到反常增强的双电离产率[10],强场驱动的原子、分子非次序双电离及三电离就持续不断地吸引一些研究小组的关注。实验观测到双电离产率与激光场椭偏率之间有依赖关系,特别是实验观测的反冲离子动量分布及关联电子对的发射谱明显印证了这一依赖关系[8, 11],并且提供了强有力的证据表明非次序双电离和非次序多电离的发生过程是由重碰撞机制决定的[12]。根据重碰撞理论,一个电子在激光电场峰值附近在激光电场和库仑势场作用下电离,随后电子在振荡激光场中运动,以一定的概率返回到母核离子附近并与母核离子发生非弹性碰撞,导致一个或者更多个电子发射。大量的研究显示,更深入地分析反冲离子动量分布[11, 13]、光电子能量分布[14, 15]和关联电子发射谱[1, 5, 8, 16, 17]为认识强场电离过程提供了更详细的信息。

对于强场驱动的原子非次序三电离,虽然其强度依赖离子产率[18, 19]和离子动量分布[20, 21]已经通过实验测量进行了详细的研究,但对强场非次序三电离机制的认识依然是有限的。例如,最近的实验测量了强激光驱动的氖原子非次序三电离[21],获得了在激光波长为 795 nm、强度为 $10^{15} \sim 2 \times 10^{16}$ W/cm² 情况下的三价离子动量分布。通过分析随激光强度演化的反冲离子动量分布,在不同的激光强度下,鉴别了不同的三电离通道。作者推测离子动量分布的双峰在 $\pm4\sqrt{U_p}$ 和 $\pm2\sqrt{U_p}$ 对应的主导三电离通道分别是(0-3)和(0-1-3)电离通道。然而在过渡激光强度,如 3×10^{15} W/cm² 和 6×10^{15} W/cm²,对离子动量分布负责任的三电离通道依然是模糊不清的。理论上,全维量子理论可以清楚地描述非次序双电离和非次序多电离过程。然而,由于巨大的计算量,利用求解全维含时薛定谔方程的数值方法目前仅能处理只有两个电子的原子系统在较短波长的情况[22]。目前在长波长情况下,利用全量子理论计算强场驱动的原子非次序三电离(包含三个关联电子)是不可能的。因此,要对非次序三电离关联多电子动力学给出一个清晰、详细的物理图像,目前努力的方向是建立并发展经典的近似理论[4, 23-29, 38]来研究强场驱动的原子非次序三电离。但是,由于在不同的情况下,可能存在不少不同的三电离通道,包括次序电离通道、非次序电离通道、可能存在的重碰撞激发及由这些过程组合的混合电离通道[21, 25, 27, 30, 31],直到目前,对强场驱动的三电离的理解还是不完全的。

在先前的研究中,激光波长主要集中在近红外区域($\lambda\leqslant1$ μm)。随着飞秒激光技术的快速发展,中红外波段(1 μm$<\lambda\leqslant10$ μm)激光产生并发展为强场物理领域可利用的有效工具[32]。最近,很多研究小组关注原子和分子与中红外激光相互作用研究,观察到许多新现象,发现了许多新应用,并且提出了不少新的概念和新的研究方法[33-36]。例如,在中红外激光驱动下,一个反预期的峰值结构在阈值的单电离的低能区域被发现[33, 34]。在产生高次谐波的研究中发现,中红外激光脉冲不仅能产生更多的高能谐波光子,还能降低啁啾[36],这对阿秒脉冲的产生是非常有益的。中红外激光场驱动的原子、分子非次序双电离和非次序三电离也得到了实验研究的关注[37]。在之前的研究中,利用波长为 1300 nm、强度为 0.4×10^{15} W/cm² 的激光脉冲,测量了三价氖离子和三价氩离子的动量分布。实验结果显示,三价氖离子和三价氩离子的纵向动量分布的形状均呈现清晰的双峰结构,这与在近红外波段激光驱动下观测的结果[11, 20]是不同的。这表明,在中红外激光脉冲驱动下,非次序三电离关联多电子动力学行为与近红外波段的情况是不同的。

在本节中,利用三维经典系综理论研究了中红外激光脉冲驱动下氖原子非次序三电离,激光波长为 1600 nm,激光强度选取了三个强度,分别是 0.5×10^{15} W/cm²、1.0×10^{15} W/cm²、2.0×10^{15} W/cm²。计算结果显示,在低激光强度下,三价离子动量分布呈现一个显著的双峰结构,与实验观测的结果[37]是一致的。通过分析发现,在低激光强度下,三电离的发生主要是通过直接的$(e,3e)$电离通道,即一个电子在激光场作用下先电离,然后返回母核离子附近并与之碰撞,碰撞后极短时间内有三个电子发生电离。然而,在中等激光强度下,三电离的发生除了通过直接的$(e,3e)$电离通道外,还存在一种混合的三电离过程,即第一个和第二个电子通过重碰撞诱导的$(e,2e)$过程电离,第三个电子在重碰撞后处于激发态,随后在激光场达到最大值(或者最小值)之前电离。并且,统计结果显示,在中等激光强度下,这两种电离通道对三电离总的电离产率的贡献都比较大。在高激光强度下,大多数的三电离事件是通过混合的次序和非次序电离通道发生的,即前两个电子在激光场作用下,发生场电离,第三个电子电离是通过第二个电子与母核离子的碰撞发生的。由于占主导地位的三电离通道随激光强度的变化而改变,这导致随激光强度的增加,三价离子动量分布的结构逐渐变窄,并且动量分布峰值的位置移向较小的动量。

全经典三维系综理论在研究和帮助理解强场原子、分子非次序双电离和非次序三电离上是非常成功的[7,38]。以前的研究对三电子体系的经典系综理论给出了较详细的描述。三电子体系在激光场中的演化过程遵循经典运动方程 $\mathrm{d}^2\vec{r}_i/\mathrm{d}t^2 = -\vec{E}(t) - \mathbf{V}[V_{\mathrm{ne}}(\vec{r}_i) + \sum_{i\neq j} V_{\mathrm{ee}}(\vec{r}_i, \vec{r}_j)]$,下标 i、j 表示不同的电子,$\vec{E}(t) = \hat{z}f(t)E_0\sin(\omega t)$ 是线偏振激光脉冲的电场,偏振方向沿 z 轴方向,$f(t)$ 是激光包络结构,共包含十个光周期,其中两个线性增加,两个线性减小,中间的六个光周期保持光强最大。核与电子及电子与电子间的相互作用用三维软核势表示,分别为 $V_{\mathrm{ne}}(\vec{r}_i) = -3\sqrt{(\vec{r}_i)^2 + a^2}$ 和 $V_{\mathrm{ee}}(r_i, r_j) = 1/\sqrt{(\vec{r}_i - \vec{r}_j)^2 + b^2}$。为了避免自电离,要同时满足三个电子的总能量等于氖原子的基态能量、库仑屏蔽参数 a($0.945\sim1.06$ 原子单位)有一定取值范围。本章中,屏蔽参数 a 的值取为 1.0 原子单位。在计算过程中,在取值范围内调整 a 的取值,对计算结果的影响是非常小的。为了避免库仑奇点,参数 b 的值一般很小(接近于零),$b = 0.1$ 原子单位。为了获得初始状态,系综中任意三电子的初始位置满足初始能量等于氖分子基态能量(-4.63 原子单位,氖原子第一、第二和第三电离势能之和),可用的动能在三个电子之间随机分布,随后让电子对在库仑场中运动足够长的时间,进而获得

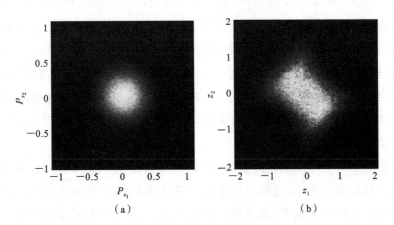

图 5-1　经典系综理论模型中氖原子三电子体系任意两个电子在动量空间和坐标空间的初始系综分布(单位:原子单位)

图 5-1(a)中 P_{z_1}、P_{z_2} 表示任意两个电子在 z 轴方向的初始动量,图 5-1(b)中 z_1、z_2 表示任意两个电子在 z 轴方向的初始坐标。系综大小:20 万。

稳定的动量和空间分布[7, 30, 39]，如图 5-1 所示，图 5-1(a)(b)分别表示氖原子任意两个电子在动量空间和坐标空间的初始系综分布。激光脉冲演化结束后，如果三个电子的能量都大于零，定义为发生了三电离。

5.2 正三价离子纵向动量分布和关联电子动力学

图 5-2 是不同激光强度下的三价离子动量分布。离子动量分布的单位是 $\sqrt{U_p}$，$\sqrt{U_p}$是激光场的有质动力势能，这样可以清楚描述强烈依赖反冲离子的漂移动量。图 5-2(a)(c)(e)给出的是二维的离子动量分布，激光强度分别是 0.5×10^{15} W/cm² 、1.0×10^{15} W/cm² 和 2.0×10^{15} W/cm² 。这里，横轴显示的是纵向离子动量分布（平行于激光场偏振方向，即 z 轴方向），纵轴是离子横向（沿 x 轴方向）动量。在所有激光强度情况下，横向动量都集中在零动量区域。与此相反，纵向动量在非零区域呈现两个清晰的最大分布。这表明在当前条件下，非次序三电离机制是三电离发生的主导机制[13, 40]。从图 5-2 左列可以发现一个重要现象，即随激光强度的增加，动量分布范围的宽度逐渐变窄。纵向动量分布，也就是二维离子动量在横轴的投影更清楚地显示了这种现象（见图 5-2 右列）。

当激光强度为 0.5×10^{15} W/cm² 时，图 5-2(b)是正三价离子纵向动量分布。通过对比实验结果，发现正三价氖离子动量谱与实验测量的离子动量谱在本质上是一致的。实验采用的激光波长为 1300 nm，强度为 0.4×10^{15} W/cm² 。正三价离子动量谱呈现一个清晰的双峰结构，两个动量分布峰位于$\pm4\sqrt{U_p}$，并且几乎没有离子的动量分布在零动量区域。当激光强度增加到 1.0×10^{15} W/cm² 和 2.0×10^{15} W/cm² 时，两个动量分布峰分别移动到$\pm2\sqrt{U_p}$（见图 5-2(d)）和$\pm1.2\sqrt{U_p}$（见图 5-2(f)）。这表明随着激光强度的增加，动量分布峰的位置逐渐移向较小动量区域。另外，比较图 5-2(b)(d)(f)可以发现，随激光强度的增加，正三价离子纵向动量分布在零动量区域的概率越来越多，即双峰结构中间的谷底变得越来越浅。这些结果说明，在中红外激光脉冲驱动下，非次序三电离微观多电子动力学行为是复杂的，并且在不同的强度下，占主导地位的三电子电离动力学过程是不同的。

通过反演分析随时间演化的三电离轨迹，可以揭示中红外激光脉冲驱动的原子三电离电子的微观动力学，进而可以提供一种直观的探究不同情况下三电离通道的方法。在当前的强度机制下，非次序三电离主要通过三种电离通道发生。第一种是直接碰撞$(e,3e)$电离通道，即一个电子首先电离，随后在振荡激光电场的驱动下返回并与母核离子碰撞，导致三个电子立即电离。这种三电离过程定义为(0-3)电离通道。第二个是次序和非次序电离结合的三电离过程，即第一个和第二个电子在激光电场作用下依次电离，第三个电子的电离是通过第二个电子在振荡电场驱动下返回

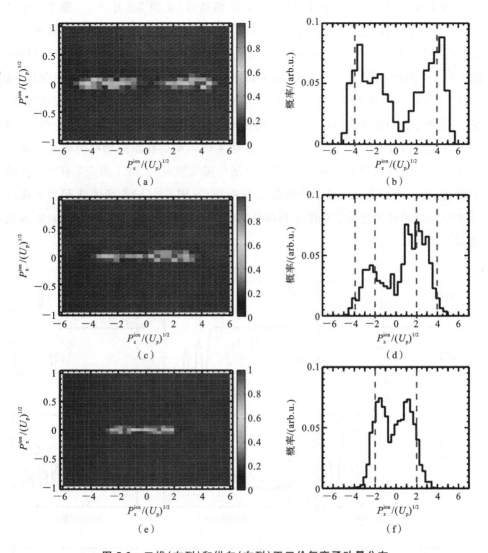

图 5-2 二维(左列)和纵向(右列)正三价氖离子动量分布

图 5-2(a)(b)的激光强度是 0.5 PW/cm²，图 5-2(c)(d)的激光强度是 1.0 PW/cm²，图 5-2(e)(f)的激光强度是 2.0 PW/cm²。系综的大小分别是 1500 万(0.5 PW/cm²)、1000 万(1.0 PW/cm²)和 600 万(2.0 PW/cm²)。激光偏振方向沿 z 轴方向。

并与母核离子碰撞发生的。该三电离通道定义为(0-1-3)电离通道。最后是一个复合的三电离过程，定义为(0-2-3)电离通道。在通过该电离通道发生的三电离过程中，一个电子首先发生场电离，随后该电子在振荡激光场的驱动下返回并与母核离子碰撞，碰撞后只有两个电子立即电离，而第三个电子处在激发态，随后在激光电场达到最大值(或最小值)之前电离。

图 5-3 给出三种简单的三电离轨迹，分别对应(0-3)电离通道(见图 5-3 左列)、

(0-1-3)电离通道(见图 5-3 右列)和(0-2-3)电离通道(见图 5-3 中列)。图 5-3 中第一行、第二行和第三行分别是三个电子的空间位置、能量和动量随时间演化的轨迹。从图 5-3 中左列给出的非次序三电离轨迹,可以清楚地看出,三个电子在碰撞之后立即电离(见图 5-3(a)(b)),并且三个电子电离后在电场中获得几乎相同的纵向漂移动量(见图 5-3(c))。然而对于图 5-3 中列给出的三电离轨迹,只有两个电子在碰撞后立即电离,并且它们在激光场中获得类似的纵向漂移动量(见图 5-3(f)灰色实线和黑色虚线)。第三个电子在碰撞后处于激发态(见图 5-3(e)黑色实线),随后在激光场峰值附近电离并获得一个非常小的纵向漂移动量(见图 5-3(f)灰色实线所示)。对于图 5-3 右列给出的三电离轨迹,第一个和第二个电子依次发生场电离(见图 5-3(h)灰色实线和黑色虚线),第三个电子电离是通过第二个电子与母核离子的碰撞所导致的(见图 5-3(h)的灰色实线和黑色虚线)。

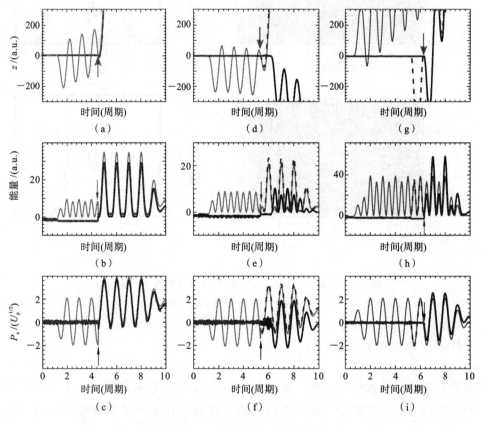

图 5-3 三种简单的三电离轨迹

第一行、第二行和第三行分别表示单个电子的空间位置、能量和纵向动量随时间的演化轨迹。箭头标示重碰撞发生的时刻。

5.3 关联电子动力学的激光强度依赖

本节利用统计结果深入地分析不同电离通道对非次序三电离总产率的贡献随激光强度的变化[41]。表 5-1 给出了在三种激光强度下,三电离通道对总的三电离产率贡献的百分比。如表 5-1 所示,当激光强度为 0.5×10^{15} W/cm^2 时,统计结果揭示约有 76% 的三电离事件是通过(0-3)电离通道发生,这表明在低激光强度情况下,(0-3)电离通道占主导地位。当激光强度为 2.0×10^{15} W/cm^2 时,(0-1-3)电离通道对总的三电离产率的贡献超过 70%,这意味着在高激光强度情况下,(0-1-3)电离通道占主导地位。当激光强度为 1.0×10^{15} W/cm^2 时,结果显示(0-3)电离通道和(0-2-3)电离通道对三电离总产率的贡献都很大,分别为 41% 和 59%。根据以上的讨论,本节可以得到一个结论,中红外激光脉冲驱动下的原子非次序三电离、负责任的三电离通道敏感地依赖于激光强度。

表 5-1   在三种激光强度下,三电离通道对总的三电离产率贡献的百分比

激光强度	(0-3)	(0-2-3)	(0-1-3)
0.5×10^{15} W/cm^2	76%	24%	
1.0×10^{15} W/cm^2	41%	59%	
2.0×10^{15} W/cm^2	29%		71%

根据三电离通道的不同,本节分离了图 5-2(b)(d)(f)显示的离子动量分布,进而得到通过不同电离通道发生的三电离对应的离子动量分布。对于不同的三电离通道,相应的正三价离子动量分布在图 5-4 中分别给出。激光强度等于 0.5×10^{15} W/cm^2 时,对于通过(0-3)电离通道发生的三电离,相应的离子动量分布的峰位于 $\pm 4 \sqrt{U_p}$(见图 5-4(a)的黑色曲线)。对于通过(0-2-3)电离通道发生的三电离,不管激光强度是 0.5×10^{15} W/cm^2,还是 1.0×10^{15} W/cm^2,离子动量分布的峰都位于 $\pm 2 \sqrt{U_p}$(见图 5-4(a)(b)的灰色曲线)。当激光强度为 2.0×10^{15} W/cm^2 时,图 5-4(c)显示对于通过(0-1-3)电离通道发生的三电离,离子动量分布的峰位于 $\pm 1.2 \sqrt{U_p}$(见图 5-4(c)的深灰色的曲线)。这些结果揭示出,在中红外机制下,当非次序三电离主要通过(0-2-3)电离通道电离时,离子动量分布的峰位于 $\pm 2 \sqrt{U_p}$。并且如果非次序三电离主要通过(0-1-3)电离通道电离时,离子动量分布的峰的位置远小于 $\pm 2 \sqrt{U_p}$ 的值。这与近红外机制下的情况是不同的,在近红外激光脉冲驱动下,作者推测如果(0-1-3)电离通道是负责任的三电离过程,则离子动量分布的峰位于 $\pm 2 \sqrt{U_p}$。另外,图 5-4 显示,不管是(0-3)和(0-2-3)通道(见图 5-4(a)(b)),还是(0-3)和(0-1-3)通道(见图 5-4(c)),相应的离子动量分布的峰的位置都靠得比较近。这导致在不同激光强度下,总的离子动量分布的结构都呈现两个宽

峰的结构(见图 5-2(b)(d)(f))。于是先前预测的四峰结构在中红外机制下不能显现。

对于不同的三电离通道,为了全面地理解正三价离子动量分布的演化与激光强度的依赖。对所有的激光强度,本节分析了三电离和重碰撞时间。通过三电离过程的反演分析,本节容易确定重碰撞和电离发生的时间,这可以对非次序三电离过程的亚光周期动力学有一个深入的理解。对于每一个三电离轨迹,一个电子第一次逃离母核的束缚后,如果它返回母核并能够到达距离母核离子 3 a.u. 的区域,则将这个时刻定义为重碰撞时间 t_r。当三个电子的总能量都大于零并一直保持正能量时,本节定义该时刻为三电离时间 t_{TI}。电子的总能量包括电子的动能、离子-电子相互作用势能和一半的电子-电子作用势能。对于(0-3)和(0-2-3)电离通道,碰撞是发生在三个电子之间,而对于(0-1-3)电离通道,碰撞是发生在两个电子之间。

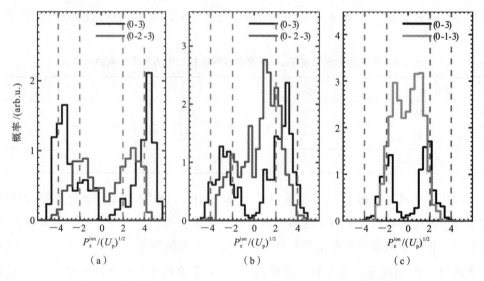

图 5-4 电离概率分布

图 5-4(a)(b)分别是在激光强度为 0.5 PW/cm² 和 1.0 PW/cm² 时,通过(0-3)(黑色曲线)和(0-2-3)(灰色曲线)电离通道发生的三电离对应正三价离子纵向动量的分布。图 5-4(c)是在激光强度为 2.0 PW/cm² 情况下,通过(0-3)(黑色曲线)和(0-1-3)(灰色曲线)电离通道发生的三电离对应正三价离子纵向动量的分布。

图 5-5(a)给出的是激光强度为 0.5×10^{15} W/cm² 时的三电离时间相位对重碰撞时间相位的二维图像。图 5-5(a)显示绝大部分的重碰撞发生在 $0.35T \sim 0.40T$(或者 $0.85T \sim 0.90T$)的时间范围内,即重碰撞主要发生在激光脉冲电场零点之前。这与三步重碰撞模型的预测是一致的[12]。如图 5-5(a)所示,分布主要集中在主对角线 $t_{TI} = t_r$ 上,这意味着在重碰撞发生后三个电子立即脱离母核的束缚。因此,对于通过(0-3)电离通道发射的电子来说,三个电子都在激光脉冲电场零点附近电离,并且电子在电离时刻的初始动量都非常小。电离后三个电子在振荡激光电场中获得的漂移动量几乎是相同

的。这导致三个电子主要沿相同方向发射并具有相似的末态纵向动量(见图 5-3(c))。

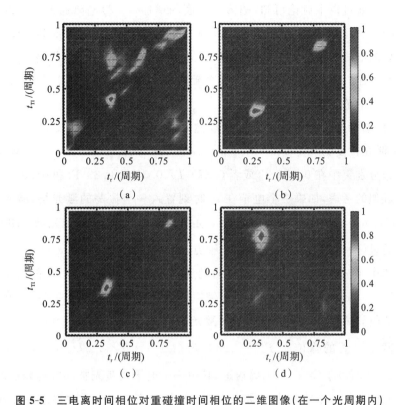

图 5-5　三电离时间相位对重碰撞时间相位的二维图像(在一个光周期内)

图 5-5(a)激光强度为 0.5×10^{15} W/cm²。图 5-5(b)激光强度为 2.0×10^{15} W/cm²。图 5-5(c)(d)激光强度为 1.0×10^{15} W/cm²,对应的三电离通过(0-3)和(0-2-3)电离通道发生。

当激光强度等于 1.0×10^{15} W/cm² 时,本节根据三电离是通过(0-3)电离通道还是(0-2-3)电离通道发生对三电离轨迹进行分割。对于(0-3)电离轨迹和(0-2-3)电离轨迹对应的三电离时间相位及重碰撞时间相位在图 5-5(c)(d)中分别给出。对于(0-3)电离轨迹,分布情况与激光强度为 0.5×10^{15} W/cm² 的类似,大多数分布在主对角线 $t_{TI}=t_r$ 上。但是对于该强度,大多数重碰撞发生在 $0.30T\sim0.35T$(或者 $0.80T\sim0.85T$)范围内(见图 5-5(c)(d)),在数值上要小于激光强度为 0.5×10^{15} W/cm² 的分布区域。重要的是,对于(0-2-3)电离轨迹,图 5-5(d)显示大多数三电离发生在激光电场最大值附近($0.25\ T$ 和 $0.75\ T$),这表明在三电离时间和重碰撞时间之间存在一个亚光周期的时间延迟,意味着非次序三电离是通过碰撞激发场致电离机制发生的。因此,对(0-2-3)电离轨迹,只有两个电子在激光脉冲电场中获得几乎相等的高的纵向漂移量,而另一个电子在电场中只获得一个非常小的漂移动量(见图 5-3(f))。

当激光强度等于 2.0×10^{15} W/cm² 时,图 5-5(b)显示大多数重碰撞在 $0.28T\sim0.33T$(或者 $0.78T\sim0.83T$)区域内发生,该重碰撞时间位于激光场最大值之后。如图

5-5(b)所示,分布主要集中在主对角线 $t_{\mathrm{TI}} = t_r$ 上,这表明在两个电子发生重碰撞后三电离立即发生。通过以上讨论可知,随激光强度的增加,(0-3)电离通道对总的非次序三电离产率的贡献逐渐减小,而(0-2-3)电离通道和(0-1-3)电离通道(部分次序电离通道)对三电离总的电离产率的总贡献越来越大。也就是说,随激光强度的增加,部分次序电离通道对非次序三电离的总产率的贡献逐渐增加。结果,随激光强度的增加,三价离子纵向动量分布的范围逐渐变窄。

另外,仔细检查图 5-5,可以看出重碰撞时间分布随激光强度变化而变化。图 5-5 显示,对于激光强度为 $0.5 \times 10^{15}~\mathrm{W/cm^2}$、$1.0 \times 10^{15}~\mathrm{W/cm^2}$ 和 $2.0 \times 10^{15}~\mathrm{W/cm^2}$,重碰撞时间分布分别集中在 $0.375~T$(或者 $0.875~T$)、$0.33~T$($0.83~T$)和 $0.30~T$($0.80~T$)。根据经典近似的考虑,如果一个电子在 t_0 时刻置入一个振荡的激光场,激光脉冲的频率为 ω,强度为 $E(t) = E_0(t)\sin(\omega t)$($E_0(t)$ 是脉冲包络函数)。当激光场关闭时,电子获得的漂移动量(沿激光场偏振方向,即 z 轴方向)为 $P_z^e(t_0) = 2\sqrt{U_p}\cos(\omega t_0)$。对强场驱动的原子非次序三电离,正三价离子纵向动量等于负的三个电子动量的矢量叠加。注意到对于(0-3)电离通道,三个电子在重碰撞后立即脱离母核离子的束缚并在激光场中获得类似的较高的漂移动量。这致使在激光强度为 $0.5 \times 10^{15}~\mathrm{W/cm^2}$ 时,三价离子动量分布的两个显著的峰位于 $P_z^{\mathrm{ion}} = \pm 3 \times P_z^e(t_r) = \pm 3 \times 2\sqrt{U_p}\cos(\omega \times 0.375T) = \pm 4.2\sqrt{U_p}$。然而对于(0-1-3)电离通道,其中一个电子在激光脉冲电场峰值附近电离,在电场中只能获得一个非常小的漂移动量。另外两个电子在重碰撞之后立即电离,获得类似的较大的漂移动量。因此,当激光强度为 $2.0 \times 10^{15}~\mathrm{W/cm^2}$ 时,三价离子动量分布的两个显著的峰位于 $P_z^{\mathrm{ion}} = \pm 2 \times P_z^e(t_r) = \pm 2 \times 2\sqrt{U_p}\cos(\omega \times 0.30T) = \pm 1.2\sqrt{U_p}$ 附近。当激光强度为 $1.0 \times 10^{15}~\mathrm{W/cm^2}$ 时,三价离子动量分布的双峰位置明显大于 $\pm 1.9\sqrt{U_p}$,这是因为(0-2-3)电离通道和(0-3)电离通道对三电离总产率的贡献都相当大。虽然对于(0-2-3)电离通道,第三个电子获得的漂移动量很小,但对于(0-3)电离通道,第三个电子在电场中获得较大的漂移动量。因此,三价离子纵向动量分布的双峰位置随激光强度的增加逐渐向较低的动量移动。

最后,本节简单讨论一下激光脉冲的磁场效应对非次序三电离的影响。Lötstedt 和 Midorikawa 实验研究了激光场磁效应对非次序双电离产率的影响。他们发现,激光场磁效应可能会导致非次序双电离产率下降,并且该下降与靶核有很强的依赖关系。为了探究激光场的磁场效应对原子非次序三电离是否有大的影响。本节理论研究了在激光强度为 $2.0 \times 10^{15}~\mathrm{W/cm^2}$(在该强度下磁场效应最强)时,考虑磁场效应情况下的氖原子非次序三电离。计算结果显示,如果考虑磁场效应,三电离产率约为 0.044%,略低于不考虑磁场效应的 0.047%。对于考虑磁场效应的二维离子动量分布,计算结果显示,横向动量主要集中在零动量附近,并且纵向动量分布的范围为 $-3\sqrt{U_p} \sim$

$3\sqrt{U_p}$。这些结果表明无论考虑还是不考虑激光场的磁场效应,二维离子纵向动量分布主要的图像没有本质变化。并且,通过反演分析经典轨迹可知,在考虑磁场效应的情况下,约73%的三电离是通过(0-1-3)电离通道发生的,与不考虑磁场效应的71%非常接近。综上所述,通过比较考虑和不考虑磁场效应的情况可以知道,激光脉冲磁场效应对非次序三电离的电离产率、二维离子动量分布及占主导地位的三电离通道都只有很小的影响。

参考文献

[1] Weber T, Giessen H, Weckenbrock M, et al. Correlated electron emission in multiphoton double ionization[J]. Nature, 2000, 405(6788): 658-661.

[2] Walker B, Sheehy B, DiMauro L F, et al. Precision Measurement of Strong Field Double Ionization of Helium[J]. Phys. Rev. Lett., 1994, 73(9): 1227-1230.

[3] Fittinghoff D N, Bolton P R, Chang B, et al. Observation of Nonsequential Double Ionization of Helium with Optical Tunneling[J]. Phys. Rev. Lett., 1992, 69(18): 2642-2645.

[4] Ho P J, Eberly J H. In-plane theory of nonsequential triple ionization[J]. Phys. Rev. Lett., 2006, 97(8): 083001.

[5] Lein M, Gross E K U, Engel V. Intense-field double ionization of helium, identifying the mechanism[J]. Phys. Rev. Lett., 2000, 85(22): 4707-4710.

[6] Chen Jing, Liu Jie, Fu Libin, et al. Interpretation of momentum distribution of recoil ions from laser-induced nonsequential double ionization by semiclassical rescattering model[J]. Phys. Rev. A, 2000, 63(1): 011404.

[7] Haan S L, Breen L, Karim A, et al. Variable time lag and backward ejection in full-dimensional analysis of strong-field double ionization[J]. Phys. Rev. Lett., 2006, 97(10): 103008.

[8] Feuerstein B, Moshammer R, Fischer D, et al. Separation of recollision mechanisms in nonsequential strong field double ionizaion of Ar: the role of excitation tunneling[J]. Phys. Rev. Lett., 2001, 87(4): 043003.

[9] Weckenbrock M, Zeidler D, Staudte A, et al. Fully differential rates for femtosecond multiphoton double ionization of neon[J]. Phys. Rev. Lett., 2004, 92(21): 213002.

[10] L'Huillier A, Lompre L A, Mainfray G, et al. Multiply charged ions induced by multiphoton absorption in rare gases at 0.53 um[J]. Phys. Rev. A, 1983,

27(5): 2503-2512.

[11] Rudenko A, Zrost K, Feuerstein B, et al. Correlated multielectron dynamics in ultrafast laser pulse interactions with atoms[J]. Phys. Rev. Lett. , 2004, 93 (25): 253001.

[12] Corkum P B. Plasma perspective on strong-field multiphoton ionization[J]. Phys. Rev. Lett. , 1993, 71(13): 1994-8997.

[13] Moshammer R, Feuerstein B, Schmitt W, et al. Momentum distributions of Ne^{n+} Ions created by an intense ultrashort laser pulse[J]. Phys. Rev. Lett. , 2000, 84(3): 447-450.

[14] Lafon R, Chaloupka J L, Sheehy B, et al. Electron energy spectra from intense laser double ionization of helium[J]. Phys. Rev. Lett. , 2001, 86 (13): 2762-2765.

[15] Chaloupka J L, Rudati J, Lafon R, et al. Observation of a transition in the dynamics of strong-field double ionization[J]. Phys. Rev. Lett. , 2003, 90 (3): 033002.

[16] Huang Cheng, Zhou Yueming, Zhang Qingbin, et al. Contribution of recollision ionization to the cross-shaped structure in nonsequential double ionization[J]. Opt. Express, 2013, 21(9): 11382-11390.

[17] Paulus G G, Nicklich W, Xu huale, et al. Plateau in above threshold ionization spectra[J]. Phys. Rev. Lett. , 1994, 72: 2851.

[18] Larochelle S, Talebpour A, Chin S L. Non-sequential multiple ionization of rare gas atoms in a Ti: Sapphire laser field[J]. J. Phys. B, 1998, 31 (6): 1201-1214.

[19] Augst S, Talebpour A, Chin S L, et al. Nonsequential triple ionization of argon atoms in a high-intensity laser field[J]. Phys. Rev. A, 1995, 52 (2): R917- R919.

[20] Zrost K, Rudenko A, Ergler Th, et al. Multiple ionization of Ne and Ar by intense 25 fs laser pulses, few-electron dynamics studied with ion momentum spectroscopy[J]. J. Phys. B, 2006, 39(13): S371-S380.

[21] Rudenko A, Ergler Th, Zrost K, et al. From non-sequential to sequential strong-field multiple ionization: identification of pure and mixed reaction channels[J]. J. Phys. B, 2008, 41(8): 081006.

[22] Parker J S, Doherty B J S, Taylor K T, et al. High-energy cutoff in the spectrum of strong-field nonsequential double ionization[J]. Phys. Rev. Lett. ,

2006，96(13)：133001.

[23] McPherson A, Gibson G, Jara H, et al. Studies of multiphoton production of vacuum-ultraviolet radiation in the rare gases[J]. J. Opt. Soc. Am. B, 1987, 4：595-601.

[24] Sacha K, Eckhardt B. Nonsequential triple ionization in strong fields[J]. Phys. Rev. A, 2001, 64(5)：053401.

[25] Feuerstein B, Moshammer R, Ullrich J. Nonsequential multiple ionization in intense laser pulses：interpretation of ion momentum distributions within the classical 'rescattering' model. J. Phys. B, 2000, 33(21)：L823-L830.

[26] Liu Xueshen, Figueira de Morisson Faria C, Becker W, et al. Attosecond electron thermalization by laser-driven electron recollision in atoms[J]. J. Phys. B, 2006, 39(16)：L305-L311.

[27] Zhou Yueming, Liao Qing, Lu Peixiang. Complex sub-laser-cycle electron dynamics in strong-field nonsequential triple ionizaion[J]. Opt. Express, 2010, 18 (15)：16024-16034.

[28] Emmanouilidou A. Recoil collisions as a portal to field-assisted ionization at near-uv frequencies in the strong-field double ionization of helium[J]. Phys. Rev. A, 2008, 78(2)：023411.

[29] Emmanouilidou A, Staudte A. Intensity dependence of strong-field double-ionization mechanisms：From field-assisted recollision ionization to recollision-assisted field ionization[J]. Phys. Rev. A, 2009, 80(5)：053415.

[30] Kruit P,Kimman J, Muller H G, et al. Electron spectra from mnltiphoton ionization of xenon at 1064, 532, and 355 nm[J].Phys. Rev. A, 1983, 28：248.

[31] Becker A, Faisal F H M. S-matrix analysis of ionization yields of noble gas atoms at the focus of Ti：sapphire laser pulses[J]. J. Phys. B, 1999, 32(14)：L335-L343.

[32] Agostini P, DiMauro L F. Atoms in high intensity mid-infrared pulses[J]. Contemp. Phys. , 2008, 49(3)：179-197.

[33] Blaga C I, Catoire F, Colosimo P,et al. Strong-field photoionization revisited [J]. Nat. phys. , 2009, 5(5)：334-338.

[34] Quan Wei, Lin Zhiyang, Wu Mingyan, et al. Classical aspects in above-threshold ionization with a midinfrared strong laser field[J]. Phys. Rev. Lett. , 2009, 103(9)：093001.

[35] Colosimo P, Doumy G, Blaga C I, et al. Scaling strong-field interactions to-

wards the classical limit[J]. Nat. Phys. , 2008, 4(5): 385-389.

[36] Doumy G, Wheeler J, Roedig C,et al. Attosecond synchronization of high-order harmonics from midinfrared drivers [J]. Phys. Rev. Lett. , 2009, 102 (9): 093002.

[37] Herrwerth O, Rudenko A, Kremer M,et al. Wavelength dependence of sublasercycle few-electron dynamics in strong-field multiple ionization[J]. New J. Phys. , 2008, 10(2): 025007.

[38] Ferray M, L'Huillier A, Li X F, et al. Multiple-harmonic conversion of 1064 nm radiation in rare gases[J]. J. Phys. B, 1988, 21: L31.

[39] Ho P J, Eberly J H. In-plane theory of nonsequential triple ionization[J]. Phys. Rev. Lett. , 2006, 97(8): 083001.

[40] Agostini P,Fabre F, Mainfray G, et al. Free-free transitions following six-photon ionizatiom of xenon atoms[J]. Phys. Rev. Lett. , 1979, 42: 1127.

[41] Emmamouilidou A, Parker J S, Moore L R,et al. Direct versus delayed pathways in strong-field non-sequential double ionization[J]. New J. Phys, 2011, 13 (4): 043001.

6

强激光场中的原子受挫双电离

6.1 线偏振激光场中的原子受挫双电离

随着超强超快激光脉冲技术的发展与应用,光与原子、分子的相互作用研究进入全新的非线性、非微扰区域,同时也呈现了很多新奇的物理现象,包括高次谐波的产生(High-order Harmonic Generation,HHG)[1, 2]、高阶阈上电离(High Above Threshold Ionization,ATI)[3, 4]和非次序双电离(Nonsequential Double Ionization,NSDI)[5-8]等。这些现象可以用 Corkum 提出的三步再碰撞模型来理解[9]。在这个模型中,当激光电场与束缚库仑场相当时,电子首先通过隧穿从原子或分子中发射出来。然后,发射出的电子在振荡激光电场的作用下加速并返回,与母离子核重新结合并释放高能光子,或与母离子核发生弹性或非弹性碰撞,导致高阶阈上电离或非次序双电离。这些崭新的物理现象有着极为广阔的应用前景。例如,极紫外阿秒光源的产生,分子结构及其微观动力学超快成像技术等。

最近的理论与实验研究中,一种非常有意义的新物理现象引起广泛注意:2006 年,王兵兵等人通过经典和量子计算预测在少周期脉冲结束后,部分低能电子会被俘获到里德堡态上[10]。2008 年,Nubbemeyer 小组在实验上观测到在隧穿电离光强强区域中相当一部分中性里德堡态原子可以稳定地存活于强激光场中[11],并且其产率随着激光的椭偏率增加而降低,这与基于准静态近似的三步再碰撞模型一致。实验上将这种现象称为受挫隧穿电离,其基础物理图像为隧穿的电子从激光场中没有获得足够的漂移能量,最终被原子核重新俘获到较高的里德堡态上。由于受挫隧穿电离机制可以运用于中性粒子的加速,其加速度可高达地球重力加速度的 10^{14} 倍,同时该机制又是三步再碰撞模型的补充和完善,有助于深入理解强激光场中原子、分子动力学过程,因此受挫隧穿电离引起国内外持续关注。其中 Eichmann 小组通过 COLTRIMS 技术测量了中性氢原子里德堡态的能量分布[12]，并结合半经典计算分析表明，在氢分子发生库仑爆炸过程后其中一个氢原子俘获了一个电子从而形成中性激发氢原子。傅立斌小组利用半经典模型模拟发现隧穿电子被俘获的条件存在一定的初始电场相位和横向速度窗口[13]，这窗口与激光场椭偏率、激光强度和原子种类有关。Liu 小组测量了氖原子和氙原子单电离的光电子角分布[14]，发现强场隧穿电离态下近零动量电子的产率受到明显抑制。半经典模拟表明，这种局部电离抑制效应可以归结为一小部分隧穿电子被发射到里德堡椭圆轨道。

对于双电子系统，两个电子在激光脉冲中被发射出来，其中一个最终被俘获的类似过程称为受挫双电离（Frustrated Double Ionization，FDI）[15-17]。在分子受挫双电离方面，人们可以通过实验测量分子解离后激发的中性碎片的动能来识别俘获过程。例如，Wu 小组通过泵浦-探针技术利用少光周期激光脉冲模拟了氢分子的解离受挫双电离过程。而原子受挫双电离方面，由于原子受挫双电离过程不发生解离，产物是被激发的离子，而不是被激发的中性碎片，因此上述方法不适用于原子受挫双电离。最近，Xie 小组通过使用反应显微镜利用三体符合测量技术使探测原子受挫双电离成为可能[18]。实验上发现氩原子受挫双电离中逃逸电子的动量分布随激光强度增大由较宽的双峰结构向较窄的单峰结构转变，这是多周期激光脉冲作用下电离机制由非次序向次序变化的表现。此外还发现与次序双电离相比，非次序双电离由于两个电子间的强相关性，使电子被俘获概率受到了较强的抑制。

理论上，描述强场与原子、分子相互作用最准确的方法是数值求解含时薛定谔方程。此方法三维空间求解的计算量非常大，目前世界上只有少数几个研究组能够做到，并且只能在激光强度不太高、波长为可见光附近的情况下求解。而经典和半经典模型拥有计算量较小和物理图像清晰的特点，因此常用于研究受挫双电离过程。例如，Emmanouilidou 小组采用半经典模型给出了氢分子受挫双电离的两种通道[19]，并说明了双电子效应在形成激发态氢原子过程中的重要性。Shomsky 小组利用经典模型模拟发现，激光场中氦原子发生非次序双电离后，部分轨道显示在激光场结束时有一个电子被重新俘获到里德堡态。分析发现受挫双电离主导电离通道为碰撞激发场致电离。Chen 小组利用半经典模型从理论上研究了氩原子受挫双电离过程对激光强度的依赖。

综上所述，随着三体符合测量技术的运用，实验上可以很好地观测原子受挫双电离，开展原子里德堡态激发动力学过程与原子种类和激光参数相关的研究将是未来强场物理的一个重要发展趋势，但是到目前为止原子受挫双电离可能发生的确切物理条件并没有给出。同时实验中受挫双电离的产量约低于双电离一个量级，如何产生较双电离更多的受挫双电离以及如何调制受挫双电离中的里德堡态分布目前还没有得到充分的研究，这些问题都值得大家更加深入地开展系统的理论研究工作。本节针对上述未解决的问题拟用经典系综方法开展理论研究,旨在揭示强激光驱动下电子被俘获的超快物理过程及物理条件,理解激光场调控参数在这个过程中的作用,并在充分考虑电子波包运动特性的基础上,提出控制里德堡态分布可行性方案。

在强激光场中精确地描述原子中双电子演化需要数值求解相应的含时薛定谔方程。然而,计算负荷要求非常苛刻。Eberly 和同事开发了另一种经典系综方法,旨在深入了解强场双电离过程,并定性地解释实验数据。一般的想法是利用经典模型原子的集合来模拟量子波函数的演化。在这个模型中,原子系统中双电子的演化遵循牛顿运动方程(除非另有说明,否则使用原子单位):

$$d^2 r_i / dt^2 = -\mathbf{\nabla}[V_{ne}(r_i) + V_{ee}(r_{12})] - E(t) \tag{6-1}$$

其中:下标 $i=1,2$,为电子标号;r_i 为第 i 个电子的位置;r_{12} 为两个电子的相对位置;$E(t) = \hat{z}E_0 f(t) \sin(\omega t)$ 为沿 z 轴的线偏振激光电场;V_{ne} 为离子核-电子势能;V_{ee} 为电子-电子势能。本节使用的是梯形脉冲包络,该包络具有两个周期开启、六个周期平台和两个周期关闭。

两个电子的初始位置和动量是随机分配的,使它们满足能量约束,即总能量等于目标原子的前两个电离势能的负和:

$$E_{tot} = \left(\frac{p_1^2}{2} - \frac{2}{\sqrt{r_1^2 + a^2}} \right) + \left(\frac{p_2^2}{2} - \frac{2}{\sqrt{r_2^2 + a^2}} \right) + \frac{1}{\sqrt{r_{12}^2 + a^2}} = -(I_{p_1} + I_{p_2}) \tag{6-2}$$

其中:p_i 是第 i 个电子的动量;I_{p_1} 和 I_{p_2} 分别是目标原子的第一和第二电离势能。本书使用氩作为目标原子,其初始总能量是 -1.59 a.u.。同时,本文结论和解释同样适用于其他原子。为了避免非物理的自电离和数值奇点,本节采用软核库仑势,软化参数 a 设置为 1.5 a.u.,b 设置为 0.05 a.u.。激光未开启时,整个系统允许演化足够长的时间(300 a.u.),并获得稳定的动量和位置相空间分布。一旦得到初始位置和动量,就启动激光脉冲。本章记录了这两个电子每 0.01 个激光周期的能量演化,并确定了在激光脉冲结束时两个电子都达到正能量的称为双电离(Double Ionization,DI)事件。如果两个电子在激光脉冲期间的某个时间获得正能量,并在脉冲结束时,其中一个电子被重新俘获并具有负能量的称为 FDI 事件。每个电子的能量包括动能、离子核-电子势能和电子-电子斥力的一半。

FDI 过程中,两个电子在激光脉冲期间被发射,但其中一个最终被重新俘获,导致一个激发态离子。如果剩余的分子、离子解离,则形成一个激发态中性原子加上一个离子。图 6-1(a)给出了一个原子 FDI 经典轨迹样本,图 6-1(b)给出了 NSDI 轨迹。图 6-1(c)和图 6-1(d)分别显示了这两种轨迹的单个电子能量演化。

如图 6-1(c)所示,第一个电子能量在 2.5 周期明显下降,同时明显观察到第二个电子能量上升,这说明第一个电子电离后在 2.5 周期返回,并与母核粒子发生再碰撞,把部分能量传递给第二个电子,使其进入激发态,随后第二个电子场致电离,有趣的是,电

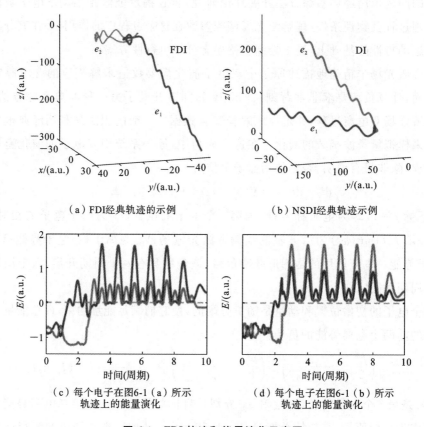

(a) FDI经典轨迹的示例

(b) NSDI经典轨迹示例

(c) 每个电子在图6-1(a)所示
轨迹上的能量演化

(d) 每个电子在图6-1(b)所示
轨迹上的能量演化

图6-1 FDI 轨迹和能量演化示意图

离后第二个电子并没有从激光场获得足够的漂移能量,在激光场结束时,电子的能量为负,说明第二个电子重新被原子核俘获到里德堡态。

图 6-2(a)(b)(c)显示在 400 nm、800 nm 和 1200 nm 激光场中,FDI 和 DI 随激光强度变化的概率。可以看到,在这三种波长中,FDI 的概率曲线在低强度时迅速增加,然后在高强度时缓慢增加。特别是在图 6-2(c)中,当激光强度约大于 1×10^{14} W/cm² 时,FDI 的概率曲线接近饱和。总体而言,FDI 的概率曲线与对应的 DI 曲线呈现相似的趋势。

在激光脉冲过程中,两个电子都被发射,其中一个是否能在脉冲结束时被母离子核重新俘获决定了是 FDI 还是 DI 发生。从这个意义上讲,FDI 和 DI 之间存在竞争关系。在图 6-2(a)所示的 400 nm 情况下,在 9×10^{13} W/cm² 左右,DI 和 FDI 的概率曲线有一个交叉点,在这个交叉点以下 FDI 更有效,在这个交叉点以上 DI 更有效。在 800 nm 和 1200 nm 的情况下,没有类似的交叉,DI 的概率始终高于 FDI。图 6-2(d)绘制了三个波长下 FDI 和 DI 之间的概率比。可知,比值随着激光波长的增加而减小,也随着激光强度的增加而减小。也就是说,FDI 偏好较短的波长和较低的强度。

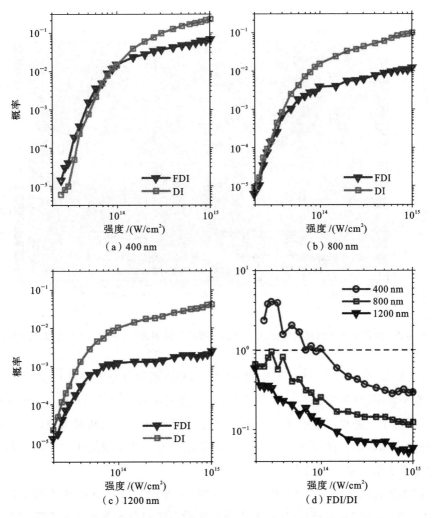

图 6-2　FDI 和 DI 在 400 nm、800 nm 和 1200 nm 激光场中随激光强度变化的概率及
FDI 和 DI 之间的产率比在三个波长下随激光强度变化的曲线

　　为了理解不同的微观电子动力学,本文反演分析双电子演化的轨迹,找出了两电子
轨迹的回碰时间和最终电离时间。回碰时间定义为在一个电子第一次离开后,两个电
子最接近的瞬间,最终电离时间定义为两个电子的能量第一次变为正的瞬间。图 6-3
显示了 FDI(上一行)和 DI(下一行)在最终电离时的激光相位与在回碰时的激光相位
(都归一化,以周期为单位)。激光峰值强度为 5×10^{14} W/cm^2,激光波长分别为 400 nm
(左列)、800 nm(中列)和 1200 nm(右列)。

　　不同的 DI 通道可以从 $t_{i_2} - t_r$ 相位图中区分出来。对角线总体对应于直接碰撞电
离通道,对于该通道回碰非常迅速,t_{i_2} 与 t_r 之间的时间差很小。非对角分布对应于
RESI 通道。图 6-3(d)的 RESI 贡献率估计为 88%,图 6-3(e)的 RESI 贡献率估计为
62%,图 6-3(f)的 RESI 贡献率估计为 48%。

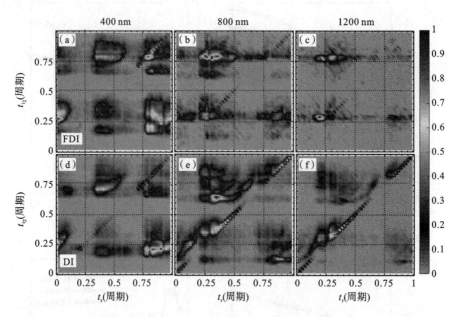

图 6-3 最终电离时的激光相位(t_{i_2})与回碰时的激光相位(t_r)的关系(均为激光周期)

在 400 nm 的情况下,对于 FDI 和 DI 而言,相位图的分布集中在 $t_{i_2} = 0.25$ 或 0.75 周期的水平线附近(见图 6-3(a)和图 6-3(d))。这意味着 FDI 和 DI 都与 RESI 机制有关:束缚的电子不能被回碰电子立即撞出,它必须等待下一个电场最大值(0.25 或 0.75 周期)被激光场拉出。这与 Shomsky 等人的结论一致。其原因是在 400 nm 时,最大的回碰能量小于第二电子的结合能。

当激光波长增加到 800 nm 和 1200 nm 时,分布的主要部分逐渐从水平向对角转移(见图 6-3(e)和图 6-3(f))。这是因为回碰能量在这种激光条件下大于第二个电子的电离能,因此 DI 的机制转变为 RII。相比之下,FDI 的分布仍然是水平的(见图 6-3(b)和图 6-3(c))。这说明 FDI 机制更倾向于 RESI 通道,而与激光波长无关。

图 6-4 显示了 FDI 事件(上一行)中,沿激光偏振方向的电离-出口速度(V_{z_0})与被俘获电子的电离时间(t_0)的关系(以周期为单位)。对于 DI 事件,电离-出口速度和电离时间是第二个发射的电子。每个图中的黑色虚线曲线显示了矢势 $A(t)$。可以看出,要使一个 FDI 事件发生,电子必须以正确的初始速度发射。在发射时,初始速度必须等于(或非常接近)矢势,因此电子在脉冲结束时的最终速度 $P_z \approx V_{z_0} - A(t_0)$(忽略发射后的库仑势)等于(或非常接近)零。

由于离子核-电子的负势能存在,V_{z_0} 和 $A(t_0)$ 之间可以存在微小不匹配。也就是说,即使动能不是零,总能量仍然可能是负的。从图 6-4(a)(b)(c)的分布也可以看出,随着激光波长的增加,分布越来越紧密地聚集在矢势曲线上。这是因为波长越短,电子的振动距离越短,电子越靠近离子核,离子核-电子的势能就越小。当然,要想发生 FDI

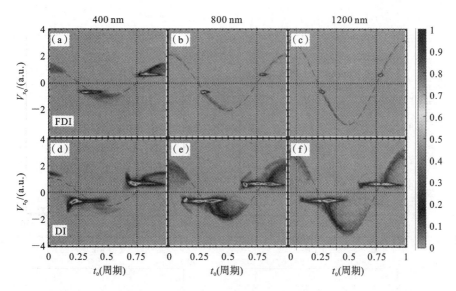

图 6-4 沿激光偏振方向的电离-出口速度(V_{z_0})与电离时间(t_0)的关系

FDI 事件中被俘获电子(上行)。DI 事件中第二个发射的电子(下行)。激光的波长分别为 400 nm(左)、800 nm(中)和 1200 nm(右)。图中的黑色虚线曲线显示矢势。

事件,电子也必须以接近零的横向速度(垂直于激光偏振方向的速度)发射,否则电子将会从离子核的横向飞离,而不能被重新俘获。图 6-4(d)(e)(f)沿矢量势曲线分布的初始横向速度为非零。

图 6-5(a)显示了在三个波长的脉冲结束后重新被俘获的电子的能量分布,由图可知,能量随着波长的增加而增加,原因与上面解释的一样。这里也可以用有效主量子数来表示最终的能量分布,以便使用公式 $n = \sqrt{-2/E_\mathrm{f}}$ 更好地与里德堡态建立联系。该主量子数 n 的分布如图 6-5(b)所示,从图中可知,对于这三个波长,主量子数分布的峰值在 $n=7$(400 nm)、$n=10$(800 nm)和 $n=11$(1200 nm)。因此,波长越长,尽管效率会下降,但产生的 FDI 事件的里德堡态越高。因此,波长是控制 FDI 和由此产生的里德堡态分布的有用方法。

最后,为了与文献中已有的结果相联系,本节收集了所有受挫单电离(Frustrated Single Ionization,FSI)事件并绘制了能量分布以及有效主量子数分布,结果如图 6-5(c)和 6-5(d)所示,从图中可知,对于这三个波长,主量子数分布的峰值都在 $n=6\sim10$ 附近,这与文献报道的结果一致。显然,与 FDI 事件相似,FSI 事件的 n 分布对激光波长也很敏感。

本节采用经典系综方法,从理论上研究了原子在强激光场中的受挫双电离。首先将所提到的各种物理过程总结。在强激光场中,从原子中发射出来的电子可以被返回,与它的母离子核重新结合。如果这个电子被重新俘获,使合成的中性原子处于激发态,则这个过程称为 FSI。如果回碰电子立即碰出第二个电子,那么这个过程称为 DI 的

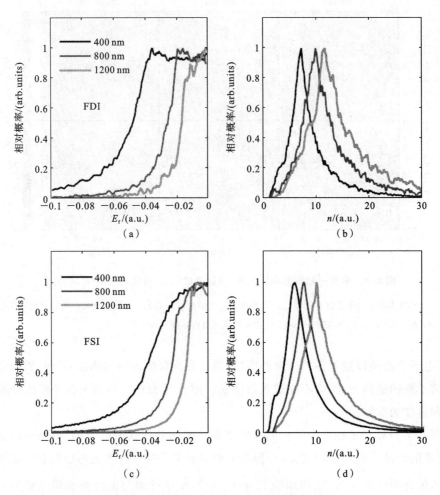

图 6-5　相对产率随电场和量子数的变化关系

图 6-5(a)表示 400 nm、800 nm 和 1200 nm 激光在 FDI 事件中重新被俘获的电子的最终能量分布。图 6-5(b)表示在相同波长下重新被俘获的电子的有效主量子数分布。图 6-5(c)和图 6-5(d)与图 6-5(a)和图 6-5(b)相同,只是对受挫单电离事件。

RII 通道。如果回碰电子只激发第二个电子,而第二个电子随后被激光场拉出,那么这个过程称为 DI 的 RESI 通道。

　　本节发现,FDI 偏好较短的波长和较低的强度。在激光参数适当的情况下,可以产生比 DI 更多的 FDI 事件。本节给出了产生 FDI 事件的一个精确物理条件,即电离时的初始电子速度必须同时与激光矢势相等(或非常接近)。因此,FDI 也与当前热门的电离电子的出口速度问题密切相关[20-24]。

　　本节强调了激光波长对产生和控制 FDI 的重要性。激光的波长不仅决定了被激发原子、离子的产率,还决定了被激发原子、离子的性质。本节表明,激发原子、离子的能量分布敏感地依赖于激光波长。

6.2　正交双色场操控下原子受挫双电离研究

FDI 一直是小分子背景下研究的重点,包括 H_2、D_2 等[12, 25, 26]。最近,用三体重合探测对原子 FDI 进行了实验观测。后续的理论研究表明,对于非次序区域的线偏振激光脉冲,再碰撞过程是原子 FDI 的机制,重新被俘获的电子的物理条件与电离出口速度有关。对于圆偏振激光场和反向旋转双色圆偏振激光场,原子 FDI 的电子动力学过程已经得到了很好的研究[27, 28]。

在非次序区域,由于 FDI 是由再碰撞过程导致的,所以可以使用不同形状的激光场通过控制再碰撞过程来操控 FDI。正交偏振双色激光场是一种非常有用的电子动力学控制工具,已广泛应用于各种强场过程控制[29-36]。例如,高次谐波的产生,分子离解时的定向质子发射[29],强场隧穿电离[30]。特别是,OTC 场通过控制相对相位可以以阿秒的精度控制隧穿电子波包的回碰时间[33-36],从而有效地控制 NSDI 中的电子-电子相关性,并且导致 NSDI 产率对相对相位具有很强的依赖性。这在最近的实验中得到了证实。

综上所述,受挫双电离的产率对正交场相对相位的依赖关系如何,如何控制受挫双电离的电离通道以及被俘获电子的里德堡态分布对相对相位的影响目前还没有得到充分的研究,因此本节针对上述未解决的问题拟用经典系综方法开展理论研究,旨在理解FDI 产率对相对相位的响应,利用相对相位操控 FDI 通道且揭示不同通道的超快物理过程,并利用相对相位来控制原子、离子在高激发态的能量分布。

本节采用 Eberly 等人提出的 3D 经典系综模型,这种方法的一般思路是用经典的原子集合来模拟量子波函数的演化。双电子系统的演化受牛顿经典运动方程控制(除非另有说明,否则使用原子单位):

$$\mathrm{d}^2 r_i / \mathrm{d} t^2 = -\mathbf{\nabla}\left[V_{\mathrm{ne}}(r_i) + V_{\mathrm{ee}}(r_1, r_2)\right] - E(t) \tag{6-3}$$

其中:下标 $i = 1, 2$ 为电子标号;r_i 为第 i 个电子的位置;r_{12} 为两个电子的相对位置;$E(t)$ 为是正交偏振双色激光电场;$V_{\mathrm{ne}}(r_i) = -2/\sqrt{r_i^2 + a^2}$ 为离子核-电子势能;$V_{\mathrm{ee}}(r_1, r_2) = 1/\sqrt{(r_1 - r_2) + b^2}$ 为电子-电子势能。为避免非物理自电离和数值奇点,本节将软化参数 a 设为 1.5 a.u.,b 设为 0.05 a.u.。

在本节的计算中,OTC 场由沿 x 轴偏振的 800 nm 场和沿 y 轴偏振的 400 nm 场组成。合成电场为 $E(t) = f(t)\left[E_x(t)\hat{x} + E_y(t)\hat{y}\right]$。$f(t)$ 为两个周期开启、四个周期平台期、两个周期关闭的梯形脉冲包络。其中,$E_x(t) = E_{x_0}\cos(\omega t)$ 和 $E_y(t) = E_{y_0}\cos(2\omega t + \Delta\varphi)$;$E_{x_0}$、$E_{y_0}$ 分别为 800 nm 场和 400 nm 场的振幅;ω 为 800 nm 场的频率;$\Delta\varphi$ 是 800 nm 和 400 nm 场之间的相对相位。在本书中,800 nm 和 400 nm 场的强度都设置为 1×10^{14} W/cm²。

图 6-6 分别显示了 FDI 和 DI 的概率随 OTC 相对相位变化的曲线。需要注意的是 DI 事件的概率大约比 FDI 事件的概率高一个数量级，为了更好地与 FDI 曲线进行比较，这里将 DI 值除以 10。研究表明，对于 DI 事件，概率曲线在 0.1π、0.6π、1.1π、1.6π 附近有四个显著的峰，分别为 P_1、P_2、P_3 和 P_4。0.6π 和 1.6π 处的峰值远高于 0.1π 和 1.1π 处的峰值。这与之前用半经典系综模型计算对氖的 NSDI 产率是一致的[34,36]。对于 FDI 事件，概率曲线也呈现出四峰结构，峰的位置与 DI 事件相似。但是，0.1π 和 1.1π 处的峰值高度高于 0.6π 和 1.6π 处的峰值，这与 DI 事件的峰值高度有很大不同。这种差异表明了 FDI 和 DI 微观电子动力学的不同。

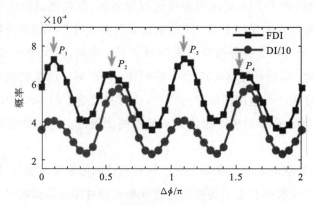

图 6-6　FDI 和 DI 的概率随 OTC 相对相位变化的曲线

800 nm 和 400 nm 场的激光强度均为 1×10^{14} W/cm^2。

为了揭示 FDI 电子动力学对激光相对相位的依赖性，本节反演分析了双电子经典轨迹。对于这种 OTC 激光电场参数，FDI 也是由再碰撞过程诱导的，类似于 DI。在 DI 中，飞行时间和再碰撞距离都对双电离概率的调制起着关键作用[32,34]。因此，可以追踪这两个量来理解 FDI 的概率。在这里，飞行时间的定义是从第一个电子电离到再碰撞后两个电子最接近的时刻的时差，再碰撞时间（t_r）被定义为两个电子最接近的时刻和再碰撞距离（R_e）被定义为在再碰撞过程中两个电子最接近的距离。FDI 事件中飞行时间和 R_e 的平均值分别如图 6-7(a) 和图 6-7(b) 所示，图中还显示了 DI 事件的结果，以供比较。在再碰撞过程中，飞行时间越短，电子波包的扩散越小，再碰撞的概率越大。同时，当 R_e 的值较小时，能量交换效率更高，从而使第二电子电离或激发的可能性更大。图 6-7 显示，在 0.6π 和 1.6π 附近的飞行时间最短，在 0.1π 和 1.1π 附近的再碰撞时间最小。它们在 FDI 和 DI 事件上是相似的。这些行为解释了图 6-6 中 FDI 和 DI 概率随 OTC 相对相位的变化曲线呈现的四峰结构。

为了理解 DI 和 FDI 事件的峰值相对高度的差异，本节反演分析了受挫双电离中所有双电子轨迹。FDI 事件可以分为两类：FDI1，第一个电离电子 e_1 在激光场结束时被俘获；FDI2，第二个电离电子 e_2 在激光场结束时被俘获。图 6-8 展示了 FDI1 和

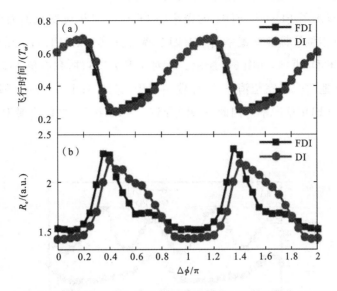

图 6-7　FDI 事件和 DI 事件的平均飞行时间和回碰过程中两个电子最近距离 R_e 的平均值

T_ω 为 800 nm 激光场的光周期。

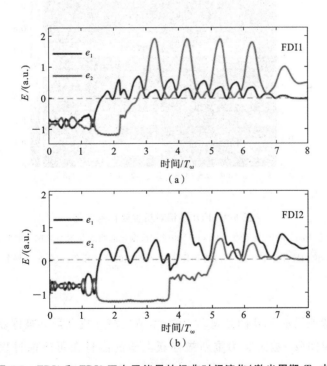

图 6-8　FDI1 和 FDI2 双电子能量的经典时间演化（激光周期 T_ω 内）

FDI2 双电子能量的经典时间演化(激光周期 T_ω 内)。

图 6-9(a)显示了 FDI1 和 FDI2 的概率随 OTC 相对相位变化的曲线。对于 FDI1 事件,具有相对相位依赖性的概率曲线有四个峰,且在 0.1π 和 1.1π 处的峰值低于其他峰值。这类似于 DI 事件,如图 6-9 所示。而对于 FDI2 事件,只有位于 0.1π 和 1.1π 的两个峰存在,其他两个峰完全消失,这导致相对相位为 0.1π 和 1.1π 的 FDI 总产率高于 0.6π 和 1.6π 的 FDI 总产率。因此,FDI2 导致了 FDI 和 DI 之间产量对相对相位的不同依赖关系。

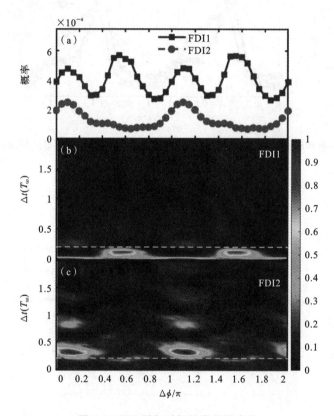

图 6-9　FDI 随相对相位变化的变化

图 6-9(a)是 FDI1 和 FDI2 的概率随 OTC 相对相位变化的曲线。图 6-9(b)是时间延迟(Δt)作为 FDI1 随相对相位的统计分布,图 6-9(c)是 FDI2 随相对相位的统计分布,该分布对每个图上的最大值进行标准化。

为了更清楚地揭示 FDI 的微观动力学,本节反演并找到最终被俘获电子的电离时间。最终电离时间(t_i)被定义为重新被俘获电子的能量在再碰撞过程后变成正的瞬间。图 6-9(b)和图 6-9(c)分别显示了 FDI1 和 FDI2 的最终电离与再碰撞之间的时间延迟(Δt)的统计分布。结果表明,FDI1 的时间延迟主要分布在 0.2 个激光周期内,表明大部分电子 e_1 在再碰撞后立即被释放。而对于 FDI2,时间延迟主要分布在大于 0.2

个激光周期,说明大部分电子 e_2 在再碰撞后仍处于激发态,并在随后的场最大值附近被场电离。

通过对合成激光电场和矢势的分析可以理解 FDI2 对相对相位的产率依赖。忽略库仑势,在再碰撞后仍保持激发态的电子 e_2 末态动能可以表示为

$$E_{\theta_2,\text{final}} \approx \frac{|\vec{p}_d(t_i)|^2}{2} = \frac{A_x(t_i)^2 + A_y(t_i)^2}{2} \tag{6-4}$$

其中:$\vec{p}_d(t_i)$ 为激光场得到的漂移动量;$A_x(t_i)^2$ 和 $A_y(t_i)^2$ 为发射时沿 x 轴和 y 轴的矢势。图 6-10(a)分别显示的是对于 $\Delta\phi = 0\pi$、0.25π、0.5π 的合成电场的振幅(由此得到

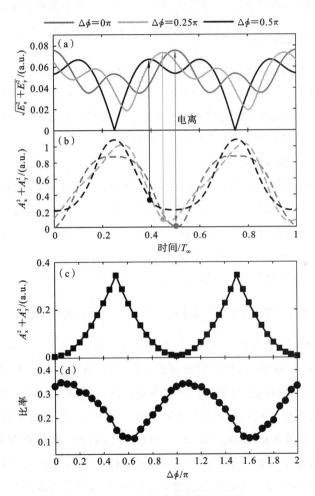

图 6-10 电场及电场矢势示意图

图 6-10(a)表示合成激光电场的振幅 $\sqrt{E_x^2 + E_y^2}$。图 6-10(b)表示相对相位为 $\Delta\phi = 0$、0.25π、0.5π 时对应的 $A_x(t)^2 + A_y(t)^2$,$A_x(t)$ 和 $A_y(t)$ 分别为沿 x 轴和 y 轴的矢量势。图 6-10(c)表示不同相对相位的合成电场峰值对应的 $A_x(t)^2 + A_y(t)^2$。图 6-10(d)表示 FDI2 与 FDI 的概率比率随相对相位变化的曲线。

$\sqrt{E_x^2 + E_y^2}$)。图 6-10(b)显示了相应的矢势 $A_x(t)^2 + A_y(t)^2$。当 $\Delta\phi$ 从 0 增大到 0.5π 时，电场最大值逐渐向左移动。相应的矢势在合成电场最大值处增大。例如，它在 $\Delta\phi = 0\pi$ 时为零，并在 $\Delta\phi = 0.5\pi$ 时增加到 0.3 a.u.。图 6-10(c)显示了合成电场最大值处的矢势 $A_x(t)^2 + A_y(t)^2$ 与相对相位的函数关系。矢势在 0.5π 和 1.5π 处达到最大值。对于 FDI2 通道，电子在最大电场附近被电离。由于长程库仑相互作用，电子最终重新被原子核俘获。电子在电离瞬间，对应的矢势越大，电子的末态动能就越大，越难以被重新俘获。因此，如图 6-9(a)所示，FDI2 事件的产率在相对相位 0.5π 和 1.5π 附近受到强烈抑制。

对于 FDI1 通道，再碰撞后立即释放的电子 e_1 的最终动能可以表示为

$$E_{e_1,\text{final}} \approx \frac{|\overrightarrow{p_r}(t_r) + \overrightarrow{p_d}(t_r)|^2}{2} \approx \frac{v_{x,y}(t_r)^2 + A_{x,y}(t_r)^2}{2} \tag{6-5}$$

其中：$\overrightarrow{p_r}(t_r)$ 为 e_1 再碰撞后的剩余动量；$v_{x,y}(t_r)$ 为 e_1 再碰撞后沿 x 轴和 y 轴的速度。电子 e_1 在再碰撞之后，倾向于有一个不能忽略的较大的速度。在这种情况下，尽管再碰撞后电离时对应的矢势较大，但电子的速度足以匹配大的矢势，导致电子可以有一个小的最终动能，并且被离子的库仑引力重新俘获。因此，FDI1 产率在 0.6π 和 1.6π 时可能出现两个峰值，如图 6-9(a)所示。

以上分析表明，FDI1 和 FDI2 通道对 OTC 场相对相位的依赖性不同。因此，FDI 的通道可以由 OTC 场来控制。图 6-10(d)显示了 FDI2 与 FDI 的概率比率随相对相位变化的曲线。可以看到，在相对相位 $\Delta\phi = 0.5\pi$ 和 1.5π 附近，FDI2 通道受到强烈的抑制，即 FDI 事件主要通过 FDI1 通道发生。

最后，本节分析了重新被俘获电子的能量。在图 6-11(a)中，本节展示了 FDI 重新被俘获电子的有效量子数 n，其中 n 是用公式 $n = \sqrt{\dfrac{-2}{E_f}}$ 计算得到的。结果表明，主量子数也与 OTC 场的相对相位有关，可以看到主要分布在 $n = 8$ 和 $n = 10$ 之间振荡。最大值位于 $\Delta\phi = 0.5\pi$、1.5π 附近，最小值出现在 $\Delta\phi = 0$、π 附近。图 6-11(b)分别显示了相对相位 $\Delta\phi = 0$、0.4π 和 0.5π 俘获的电子最终电离时间的统计分布。在 OTC 场外电场中，电子的偏移主要由 800 nm 脉冲的电场决定。从 800 nm 电场峰值处电离的电子在激光场结束后会有较大的偏移。从图 6-11(b)可以看出，随着相对相位从 0 增大到 0.5π，电离时间分布的峰值逐渐远离 800 nm 场的峰值。相应地，$\Delta\phi$ 从 0 增大到 0.5π，电子与原子核的距离变大，即电子在激发态以较大的轨道重新被俘获。因此，电子保持在较高的量子数 n 的激发态。这意味着 OTC 场也是控制重新被俘获电子激发态的一个有用工具。

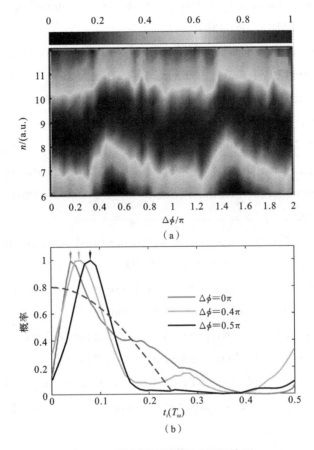

图 6-11 FDI 的量子数及产率示意图

图 6-11(a)表示在 FDI 的有效主量子数分布。图 6-11(b)表示在相对相位 $\Delta\phi = 0, 0.4\pi$ 和
0.5π 下,被俘获电子的最终电离时间的统计分布。灰色虚线曲线表示 800 nm 的电场。

参考文献

[1] Krausz F, Ivanov M. Attosecond physics[J]. Rev. Mod. Phys, 2009, 81(1):
    163-234.

[2] Seres J, Seres E, Verhoef A J, et al. Source of coherent kiloelectronvolt X-rays
    [J]. Nature, 2005, 433(7026): 596.

[3] Paulus G G, Nicklich W, Xu H, et al. Plateau in above threshold ionization spec-
    tra[J]. Phys. Rev. Lett., 1994, 72(18): 2851-2854.

[4] Becker W, Grasbon F, Kopold R, et al. Above-threshold ionization: From classi-
    cal features to quantum effects[J]. Opt. Phys., 2002, 48: 35-98.

[5] Fittinghoff D N, Bolton P R, Chang B, et al. Kulander observation of nonse-

quential double ionization of Helium with optical tunneling[J]. Phys. Rev. Lett., 1992, 69(18): 2642-2645.

[6] Walker B, Sheehy B, Dimauro L F, et al. Precision measurement of strong field double ionization of Helium[J]. Phys. Rev. Lett., 1994, 73(9): 1227-1230.

[7] Liao Qing, Zhou Yueming, Huang Cheng, et al. Multiphoton rabi oscillations of correlated electrons in strong-field nonsequential double ionization[J]. New J. Phys., 2012, 14(1): 013001.

[8] Zhou Yueming, Liao Qing, Lan Pengfei, et al. Classical effects of Carrier-Envelope phase on nonsequential double ionization[J]. Chinese Phys. Lett., 2008, 25 (11): 3950-3953.

[9] Corkum P B. Plasma perspective on Strong-Field multiphoton ionization[J]. Phys. Rev. Lett., 1993, 70(13): 1994-1997.

[10] Wang Bingbing. Coulomb potential recapture effect in Above-Barrier ionization in laser pulses[J]. Chinese Phys. Lett., 2006, 23: 2729.

[11] Nubbemeyer T, Gorling K, Saenz A, et al. Strong-field tunneling without Ionization[J]. Phys. Rev. Lett., 2008, 101(23): 233001.

[12] Manschwetus B, Nubbemeyer T, Gorling K, et al. Strong laser field fragmentation of H_2: coulomb explosion without double ionization[J]. Phys. Rev. Lett., 2009, 102(11): 113002.

[13] Huang Kaiyun, Xia Qinzhi, Fu Libin. Survival window for atomic tunneling ionization with elliptically polarized laser fields[J]. Phys. Rev. A, 2013, 87 (3): 033415.

[14] Liu Hong, Liu Yunquan, Fu Liquan, et al. Low yield of near-zero-momentum electrons and partial atomic stabilization in strong-field tunneling ionization[J]. Phys. Rev. Lett., 2012, 109(9): 093001.

[15] Shomsky K N, Smith Z S, Haan S L. Frustrated nonsequential double ionization: A classical model[J]. Phys. Rev. A, 2009, 79(6): 061402.

[16] Chen A, Price H, Staudte A, et al. Frustrated double ionization in two-electron triatomic molecules[J]. Phys. Rev. A, 2016, 94(4): 043408.

[17] Zhang Wenbin, Yu Zuqing, Gong Xiaochun, et al. Visualizing and steering dissociative frustrated double ionization of hydrogen molecules[J]. Phys. Rev. Lett., 2017, 119(25): 253202.

[18] Larimian S, Erattupuzha S, Baltuška A, et al. Frustrated double ionization of argon atoms in strong laser fields[J]. Phys. Rev., 2020, 2(1): 013021.

[19] Emmanouilidou A, Lazarou C, Staudte A, et al. Routes to formation of highly excited neutral atoms in the breakup of strongly driven H_2[J]. Phys. Rev. A, 2012, 85(1): 011402.

[20] Pfeiffer A N, Cirelli C, Landsman A S, et al. Probing the longitudinal momentum spread of the electron wave packet at the tunnel exit[J]. Phys. Rev. Lett., 2012, 109(8): 083002.

[21] Sun Xufei, Li Min, Yu Jizhou, et al. Calibration of the initial longitudinal momentum spread of tunneling ionization[J]. Phys. Rev. A, 2014, 89(4): 045402.

[22] Camus N, Yakaboylu E, Fechner L, et al. Experimental evidence for quantum tunneling time[J]. Phys. Rev. Lett., 2017, 119(2): 023201.

[23] Tian J, Wang X, Eberly J H. Numerical detector theory for the longitudinal momentum distribution of the electron in strong field ionization[J]. Phys. Rev. Lett., 2017, 118(21): 213201.

[24] Xu Ruihua, Li Tao, Wang Xu. Longitudinal momentum of the electron at the tunneling exit[J]. Phys. Rev. A, 2018, 98(5): 053435.

[25] Sayler A M, Mckenna J, Gaire B, et al. Measurements of intense ultrafast laser-driven D^{3+} fragmentation dynamics[J]. Phys. Rev. A, 2012, 86(3): 033425.

[26] Zhang Wenbin, Li Hui, Gong Xiaochun, et al. Tracking the electron recapture in dissociative frustrated double ionization of D_2[J]. Phys. Rev. A, 2018, 98: 013419.

[27] Xu Tongtong, Gong Weijiang, Zhang Lianlian, et al. Frustrated nonsequential double ionization of Ar atoms in counter-rotating two-color circular laser fields[J]. Opt. Express, 2020, 28: 7341-7349.

[28] Kang Huipeng, Chen Shi, Chen Jing, et al. Frustrated double ionization of atoms in circularly polarized laser fields[J]. New J. Phys., 2021, 23: 033041.

[29] Kim I J, Kim C M, Kim H T, et al. Highly efficient high-harmonic generation in an orthogonally polarized two-color laser field[J]. Phys. Rev. Lett., 2005, 94: 243901.

[30] Brugnera L, Hoffmann D J, Siegel T, et al. Trajectory selection in high harmonic generation by controlling the phase between orthogonal two-color fields[J]. Phys. Rev. Lett., 2011, 107: 153902.

[31] Gong Xiaochun, He Peilun, Song Qiying, et al. Two-Dimensional directional proton emission in dissociative ionization of H_2[J]. Phys. Rev. Lett., 2014, 113: 203001.

[32] Richter M, Kunitski M, Schöffler M, et al. Streaking temporal double-slit interference by an orthogonal two-color laser field[J]. Phys. Rev. Lett. , 2015, 114: 143001.

[33] Zhou Yueming, Huang Cheng, Tong Aihong, et al. Correlated electron dynamics in nonsequential double ionization by orthogonal two-color laser pulses[J]. Opt. Express, 2011, 19(3): 2301-2308.

[34] Yuan Zongqiang, Ye Difa, Xia Qinzhi, et al. Intensity-dependent two-electron emission dynamics with orthogonally polarized two-color laser fields[J]. Phys. Rev. A, 2015, 91: 063417.

[35] Zhou Yueming, Huang Cheng, Liao Qing, et al. Control the revisit time of the electron wave packet[J]. Opt. Lett. , 2011, 36(15): 2758-2760.

[36] Zhang Li, Xie Xinhua, Roither S, et al. Subcycle control of electron-electron correlation in double ionization[J]. Phys. Rev. Lett. , 2014, 112: 193002.

7

高次谐波和阿秒激光的产生

　　人类探索自然界的脚步永不停止,推动着科学技术的发展与进步;科学技术的发展与进步也不断地在反馈,推动着人类探索的步伐逐渐深入。在向科学顶峰攀登的征途中,探测物质内部结构是科学家们的主要目标之一。以往的研究中,粒子散射和碰撞过程曾是研究者们采用的经典手段。最早的散射实验可以追溯到 1880—1890 年 Goldstein 和 Thomson 在研究高真空阴极射线管放电性质时的相关工作[1]。在此基础上,Thomson 于 1897 年发现了电子,否定了最初由 Dalton 提出的原子道尔顿模型(Dalton's Atomic Structure Model,又称实心球模型),并试图以梅子布丁模型(Plum Pudding Model,又称枣糕模型)描述原子结构,并尝试从散射的实验测量中估计原子内部的电子数量。1906 年,Rutherford 在云母片的散射实验中发现了 α 粒子[2, 3],该实验帮助 Rutherford 确定了原子核结构,创建了卢瑟福模型(Rutherford Model,又称行星模型),这是一个非常有趣的实验,即粒子之间的碰撞可以揭示物质的结构信息。

　　实际上,在科学家们研究微观世界的过程中,散射和碰撞现象在很多飞跃性的发现中都起着至关重要的作用[4]。如今,人们已经比较清楚地了解了物质的内部结构,并获得了纳米(Nanometer,nm,10^{-9} m)甚至更好的空间分辨率。但是,探测到的物质结构还远远没有达到研究者们的终极目标,进一步理解和控制微观物质的动力学过程是研究者们永恒的梦想[5-8]。根据量子力学和测不准原理[9],可以得到

$$\Delta E \cdot \Delta t \sim \hbar \tag{7-1}$$

因此,当电子能量达到 3.83 eV 以上时,电子运动周期即达到阿秒(Attosecond,as,10^{-18} s)时间尺度。图 7-1 所示为微观世界不同物理过程的特征尺度。通常情况下,在物质相互作用(如化学反应)过程中,物质内部的动态过程在本质上都来自电子的运动。这些电子运动的空间尺度处于埃(Ångström,Å,10^{-10} m)甚至亚埃量级,时间尺度为几十阿秒到几十飞秒(Femtosecond,fs,10^{-15} s),对这些电子运动的了解是解释所有物理、化学和生物现象的基础[10-17]。因此,将亚埃空间分辨率和阿秒时间分辨率进行结

合,即超快四维成像技术[18,19],有望实现人类了解和掌握微观世界中极端超快现象的梦想。长期以来,为了获得更高的时间和空间分辨率,捕捉更快的物理过程,研究者们致力于产生持续时间更短的激光脉冲。直到输出脉冲宽度(Full Width at Half-Maximum,FWHM)为飞秒量级的激光器出现,为人们提供了强大的研究手段,可以在原子尺度探测原子、分子超快动力学过程。自此,电子超快动力学过程的神秘面纱正在逐渐被研究者们揭开。

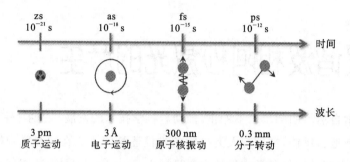

图 7-1 微观世界不同物理过程的特征尺度

7.1 激光技术的发展及应用

7.1.1 激光技术的发展

工欲善其事,必先利其器。自从 1960 年人类获得第一束激光以来[20],作为科学研究中的重要工具之一,激光技术的每一次阶段性发展都带动着相关领域全新科学的发展[21]。

1917 年,Einstein 提出的受激辐射理论指出一个光子可以激发原子辐射出一个相同的光子[22],这就隐示了受激发射实现光放大(Light Amplification by Stimulation Emission af Radiation,Laser),即导致激光产生的理论基础。1953 年,美国物理学家 Townes 发明了微波放大器(Microwave Amplification by Stimulation Emission of Radiation,Maser),被称为激光器的前身[23]。1960 年,美国工程师 Maiman 首次在红宝石激光器中产生了波长为 694.3 nm、脉冲宽度为几百微秒(Microseconds,μs,10^{-6} s)的激光脉冲[20],从此开启了激光时代的大门。一年之后,Hellwarth 发明的调 Q 技术(Q-switching)[24]使激光脉冲宽度降低了四个数量级,获得了脉冲宽度为纳秒(Nanosecond,ns,10^{-9} s)量级的激光脉冲。随后,随着激光锁模(Mode Locking)技术[25,26]的发展和激光增益介质的应用[27],激光脉冲宽度又降低了四个数量级,人们可以获得脉冲宽度为皮秒(Picosecond,ps,10^{-12} s)甚至亚皮秒量级的激光脉冲。1985 年,随着啁啾脉冲放大技术(Chirped Pulse Amplification,CPA)[28,29]的发展,激光技术取得了突破性的进展,人们获得了脉冲宽度为飞秒量级、可聚焦功率密度超过 10^{15} W/cm² 量级的超短脉冲。同时,钛蓝宝石作为激光增益介质[30-32]的应用,实现了激光辐射脉冲中心波长在 800 nm 左右,并且在 680~1100 nm 连续可调。由于本身就拥有良好的物理和化学性质,钛蓝宝石被誉为最优秀的超快激光光源,钛蓝宝石激光技术也因此被誉为激光器发展中的革命性突破。如图 7-2 所示为激光脉冲宽度随时间的推进历程[39]。

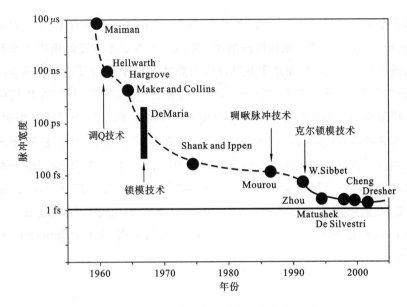

图 7-2 激光脉冲宽度随时间的推进历程[39]

　　20 世纪 90 年代初,W. Sibbet 等人提出的克尔锁模(Kerr Lens Mode-locking,KLM)技术[33-35]保证了飞秒量级激光脉冲具有振幅稳定和光谱平滑的特性,迅速推动了超快激光研究领域的发展进程,方便了飞秒激光器在实验室的搭建和在科学研究中的应用。例如,利用飞秒激光驱动原子、分子产生的诸多强场物理过程,如阈上电离[36]、分子解离[37]和高次谐波产生[38]等。其中飞秒激光与介质相互作用过程中,辐射的高次谐波正是目前产生脉冲宽度为阿秒量级脉冲的重要技术手段。

　　2001 年,奥地利维也纳大学的 Krausz 等人首次在实验上通过高次谐波产生了脉冲宽度为 650 阿秒的阿秒脉冲[40],同年,Paul 等人在实验上通过高次谐波产生了脉冲宽度为 250 as 的阿秒脉冲链[41];2004 年,Krausz 等人在实验上产生了脉冲宽度为 250 as 的孤立阿秒脉冲[7]。2006 年,Sansone 等人利用偏振门的方法,在实验上产生了脉冲宽度为 130 as 的孤立阿秒脉冲[43]。2008 年,Krausz 等人利用少光周期(3.3 fs)激光脉冲,在实验上产生了脉冲宽度为 80 as 的孤立阿秒脉冲[44]。2012 年,佛罗里达大学的 Chang 等人产生了脉冲宽度为 67 as 的孤立阿秒脉冲[45],并在 2017 年将脉冲宽度进一步缩短至 53 as[46];同年,苏黎世联邦理工学院的 Gaumnitz 等人成功获得了目前最短脉冲宽度的阿秒脉冲——43 as 的孤立阿秒脉冲[47]。这些通过高次谐波技术获得的阿秒脉冲,其中心波长一般在极紫外光(XUV)波段,脉冲宽度已经逼近原子时间(24 as)尺度。因此,利用传统手段无法观察和操控电子动力学过程,可以通过阿秒脉冲获得前所未有的时间分辨率来进行研究。

7.1.2 激光技术的应用

在激光器的发展过程中,一方面激光脉冲的脉冲宽度在不断缩短,另一方面激光脉冲的强度(或聚焦功率密度)也在逐渐增强。如图 7-3 所示为激光聚焦功率密度随时间发展的推进历程[48]。目前,超强激光脉冲的聚焦功率密度最高可达 10^{20} W/cm^2 量级,这一目前在实验室就可以创造的物理条件,在激光器产生之前还只能在核爆的中心区域或者恒星星体的内部等极端物理环境中找到。反观原子内部,以氢原子为例,基态玻尔轨道上库仑场所对应的功率密度为 3.5×10^{16} W/cm^2,远低于实验室所能达到的激光最大聚焦功率密度。如此极端的激光条件与原子、分子相互作用,会发生一系列无法利用微扰理论解释的物理现象。图 7-4 所示为不同激光强度下的分子行为,随激光强度增加依次为激光诱导分子排列(Molecular Alignment)、分子结构变化(Structural Deformation)、库仑爆炸(Coulomb Explosion)、X 射线辐射(X-ray Emission)和核聚变(Nuclear Fusion)。

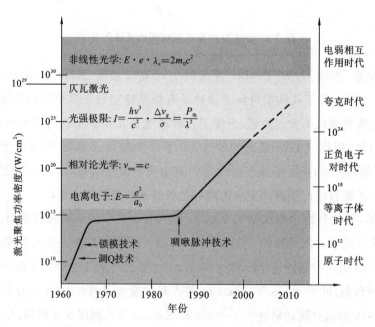

图 7-3 激光脉冲聚焦功率密度随时间的推进历程[48]

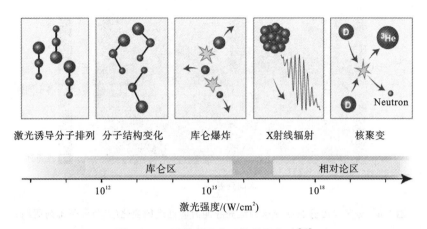

图 7-4 不同激光强度下的分子行为[49]

下面着重介绍超强激光脉冲在探测分子结构中的几种应用。

（1）当激光强度接近但是尚未达到原子、分子内部库仑场强时，原子、分子在超短激光场中的物理过程可以用微扰理论解释。例如，图 7-5（a）为无外场作用下处于各向同性的分子系综，当一束线性偏振激光场与其作用时，激光场在分子中诱导产生感生偶极矩，激光场与感生偶极矩相互作用，进而引入对分子的扭力，使处于不同角度的分子发生转动[50]。图 7-5（b）（c）分别表示在激光诱导下，分子系综处于排列（分子轴方向与激光偏振方向趋于平行）和反排列（分子轴方向与激光偏振方向趋于垂直）时刻的分子角分布。一般情况下，超短飞秒激光的脉冲宽度 τ（几十到一百飞秒）小于分子的转动周期 T（几到几十皮秒），此时激光诱导的分子排列为非绝热排列，即激光脉冲（预排列激光脉冲）与分子相互作用结束后，分子在无外场作用下可以周期性地重现排列状态，如图 7-6 所示。用另外一束超强激光脉冲（驱动激光脉冲）作用于无外场条件下周期性重现的排列分子，可以在不受预排列激光脉冲的影响下，研究驱动激光脉冲与处于排列状态分子相互作用的物理过程。

（a）随机分布　　　　（b）处于排列时的分子角分布　　　（c）处于反排列时的分子角分布

图 7-5 分子三维角分布

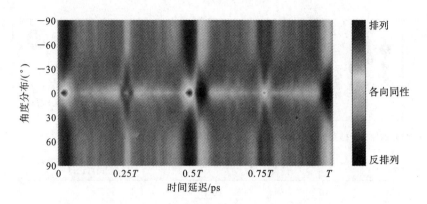

图 7-6　分子角度分布随预排列激光脉冲时间延迟的变化（T 为分子排列周期）

　　（2）当激光强度达到与原子内部库仑场强度相当时，原子在激光场中的物理过程便不能再用微扰理论解释。在外加激光电场强度足够强时，处于最外层的价电子和原子实之间的库仑场与外电场叠加，严重压低了电子一侧的库仑势垒，使得价电子在压低的势垒中通过隧穿效应从原子核周围脱离出去，这一过程即为隧穿电离（Tunneling Ionization）。除隧穿电离之外，在强激光场中原子电离机制还包含多光子电离（Multiphoton Ionization）。但是在研究中采用的激光脉冲中心波长在近红外光波段，聚焦功率密度一般在 10^{14} W/cm^2 量级，在这一条件下原子主要发生的是隧穿电离。根据 Ammosov、Delone、Krainov 提出的 ADK 理论[52]，电离主要发生在驱动激光脉冲周期的几分之一时间内，因此电离发生的过程中驱动激光脉冲电场可以认为是准静态的。在电场功率密度一定的情况下，原子的电离概率主要由原子本身的电离势决定。与原子相比，分子具有更加复杂的空间结构以及轨道分布，因此分子以不同空间角度处于电场中时，其电离概率是不一样。图 7-7 是几种分子的电离概率角分布，可以看出分子的电离概率角分布与分子结构和轨道分布有着强烈的依赖关系，分子排列在不同角度上的电离概率存在非常明显的差异。此外，隧穿电离出去的电子在激光电场的作用下运动，如图 7-8(a)所示，大部分被电离的电子无法向母核回复，在外电场结束后仍然保持较大的动能；但是有少部分电子能够向母核回复，并携带一定的动能与母核发生碰撞，同时激发出高能光子（见图 7-8(b)），这一过程即为高次谐波辐射。高次谐波产生的过程可以用如图 7-9 所示的半经典三步模型（Semiclassical Three-step Model）[38]解释，具体如下。

　　① 激光电场压低处于基态的电子一侧的库仑势垒，电子从母核周围的势垒中隧穿出去。

　　② 从库仑势垒中隧穿出来的电子在激光电场中可以看作经典粒子，遵从牛顿力学规律，以单色线偏振激光电场为例，激光电场可以表示为

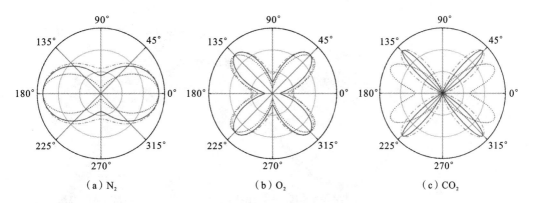

图 7-7　几种分子的电离概率角分布[51]

图 7-7(a)表示 N_2 分子的电离概率角分布,0°表示分子轴方向。实线和虚线是实验测量结果,其中实线是不考虑产生库仑爆炸的激光脉冲对排列分子影响情况的结果,虚线是考虑产生库仑爆炸的激光脉冲对排列分子影响情况的结果,点线是利用分子 ADK 理论计算的结果。图 7-7(b)表示 O_2 分子的电离概率角分布。图 7-7(c)表示 CO_2 分子的电离概率角分布。

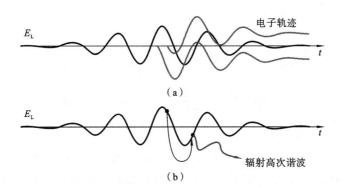

图 7-8　电子在激光电场中的运动

$$E(t) = E_0 \cos(\omega_0 t) \tag{7-2}$$

其中:E_0 和 ω_0 分别为激光电场的振幅和频率。假设电子在 t_i 时刻发生电离,电子位移为 x,电子初始速度和位移均为 0,则任意时刻 t 电子的运动状态可以表示为

$$\frac{d^2 x}{dt^2} = -\frac{e}{m_e} E(t) = -\frac{e}{m_e} E_0 \cos(\omega_0 t) \tag{7-3}$$

$$\frac{dx}{dt} = -\frac{e E_0}{m_e \omega_0} \left[\sin(\omega_0 t) - \sin(\omega_0 t_i)\right] \tag{7-4}$$

$$x(t) = \frac{e E_0}{m_e \omega_0^2} \left\{ \left[\cos(\omega_0 t) - \cos(\omega_0 t_i)\right] + \omega_0 \sin(\omega_0 t_i)(t - t_i) \right\} \tag{7-5}$$

③ 在特定时刻,电离出去的电子能够在激光电场的作用下向母核回复,并在 t_r 时刻与母核发生碰撞($x=0$),激发出一个光子(即高次谐波),光子的能量为

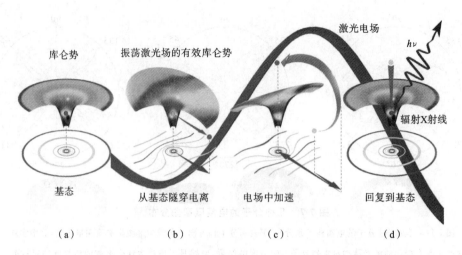

（a）　　　　　　　　（b）　　　　　　　（c）　　　　　　　（d）

图 7-9　线偏光驱动高次谐波产生的半经典三步模型[53]

图 7-9(a)表示激光电场引起原子、分子库仑势降低，电子发生隧穿电离。图 7-9(b)表示电子在激光
场作用下加速远离母核。图 7-9(c)表示激光电场反向时，电子被加速向母核回复。图 7-9(d)表示电子
与母核复合，同时辐射出高次谐波。

$$\hbar\omega_n = I_p + \frac{1}{2}mv^2(t_r) = I_p + 2U_p[\sin(\omega_0 t_r) - \sin(\omega_0 t_i)]^2 \tag{7-6}$$

其中：I_p 为原子、分子的电离能；$U_p = \dfrac{e^2 E_0^2}{4m_e\omega_0^2}$ 为电子在电场中运动一个周期所获得的平均能量，即有质动力能。

求解式(7-5)和式(7-6)可知，高次谐波的光子能量，即谐波阶次与电子电离时刻（或回复时刻）存在一一对应关系。图 7-10 为典型的气体高次谐波光谱，即存在微扰区、平台区和截止区，且截止区位置满足关系式：$\hbar\omega_{cutoff} = I_p + 3.17U_p$。图 7-11 为实验测得的平台区高次谐波信号。

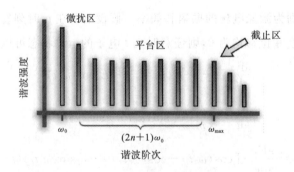

图 7-10　典型的气体高次谐波光谱

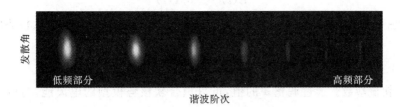

图 7-11　实验测得的平台区高次谐波信号

（3）当激光聚焦功率密度达到 10^{18} W/cm² 甚至更高时，需要考虑相对论效应，本文研究不涉及这一区域，不做详细讨论。

7.2　高次谐波产生的理论模型

7.2.1　求解含时薛定谔方程

半经典的三步模型虽然对理解高阶阈上电离和高次谐波产生的强场过程给出了很好的物理图景，也解释了实验上观测到的高次谐波产生中的部分现象，但是对量子效应（如电子波包在空间中传播的扩散等）却无法给出解释。为了全面地考虑相关物理过程中的量子效应，可以采用求解含时薛定谔方程的方法来描述电子波包在强激光场驱动下的演化过程。由于每个电子都具有 N 个坐标（N 为含时薛定谔方程所描述的空间维度），而通常所研究的原子或分子系统中都具有十几甚至数十个电子，想要数值求解描述全部电子的含时薛定谔方程对计算机的计算能力以及存储容量要求过大，几乎是不可能实现的。因此需要通过一些合理的近似来简化所要求解的含时薛定谔方程。而在所研究的范围内，可以采用单电子近似。这一近似认为原子、分子系统只有最外层的一个电子是活跃的，而其他的内层电子都被"冻结"起来，因而人们只需要求解针对这一个活跃电子的单电子含时薛定谔方程。

对于阈上电离和高次谐波产生等强场过程，所采用的典型激光强度在 $10^{13} \sim 10^{15}$ W/cm² 范围内，这一强度远低于相对论强度，因而无需考虑相对论效应。同时，所采用的激光波长为 $400 \sim 2000$ nm，远大于所研究的原子、分子体系的空间尺度，电场在激光与电子相互作用的空间内可以看作与空间无关的量。在原子单位下，长度和速度规范下的单电子波函数分别为

$$i \frac{\partial \psi(\boldsymbol{r}, t)}{\partial t} = \left[-\frac{1}{2} \boldsymbol{\nabla}^2 + \boldsymbol{r} \cdot \boldsymbol{E}(t) + V(\boldsymbol{r}) \right] \psi(\boldsymbol{r}, t) \tag{7-7}$$

$$i \frac{\partial \psi(\boldsymbol{r}, t)}{\partial t} = \left\{ \frac{1}{2} \left[-i \boldsymbol{\nabla} + \boldsymbol{A}(t) \right]^2 + V(\boldsymbol{r}) \right\} \psi(\boldsymbol{r}, t) \tag{7-8}$$

$\boldsymbol{A}(t)$ 是电场的矢势，且

$$\boldsymbol{E}(t) = -\partial_t \boldsymbol{A}(t) \tag{7-9}$$

在哈密顿量中，为了避免库仑势在原点的奇点问题，势能函数采用软核势代替：

$$V(\boldsymbol{r}) = -\frac{1}{\sqrt{r^2 + a}} \tag{7-10}$$

其中：a 是软核参数。通过调整 a 的值，可以拟合软核势模型的电离能，与所研究的原子或分子的电离能相同。

数值上求解含时薛定谔方程的含时演化有多种方法，其中主要用到的有谱方法和差分法。无论采用何种方法，求解含时薛定谔方程的初态可以通过"虚时间演化法"求得，即将时间步长 dt 变成 $i\,dt$ 进行演化，当演化的波函数稳定后便得到了不含激光场情况下的系统基态，这个基态便可作为求解含时薛定谔方程的初态。

当数值演化到激光场与原子、分子系统相互作用结束之后，通过对演化得到的电子波函数进行傅里叶变换，或者投影到连续态上获得投影系数，便可以得到相应的阈上电离光电子动量谱。为了求解这一过程中产生的高次谐波谱，可以通过求出原子、分子的含时偶极矩（假设激光偏振方向沿 x 方向）

$$x(t) = \langle \psi(x,t) | x | \psi(x,t) \rangle \tag{7-11}$$

并对 $x(t)$ 求二阶导得到偶极加速度 $a(t)$，最后对 $a(t)$ 进行傅里叶变换得到高次谐波谱（见图 7-12）：

$$S_q \sim \left| \int a(t) \exp(-iq\omega_L t) \right|^2 \tag{7-12}$$

其中：q 表示谐波阶次；ω_L 是驱动激光的角频率。另外，根据 Ehrenfest 定理，偶极加速度也可以通过下式直接求得：

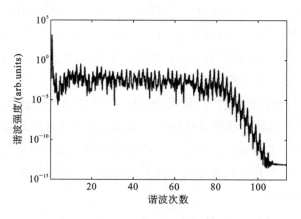

图 7-12 高次谐波谱

求解含时薛定谔方程得到的高次谐波谱所采用的激光参数是波长为 800 nm、激光强度为 5×10^{14} W/cm²，脉冲形式采用的是一个全宽为 10 个光周期的梯形脉冲，上升沿和下降沿分别为 3 个光周期。

$$a(t) = \langle \psi(x,t) \left| -\frac{\partial V_0(x)}{\partial x} + E(t) \right| \psi(x,t) \rangle \qquad (7\text{-}13)$$

7.2.2 强场近似模型

一方面,高次谐波的产生可以通过半经典三步模型[38]清晰地描述,但是半经典三步模型仅定性地给出了高次谐波产生过程。另一方面,虽然求解含时薛定谔方程的方法可以很好地解释强场物理中的问题,可是即使采用单电子近似,含时薛定谔方程的数值求解仍然对计算能力的要求十分巨大,完成一次求解需要很长的时间。同时,采用这样的方案不能考虑强场过程中的多电子效应。为了解决这些问题,1994 年在半经典三步模型的基础上,Lewenstein 等人提出了全量子理论的强场近似模型(Strong Field Approximation,SFA),也称 Lewenstein 模型[54],并定量地解释了高次谐波的产生过程。

对于线性偏振的单色激光场 $\boldsymbol{E} = (E_x, 0, 0)$,在长度规范(Length Gauge)下哈密顿量可以表示为

$$H = H_0 + V(t) = H_0 + x E_x(t) \qquad (7\text{-}14)$$

其中:H_0 是无外场作用下电子的哈密顿量;$x E_x(t)$ 是电偶极相互作用;$\hat{x}$ 是激光电场的偏振方向。含时薛定谔方程可以描述为

$$i\frac{\partial}{\partial t}|\psi(x,t)\rangle = H|\psi(x,t)\rangle = [H_0 + x E_x(t)]|\psi(x,t)\rangle \qquad (7\text{-}15)$$

$\psi(x,t)$ 是随时间变化的电子波函数。$\hat{x}$ 方向的含时电偶极矩为

$$x(t) = \langle \psi(x,t)|x|\psi(x,t)\rangle \qquad (7\text{-}16)$$

对 $x(t)$ 求二阶导,得到偶极加速度 $a(t)$,对 $a(t)$ 进行傅里叶变换,即得到高次谐波强度分布:

$$I_{\text{HHG}}(q) \propto \left| \int a(t) \exp(-iq\omega t) \mathrm{d}t \right|^2 \qquad (7\text{-}17)$$

为了简化波函数的计算,强场近似模型做出了以下三个假设。

(1) 仅考虑基态 $|0\rangle$,忽略其他所有束缚态的贡献。

(2) 假定介质的电离较弱,从而忽略基态的损耗。

(3) 电子被电离之后,忽略母核库仑势对它的影响,认为在电场中运动的电子是自由电子。

基于这三条假设,含时波函数可以写为

$$|\psi(t)\rangle = \exp(iI_p t)\left[B(t)|0\rangle + \int d^3\boldsymbol{v}\, b(\boldsymbol{v},t)|\boldsymbol{v}\rangle \right] \qquad (7\text{-}18)$$

根据假设(2),忽略基态损耗,所以基态振幅 $B(t) = 1$。I_p 是电离能,$|\boldsymbol{v}\rangle$ 是动量为 $\boldsymbol{v}$ 的连续态电子波包,$b(\boldsymbol{v},t)$ 是连续态的振幅。

引入正则动量,即

$$p = v + A(t) \tag{7-19}$$

其中：$A(t)$是激光场的矢势。将式(7-18)和式(7-19)代入式(7-15)，则连续态振幅可以表示为

$$b(\boldsymbol{v}, t) = i\int_0^t \mathrm{d}t' E_\mathrm{x}(t') d_\mathrm{x}(\boldsymbol{p} - \boldsymbol{A}(t'))$$

$$\cdot \exp\left\{-i\int_{t'}^t \mathrm{d}t'' [(\boldsymbol{p} - \boldsymbol{A}(t'))^2/2 + I_\mathrm{p}]\right\} \tag{7-20}$$

$\boldsymbol{d}(\boldsymbol{v}) = \langle \boldsymbol{v} | \boldsymbol{r} | 0 \rangle$是基态到连续态的偶极跃迁矩阵元，$d_\mathrm{x}$是$\boldsymbol{d}(\boldsymbol{v})$平行偏振轴的分量。因此，含时偶极矩的$x$分量可以表示为

$$x(t) = \langle \psi(x, t) | x | \psi(x, t) \rangle = \int \mathrm{d}^3 v d_\mathrm{x}(\boldsymbol{v}) b(\boldsymbol{v}, t) + \mathrm{c.c.}. \tag{7-21}$$

即

$$x(t) = i\int_0^t \mathrm{d}t' \int \mathrm{d}^3 \boldsymbol{p} E_\mathrm{x}(t') d_\mathrm{x}(\boldsymbol{p} - \boldsymbol{A}(t'))$$

$$\cdot \exp[-iS(p, t, t')] \cdot d_\mathrm{x}^*(\boldsymbol{p} - \boldsymbol{A}(t)) + \mathrm{c.c.}. \tag{7-22}$$

其中：$S(p, t, t')$是描述电子在激光场中运动的经典作用量，具体可以表示为

$$S(p, t, t') = \int_{t'}^t \mathrm{d}t'' [(\boldsymbol{p} - \boldsymbol{A}(t'))^2/2 + I_\mathrm{p}] \tag{7-23}$$

式(7-22)可以很好地解释为下列过程总的贡献：① $E_\mathrm{x}(t') d_\mathrm{x}(\boldsymbol{p} - \boldsymbol{A}(t'))$是电子在$t'$时刻由基态跃迁并跃迁到动量为$\boldsymbol{v}$的连续态的跃迁概率；② $\exp[-iS(p, t, t')]$是连续态电子波包在激光场作用下获得的相位因子；③$d_\mathrm{x}^*(\boldsymbol{p} - \boldsymbol{A}(t))$是分子回复偶极矩。

将式(7-22)代入式(7-17)即可得到高次谐波强度分布。以上是强场近似模型在长度规范下的推导过程，在速度规范下的推导过程与在长度规范下的类似，故不赘述。

7.3　阿秒激光的产生

7.3.1　阿秒脉冲链的产生

在时域上，高次谐波的产生过程每半个驱动激光场光周期重复一次，如图 7-13 所示，呈现出链状分布。但是在每半个光周期内的高次谐波辐射过程中，不同阶次高次谐波的辐射过程集中在非常小的一段时间内完成。例如，对于中心波长为 800 nm 的驱动激光场，其相邻阶次高次谐波的辐射时间差可达 100 as 量级，而电子电离时间差更是可达 10 as 量级[55, 56]。因此，利用高次谐波技术探测物理过程具有超高的时间分辨率。同时，在高次谐波辐射过程中，电子能量一般分布在几十甚至几百电子伏(eV)，其德布罗意波长可达埃(Å，10^{-10} m)甚至亚埃量级[57]。因此，利用高次谐波的辐射过程还可以实现超高的空间分辨率[58]。

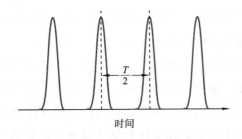

时间

图 7-13 高次谐波在时域呈现链状分布，每半个光周期重复一次（T 表示基频驱动场光周期）

鉴于高次谐波的超高时间和空间分辨率，近年来基于高次谐波发展的一系列阿秒探测技术已经使人们能够在电子尺度下研究原子、分子中的超快动力学过程，如观测原子内层电子电离和俄歇衰变过程[59-61]，电离时间问题[62, 63]，以及控制分子解离过程中的电子局域态和测量分子中电荷迁移、分子中价电子运动状态[64, 65]，甚至测量更加复杂的碘乙炔、苯基丙氨酸分子内部电荷迁移过程[66, 67]。同时高次谐波辐射过程中的"自探测"过程也被应用于探测原子、分子结构信息，如测量分子核间距[55, 56, 68]、探测分子最高占据轨道[69-76]、探测分子转动波包[77, 78]等。近年来，在不同固体材料中也普遍观察到了高次谐波产生现象[79-82]。固体高次谐波产生为研究固体材料中的超快动力学过程和探测电子能带结构提供了新的思路。此外，高次谐波由于其良好的相干性以及较宽的频谱分布，也是产生阿秒脉冲的有效途径。然而受困于驱动激光场的周期性振荡，一般情况下利用高次谐波产生的阿秒脉冲在时域上呈现出链状分布，即阿秒脉冲链（图 7-13）。阿秒脉冲链应用在超快泵浦-探测过程中时使得时间分辨率大大受限，因此如何产生单个的阿秒脉冲（即孤立阿秒脉冲）具有十分重要的意义。

7.3.2 孤立阿秒脉冲的产生

在多光周期单色激光脉冲驱动下，高次谐波每半个光周期辐射一次，可以形成一串阿秒脉冲。如果使激光脉冲与介质相互作用时只辐射一次高次谐波，例如使用少光周期驱动场，那么在原理上可以产生孤立阿秒脉冲。最初在实验上获得的孤立阿秒脉冲正是通过少光周期驱动场与气体相互作用，在截止区附近获得只有半个光周期贡献的高次谐波谱来合成的。少光周期驱动场方案是一种原理最简单的产生孤立阿秒脉冲的方案，但是其要求驱动激光脉冲载波包络相位稳定，并且只有截止区附近的高次谐波可以用来合成孤立阿秒脉冲，因此产生的孤立阿秒脉冲能量较低，限制了孤立阿秒脉冲的应用。通过控制驱动激光脉冲与介质相互作用时的电离过程，使电离只发生在半个光周期内，也是一种利用截止区附近高次谐波合成孤立阿秒脉冲的方案，即"电离门（Ionization Gating）"技术[83]。另外，人们借助高次谐波辐射过程对驱动激光脉冲偏振的依赖特性，提出了"偏振门（Polarization Gating）"机制[43, 84, 85]。"偏振门"技术是通过对驱动激光脉冲进行光场调控，使光场在极小的一段时间内线性偏振，辐射高次谐波，在该时间段以外均是圆偏振，不辐射高次谐波，因此可以产生孤立阿秒脉冲。在此基础上，Chang 等人还发展了"双光门（Double Optical Gating）"技术[45, 86-88]，使多光周期驱动场也可以产生孤立阿秒脉冲，进一步降低了产生孤立阿秒脉冲对驱动激光脉冲脉宽的要求。此外，人们也提出了一系列双色场方案来产生孤立阿秒脉冲[88-98]，以及通过对驱动激光脉冲空间波前的调控，进而从空间上分离出孤立阿秒脉冲的技术方案。随着以上技术的发展，人们在实验上获得的孤立阿秒脉冲脉宽在不断减小，如图 7-14 所示。目前孤立阿秒脉冲的最短脉宽已达 43 as[47]。因此，孤立阿秒脉冲为研究传统手段无法观察和操控的物质内部超快过程提供了前所未有的有力工具。

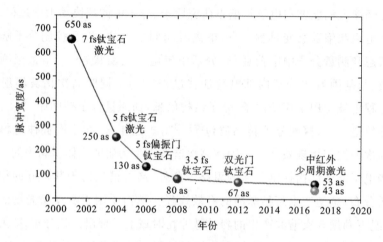

图 7-14　孤立阿秒脉冲的代表性成果

孤立阿秒脉冲的脉宽在不断减小。

基于阿秒脉冲的超快探测和调控打开了从电子层面认识微观世界的大门。尤其是随着近年来阿秒脉冲的应用逐渐由原子、分子气体拓展至固体，不仅为揭示固体内部电子动力学开辟了新途径，而且时域上阿秒操控对应于频域上拍赫兹（10^{15} Hz）操控，阿秒技术使得固体内部电子超高频率的操控成为可能，这也被认为是光电信息处理向拍赫兹发展的关键基础问题[99]。

阿秒脉冲除了脉宽之外，偏振是其另一个非常重要的特性，如阿秒脉冲的椭偏率在阿秒脉冲的应用中也具有非常重要的价值。圆偏振或椭圆偏振的阿秒脉冲在强场物理领域可以实现探测亚飞秒时间尺度的手性相互作用和磁性材料中的电子动力学过程，以及研究电子自旋等超快动力学过程。

参考文献

[1] Thomson J. Bakerian lecture：Rays of positive electricity[J]. Proceedings of the

Royal Society of London Series A，1913，89(607)：1.

[2] Geiger E M. On a diffuse reflection of the α-particles[J]. Proceedings of the Royal Society of London Series A，1909，82(557)：495.

[3] Rutherford E. The scattering of α and β particles by matter and the structure of the atom[J]. Lond. Edinb. Dublin Philos. Maj. J. sci.，1911，21(125)：669-688.

[4] Corkum P B. Recollision physics[J]. Phys. Today，2011，64(3)：36-41.

[5] Niikura H，Corkum P B. Attosecond and Ångström science[J]. Adv. At.，Mol. Opt. Phys.，2007，54：511-548.

[6] Ivanov M Y，Kienberger R，Scrinzi A，et al. Attosecond physics[J]. J. Phys. B，2006，39(1)：R1-R7.

[7] Smirnova O，Ivanov M. Towards a one-femtosecond film[J]. Nat. Phys.，2010，6(3)：159-160.

[8] Calegari F，Sansone G，Stagira S，et al. Advances in attosecond science[J]. J. Phys. B，2016，49(6)：062001.

[9] 曾谨言. 量子力学：卷 I [M]. 4 版. 北京：科学出版社，2007.

[10] Wörner H J，Bertrand J B，Kartashov D V，et al. Following a chemical reaction using high-harmonic interferometry[J]. Nature，2010，466(7306)：604-607.

[11] Hockett P，Bisgaard C Z，Clarkin O J，et al. Time-resolved imaging of purely valence-electron dynamics during a chemical reaction[J]. Nat. Phys.，2011，7(8)：612-615.

[12] Blaga C I，Xu Junliang，DiChiara A D，et al. Imaging ultrafast molecular dynamics with laser-induced electron diffraction[J]. Nature，2012，483(7388)：194-197.

[13] Li Wen，Zhou Xibin，Lock R，et al. Time-resolved dynamics in N_2O_4 probed using high harmonic generation[J]. Science，2008，322(5905)：1207-1211.

[14] Kraus P M，Tolstikhin O I，Baykusheva D，et al. Observation of laser-induced electronic structure in oriented polyatomic molecules[J]. Nat. Commun.，2015，6：7039.

[15] Nisoli M，Decleva P，Calegari F，et al. Attosecond electron dynamics in molecules[J]. Chem. Rev.，2017，117(16)：10760-10825.

[16] Kling M F，Siedschlag C，Verhoef A J，et al. Control of electron localization in molecular dissociation[J]. Science，2006，312(5771)：246-248.

[17] Xie Xinhua，Roither S，Kartashov D，et al. Attosecond probe of valence-elec-

tron wave packets by subcycle sculpted laser fields[J]. Phys. Rev. Lett. , 2012, 108(19): 193004.

[18] Zewail A H. Four-dimensional electron microscopy[J]. Science, 2010, 328 (5975): 187-193.

[19] Barwick B, Zewail A H. Photonics and plasmonics in 4D ultrafast electron microscopy[J]. ACS Photonics, 2015, 2(10): 1391-1402.

[20] Maiman T H. Stimulated optical radiation in yuby[J]. Nature, 1960, 187 (4736): 493-494.

[21] Gross A J, Herrmann T R W. History of lasers[J]. World J. Urol. , 2007, 25: 217-220.

[22] Einstein A. Zur quantentheorie der strahlung (On the quantum theory of radiation)[J]. Physika Zeitschrift, 1917, 18: 121-128.

[23] Gordon J P, Zeiger H J, Townes C H. Microwave amplification by stimulation of radiation[J]. Phys. Rev, 1954, 95: 282-290.

[24] McClung F J, Hellwarth R W. Giant optical pulsations from ruby[J]. J. App. Phys. , 1962, 33(3): 828-829.

[25] Deutsch T. Mode-locking effects in an internally modulated ruby Laser[J]. App. Phys. Lett. , 1965, 7(4): 80-82.

[26] Mocker H W, Collins R J. Mode competition and self-locking effects in a Q-switched ruby Laser[J]. App. Phys. Lett. , 1965, 7(10): 270-273.

[27] Geusic J E, Marcos H M, Van Uitert L G. Laser oscillations in nd-doped yttrium aluminum, yttrium gallium and gadolinium garnets[J]. App. Phys. Lett. , 1964, 4(10): 182-184.

[28] Strickland D, Mourou G. Compression of amplified chirped optical pulses[J]. Opt. Commun. , 1985, 56(3): 219-221.

[29] Maine P, Strickland D, Bado P, et al. Generation of ultrahigh peak power pulses by chirped pulse amplification[J]. IEEE J. Quantum Elect. , 1988, 24(2): 398-403.

[30] Moulton P F. Spectroscopic and laser characteristics of $Ti:Al_2O_3$[J]. J. Opt. Soc. Am. B, 1986, 3(1): 125-133.

[31] Albrecht G F, Eggleston J M, Ewing J J. Measurements of $Ti^{3+}:Al_2O_3$ as a lasing material[J]. Opt. Commun. , 1985, 52(6): 401-404.

[32] Sarukura N, Ishida Y, Nakano H. Generation of 50-fsec pulses from a pulse-compressed, cw, passively mode-locked Ti: sapphire laser[J]. Opt. Lett. ,

1991，16(3)：153-155.

[33] Spence D E, Kean P N, Sibbett W. 60-fsec pulse generation from a self-mode-locked Ti:sapphire laser[J]. Opt. Lett., 1991, 16(1)：42-44.

[34] Huang C, Asaki M T, Backus S, et al. 17-fs pulses from a self-mode-locked Ti:sapphire laser[J]. Opt. Lett., 1992, 17(18)：1289-1291.

[35] Asaki M T, Huang C, Garvey D, et al. Generation of 11-fs pulses from a self-mode-locked Ti:sapphire laser[J]. Opt. Lett., 1993, 18(12)：977-979.

[36] Agostini P, Fabre F, Mainfray G, et al. Free-free transitions following six-photon ionization of xenon atoms[J]. Phys. Rev. Lett., 1979, 42(17)：1127-1130.

[37] Bucksbaum P H, Zavriyev A, Muller H G, et al. Softening of the H^{2+} molecular bond in intense laser fields[J]. Phys. Rev. Lett., 1990, 64(16)：1883-1886.

[38] Corkum P B. Plasma perspective on strong field multiphoton ionization[J]. Phys. Rev. Lett., 1993, 71(13)：1994-1997.

[39] Agostini P, DiMauro L F. The physics of attosecond light pulses[J]. Rep. Pro. Phys., 2004, 67(6)：813-855.

[40] Hentschel M, Kienberger R, Spielmann C, et al. Attosecond metrology[J]. Nature, 2001, 414：509.

[41] Paul P M, Toma E S, Breger P, et al. Observation of a train of attosecond pulses from high harmonic generation[J]. Science, 2001, 292(5522)：1689-1692.

[42] Kienberger R, Goulielmakis E, Uiberacker M, et al. Atomic transient recorder [J]. Nature, 2004, 427：817-821.

[43] Sansone G, Benedetti E, Calegari F, et al. Isolated single-cycle attosecond pulses[J]. Science, 2006, 314(5798)：443-446.

[44] Goulielmakis E, Schultze M, Hofstetter M, et al. Single-cycle nonlinear optics [J]. Science, 2008, 320(5883)：1614-1617.

[45] Zhao Kun, Zhang Qi, Chini M, et al. Tailoring a 67 attosecond pulse through advantageous phase-mismatch[J]. Opt. Lett., 2012, 37(18)：3891-3893.

[46] Li Jie, Ren Xiaoming, Yin Yanchun, et al. 53-attosecond X-ray pulses reach the carbon K-edge[J]. Nature Commun., 2017, 8(1)：186.

[47] Gaumnitz T, Jain A, Pertot Y, et al. Streaking of 43-attosecond soft-X-ray pulses generated by a passively CEP-stable mid-infrared driver[J]. Opt. Express, 2017, 25(22)：27506-27518.

[48] Tajima T, Mourou G. Zettawatt-exawatt lasers and their applications in ultra-strong-field physics[J]. Phys. Rev. Spec., 2002, 5(3)：031301.

[49] Yamanouchi K. Laser chemistry and physics: The next frontier[J]. Science, 2002, 295(5560): 1659-1660.

[50] Stapelfeldt H, Seideman T. Colloquium: Aligning molecules with strong laser pulses[J]. Rev. Mod. Phys. , 2003, 75(2): 543-557.

[51] Pavicic D, Lee K F, Rayner D M, et al. Direct measurement of the angular dependence of ionization for N_2, O_2, and CO_2 in intense laser fields[J]. Phys. Rev. Lett. , 2007, 98(24): 243001.

[52] Ammosov M V, Delone N B, Krainov V P. Tunnel ionization of complex atoms and of atomic ions in an alternating electromagnetic field[J]. Sov. Phys. JETP, 1986, 64: 1191-1194.

[53] Popmintchev T, Chen M, Arpin P, et al. The attosecond nonlinear optics of bright coherent X-ray generation[J]. Nat. Photon. , 2010, 4(12): 822-832.

[54] Lewenstein M, Balcou P, Ivanov M Y, et al. Theory of high-harmonic generation by low-frequency laser fields[J]. Phys. Rev. A, 1994, 49(3): 2117-2132.

[55] Baker S, Robinson J S, Haworth C A, et al. Probing proton dynamics in molecules on an attosecond time scale[J]. Science, 2006, 312: 424-427.

[56] Lan Pengfei, Ruhmann M, He Lixin, et al. Attosecond probing of nuclear dynamics with trajectory-resolved high-harmonic spectroscopy[J]. Phys. Rev. Lett. , 2017, 119: 033201.

[57] Broglie L D. The wave nature of the electron[R]. Nobel lecture, 1929.

[58] He Lixin, Hu Jianchang, Sun Siqi, et al. All-optical spatio-temporal metrology for isolated attosecond pulses[J]. J. Phys. B, 2022, 55: 205601.

[59] Drescher M, Hentschel M, Kienberger R, et al. Time-resolved atomic inner-shell spectroscopy[J]. Nature, 2002, 419: 803-807.

[60] Goulielmakis E, Loh Z H, Wirth A, et al. Real-time observation of valence electron motion[J]. Nature, 2010, 466: 739-743.

[61] Ott C, Kaldun A, Raith P, et al. Lorentz meets fano in spectral line shapes: A universal phase and its laser control[J]. Science, 2013, 340: 716-720.

[62] Schultze M, Fiess M, Karpowicz N, et al. Delay in photoemission[J]. Science, 2010, 328: 1658-1662.

[63] Pazourek R, Nagele S, Burgdörfer J. Attosecond chronoscopy of photoemission[J]. Rev. Mod. Phys. , 2015, 87: 765-802.

[64] Liu Kunlong, Hong Weiyi, LuPeixiang, et al. Phase dependence of electron localization in HeH^{2+} dissociation with an intense few-cycle laser pulse[J]. Opt.

Express 2011，19：20279.

[65] Sansone G，Kelkensberg F，Perez-Torres J F，et al. Electron localization following attosecond molecular photoionization[J]. Nature，2010，465：763-766.

[66] Calegari F，Ayuso D，Trabattoni A，et al. Ultrafast electron dynamics in phenylalanine initiated by attosecond pulses[J]. Science，2014，346：336-339.

[67] Pertot Y，Schmidt C，Matthews M，et al. Time-resolved X-ray absorption spectroscopy with a water window high-harmonic source[J]. Science，2017，355：264-267.

[68] Kanai T，Minemoto S，Sakai H. Quantum interference during high-order harmonic generation from aligned molecules[J]. Nature，2005，435：470-474.

[69] Itatani J，Levesque J，Zeidler D，et al. Tomographic imaging of molecular orbitals[J]. Nature，2004，432：867.

[70] Vozzi C，Negro M，Calegari F，et al. Generalized molecular orbital tomography [J]. Nat. Phys.，2011，7：822-826.

[71] Diveki Z，Guichard R，Caillat J，et al. Molecular orbital tomography from multi-channel harmonic emission in N_2[J]. Chem. Phys.，2013，414：121-129.

[72] Haessler S，Caillat J，Boutu W，et al. Attosecond imaging of molecular electronic wavepackets[J]. Nat. Phys.，2010，6：200-206.

[73] Zhai Chunyang，He Lixin，Lan Pengfei，et al. Coulomb-corrected molecular orbital tomography of nitrogen[J]. Sci. Rep.，2016，6：23236.

[74] Zhai Chunyang，Zhu Xiaosong，Lan Pengfei，et al. Diffractive molecular-orbital tomography[J]. Phys. Rev. A，2017，95：033420.

[75] Zhai Chunyang，Zhang Xiaofan，Zhu Xiaosong，et al. Single-shot molecular orbital tomography with orthogonal two-color fields[J]. Opt. Express，2018，26：2775-2784.

[76] Niikura H，Dudovich N，Villeneuve D M，et al. Mapping molecular orbital symmetry on high-order harmonic generation spectrum using two-color laser fields [J]. Phys. Rev. Lett.，2010，105：053003.

[77] He Lixin，Lan Pengfei，Le A T，et al. Real-time observation of molecular spinning with angular high-harmonic spectroscopy[J]. Phys. Rev. Lett.，2018，121：163201.

[78] He Yanqing，He Lixin，Lan Pengfei，et al. Direct imaging of molecular rotation with high-order-harmonic generation[J]. Phys. Rev. A，2019，99：053419.

[79] Cavalieri A L，Müller N，Uphues T，et al. Attosecond spectroscopy in con-

densed matter[J]. Nature, 2007, 449: 1029-1032.

[80] Schultze M, Ramasesha K, Pemmaraju C D, et al. Attosecond band-gap dynamics in silicon[J]. Science, 2014, 346: 1348-1352.

[81] Tao Zhensheng, Chen Cong, Szilvási T, et al. Direct time-domain observation of attosecond final-state lifetimes in photoemission from solids[J]. Science, 2016, 353: 62-67.

[82] Schiffrin A, Paasch-Colberg T, Karpowicz N, et al. Optical-field-induced current in dielectrics[J]. Nature, 2013, 493: 70-74.

[83] Chiaverini J, Leibfried D, Schaetz T, et al. Realization of quantum error correction[J]. Nature, 2004, 432: 602-605.

[84] Corkum P B, Burnett N H, Ivanov M Y. Subfemtosecond pulses[J]. Opt. Lett., 1994, 19: 1870-1872.

[85] Chang Zenghu. Chirp of the single attosecond pulse generated by a polarization gating[J]. Phys. Rev. A, 2005, 71: 023813.

[86] Feng Ximao, Gilbertson S, Mashiko H, et al. Generation of isolated attosecond pulses with 20 to 28 femtosecond lasers[J]. Phys. Rev. Lett., 2009, 103: 183901.

[87] Gilbertson S, Khan S D, Wu Y, et al. Isolated attosecond pulse generation without the need to stabilize the carrier-envelope phase of driving lasers[J]. Phys. Rev. Lett., 2010, 105: 093902.

[88] Zeng Zhinan, Cheng Ya, Song Xiaohong, et al. Generation of an Extreme Ultraviolet Supercontinuum in a Two-Color Laser Field[J]. Phys. Rev. Lett., 2007, 98: 203901.

[89] Pfeifer T, Gallmann L, Abel M J, et al. Heterodyne mixing of laser fields for temporal gating of high-order harmonic generation[J]. Phys. Rev. Lett., 2006, 97: 163901.

[90] Lan Pengfei, Lu Peixiang, Cao Wei, et al. Isolated sub-100-aspulse generation via controlling electron dynamics[J]. Phys. Rev. A, 2007, 76: 011402.

[91] Zeng Zhinan, Leng Yuxin, Li Ruxin, et al. Electron quantum path tuning and isolated attosecond pulse emission driven by a waveform-controlled multi-cycle laser field[J]. J. Phys. B, 2008, 41: 215601.

[92] Zhai Zheng, Yu Ruofei, Liu Xueshen, et al. Enhancement of high-order harmonic emission and intense sub-50-aspulse generation[J]. Phys. Rev. A, 2008, 78: 041402.

[93] Takahashi E J, Lan Pengfei, Mucke O D, et al. Infrared two-color multicycle

laser field synthesis for generating an intense attosecond pulse[J]. Phys. Rev. Lett. , 2010, 104: 233901.

[94] Du Hongchuan, Wang Huiqiao, Hu Bitao. Isolated short attosecond pulse generated using a two-color laser and a high-order pulse[J]. Phys. Rev. A, 2010, 81: 063813.

[95] Zheng Li, Tang Songsong, Chen Xianfeng. Isolated sub-100-as pulse generation by optimizing two-color laser fields using simulated annealing algorithm[J]. Opt. Express, 2009, 17: 538-543.

[96] Zhang Gangtai, Liu Xueshen. Generation of an extreme ultraviolet supercontinuum and isolated sub-50 as pulse in a two-colour laser field[J]. J. Phys. B, 2009, 42: 125603.

[97] Li Pengcheng, Chu S. High-order-harmonic generation of Ar atoms in intense ultrashort laser fields: An all-electron time-dependent density-functional approach including macroscopic propagation effects[J]. Phys. Rev. A, 2013, 88: 053415.

[98] Jin Cheng, Wang Guoli, Wei Hui, et al. Waveforms for optimal sub-keV high-order harmonics with synthesized two-or three-colour laser fields[J]. Nat. Commun. , 2014, 5: 4003.

[99] Krausz F, Stockman M I. Attosecond metrology: from electron capture to future signal processing[J]. Nat. Photon. , 2014, 8: 205-213.

8

高次谐波的探测与应用

在高次谐波产生与测量的实验中,驱动激光脉冲聚焦后在气体相互作用区域的功率密度需要与原子、分子内部库仑场强相当。随着激光技术的发展,在目前的高次谐波实验中一般采用商业化的飞秒激光器提供驱动激光脉冲光源。由于极紫外光和软 X 射线波段的光在空气中会被吸收,高次谐波的产生源以及探测装置均需要在高真空环境下进行。同时,气体高次谐波的转换效率都较低($10^{-10} \sim 10^{-8}$)[1],即使利用技术手段提高高次谐波的转换效率,一般情况下也仅能获得 10^{-5}[2-9]左右的转化效率。因此,实验上产生的高次谐波信号必须先经过倍增放大后才能够被探测器采集。

8.1 高次谐波产生的实验装置

研究强激光脉冲与气相分子的相互作用,需要在高真空环境下进行。一是高真空环境中气体分子的平均自由程较大,碰撞间隔较长,这使得气体分子的宏观效应可以被忽略。二是为了保证产生的软 X 射线波段的高次谐波不被空气吸收,高次谐波的产生源、传播路径以及探测装置均需要在高真空环境中。三是为了降低探测装置的本底噪声,提高探测信号的信噪比,探测强激光脉冲与气相分子相互作用产物(光子信号、电子信号和离子碎片等)的位置敏感探测器需要放置在高真空环境中工作。高真空环境由分子泵和前级泵维持的真空腔提供。图 8-1 是放置于真空腔中的高次谐波产生源示意图,具体来说,一束强激光脉冲经由聚焦透镜聚焦,在激光脉冲焦点附近聚焦功率密度达到 10^{14} W/cm² 量级。聚焦后的激光脉冲与超音速、超冷分子束相互作用即产生高次谐波。超音速、超冷分子束由高压气体经过气体喷嘴产生[10]。图 8-2 所示结构给出了超音速、超冷分子束形成原理。高压气体经过气体喷嘴的小孔喷出,经过自由分子区过渡面后,气流中不同分子之间的碰撞大大减少,分子运动状态逐渐趋于一致,形成超音速静寂区,即实验中用到的超音速、超冷分子束。

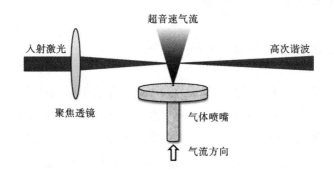

图 8-1 高次谐波产生源示意图

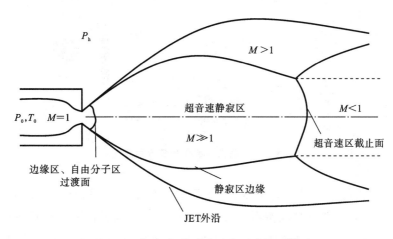

图 8-2 超音速、超冷分子束形成原理[11]

真空腔中的进气装置除了气体喷嘴之外,还可以使用气体盒子。与气体喷嘴相比,使用气体盒子的优点在于背景气压可以很低,并且作用区的气体气压便于测量;缺点是气体盒子提供的气体不是超音速、超冷分子束,在研究与分子排列相关的实验时,实验效果不如使用气体喷嘴明显。在本实验部分研究中,进气装置采用的是孔径为 $100~\mu m$ 的气体喷嘴。

高次谐波产生实验所要求的高真空环境由分子泵和前级泵维持的真空腔提供。具体地,高次谐波产生装置和探测装置分别在气源腔和诊断腔两个真空腔中进行,并且在气源腔和诊断腔中间放置一个差分腔,以确保在气源腔进气的情况下诊断腔依然能够维持高真空度。气源腔、差分腔和诊断腔分别由三套分子泵和前级泵单独维持真空,前级泵经过分子泵与真空腔相连。实验开始前,首先开启前级泵将真空腔的真空抽至 10^{-1} 托(Torr)数量级以下,再开启分子泵。正常开展实验时,气体经由气体喷嘴进入气源腔,与聚焦后的强激光脉冲相互作用。实验过程中,气体喷嘴安装在电控的三维线性位移台上,可以通过计算机精密控制气体喷嘴与激光焦点的相对位置,实现相位匹配。

诊断腔的真空度维持在 10^{-6} 托数量级。

8.2 高次谐波的实验探测装置

激光脉冲与靶材气体相互作用产生的高次谐波包含不同频率成分,如图 8-3 所示,不同频率成分的高次谐波经由狭缝入射到平焦场光栅上,经过光栅的反射、衍射,即可将不同频率成分的高次谐波在空间上分离。空间上分离的高次谐波谱需要使用位置敏感的探测器进行探测,不同谐波谱对应的谐波阶次可以根据光栅方程标定[12]:

$$\sin\alpha - \sin\beta = \kappa\lambda/d \tag{8-1}$$

其中:α 和 β 分别表示入射角和反射角;κ 表示衍射级数;λ 表示波长;d 表示光栅常数。

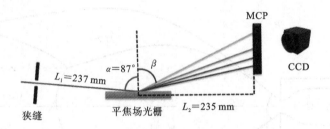

图 8-3　高次谐波探测装置示意图

实验上产生的高次谐波效率很低,在实验中采用微通道板(Microchannel Plate,MCP)作为位置敏感探测器探测高次谐波强度信号。微通道板的工作原理与光电倍增管类似,如图 8-4 所示,入射信号(粒子或光子)撞击探测器表面时,产生的电子在高压电场的作用下沿着微通道飞行。沿微通道飞行的电子多次与管壁发生碰撞,每次碰撞就会产生更多的二次电子发射,从而放大信号。

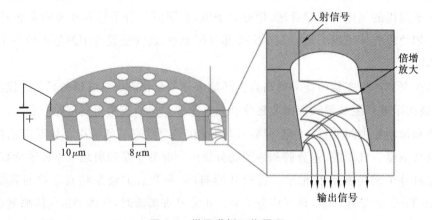

图 8-4　微通道板工作原理

　　经过微通道板的信号获得了大大增强,增益能够达到 10^6 量级。放大后的高次谐波信号可以由电荷耦合元件采集。同时,微通道板上的微通道直径仅为微米量级,经过微通道板放大的高次谐波信号仍然可以保持很好的空间分辨率。在实验中,每次在采集高次谐波信号时,采集到的高次谐波信号为多个激光脉冲与气体相互作用的整体效果。依据实验体系不同,激光脉冲的个数在 100～1000 个之间选择,但是在同一实验体系中要保证选择的激光脉冲数相同。

8.3　高次谐波在探测分子结构过程中的应用

8.3.1　分子轨道层析成像概述

　　分子轨道成像不仅可以帮助人们直观地认识分子内部结构,并且可以帮助人们深刻地理解分子动力学过程以及化学反应过程。尽管在过去的几十年,人们在成像技术方面取得了巨大的进步,并且获得了很好的空间分辨率,但是时间分辨率一直停留在几十甚至上百飞秒。近年来,一种基于高次谐波的成像方法应运而生。这种方法通过测量激光与物质相互作用产生的高次谐波,可以对分子轨道进行成像,即分子轨道层析成像。令人惊喜的是,分子轨道层析成像技术得到的是轨道波函数本身,打破了人们对波函数不可测量的认知。此外,分子轨道层析成像技术最大的潜在应用是获取实时演化的分子轨道,即以前没有的阿秒时间和埃空间分辨率,为变化的分子结构拍摄分子电影。

8.3.2　分子轨道层析成像的重构算法

　　基于强场近似模型[13],忽略库仑效应,即不考虑母核对连续态电子波包的库仑相互作用的前提下,将连续态的电子波包近似当作平面波处理,则当电子波包相对分子轴以 θ 角度回复时,可以得到该方向上的回复偶极矩为

$$d_\alpha(\omega,\theta)=\langle\Psi(r,\theta)|\alpha|\exp[i\boldsymbol{\kappa}(\omega)\cdot\boldsymbol{r}]\rangle \quad (\alpha=x,y) \tag{8-2}$$

其中:$\Psi(\boldsymbol{r},\theta)$ 是分子轨道波函数在 θ 角度下的切片,θ 是回复电子相对分子轴的夹角,即在单色线偏光激光场中激光偏振方向与分子轴的夹角;ω 是谐波频率;$\boldsymbol{\kappa}$ 是回复电子动量。由式(8-2)可知,回复偶极矩可以看作是分子轨道波函数与位移矢量数量积的傅里叶变换,如果从实验上得到回复偶极矩,则可以通过逆傅里叶变换重构出分子轨道波函数:

$$\Psi(\boldsymbol{r},\theta)=\frac{\mathscr{F}^{-1}[d_\alpha(\omega,\theta)]}{\alpha} \tag{8-3}$$

因此,基于高次谐波的分子轨道层析成像问题就可以转化为探测分子回复偶极矩。假设高次谐波电场表示为

$$E_{\text{HHG}}(\omega,\theta) = A(\omega,\theta)e^{i\varphi(\omega,\theta)} \quad\quad (8\text{-}4)$$

其中:A 是高次谐波振幅;φ 是高次谐波相位。根据半经典三步模型[14]和强场近似模型[13],分子高次谐波可以表示为

$$E_{\text{mol}}(\omega,\theta) \propto \omega^2 a(\omega,\theta)\boldsymbol{d}_{\text{mol}}(\omega,\theta) \quad\quad (8\text{-}5)$$

其中:$a(\omega,\theta)$是回复的连续电子波包的复振幅,是一个与靶分子结构无关,而只与电离能相关的量。根据分子 ADK 理论[15]可知,分子电离概率是一个关于排列角度的函数。分子的电离概率角分布可由实验测量(见图 7-7)或分子 ADK 理论计算。因此分子高次谐波产生的 $a(\omega,\theta)$可以通过测量一个与靶分子电离能接近的原子高次谐波标定,可以表示为

$$E_{\text{ref}}(\omega) \propto \omega^2 a(\omega)\boldsymbol{d}_{\text{ref}}(\omega) \quad\quad (8\text{-}6)$$

其中:$E_{\text{ref}}(\omega)$和 $\boldsymbol{d}_{\text{ref}}(\omega)$分别表示参考原子的谐波电场和回复偶极矩,参考原子的回复偶极矩 $\boldsymbol{d}_{\text{ref}}(\omega)$可以利用强场近似模型计算。因此,分子回复偶极矩可以表示为

$$\boldsymbol{d}_{\text{mol}}(\omega,\theta) = \frac{1}{\eta(\theta)}\frac{|E_{\text{mol}}(\omega,\theta)|}{|E_{\text{ref}}(\omega)|} \times e^{[i\varphi_{\text{mol}}(\omega,\theta) - i\varphi_{\text{ref}}(\omega)]}\boldsymbol{d}_{\text{ref}}(\omega) \quad\quad (8\text{-}7)$$

$$\frac{|E_{\text{mol}}(\omega,\theta)|}{|E_{\text{ref}}(\omega)|} = \sqrt{\frac{I_{\text{mol}}(\omega,\theta)}{I_{\text{ref}}(\omega)}} \quad\quad (8\text{-}8)$$

其中:$\eta(\theta)$表示分子排列在 θ 角度下的电离概率的平方根;$I_{\text{mol}}(\omega,\theta)$和 $I_{\text{ref}}(\omega)$分别表示靶分子和参考原子产生的高次谐波强度,均为实验可测量量。将式(8-7)代入式(8-3)即可重构出目标分子的分子轨道。

以上是关于分子轨道重构算法在长度规范下的推导过程,在速度规范下回复偶极矩可以表示为

$$\boldsymbol{d}_{\alpha}^{v}(\omega,\theta) = \boldsymbol{\kappa}_{\alpha}\langle\Psi(\boldsymbol{r},\theta)|\exp[i\boldsymbol{\kappa}(\omega)\cdot\boldsymbol{r}]\rangle \quad\quad (8\text{-}9)$$

所以,在速度规范下分子轨道波函数可以表示为

$$\Psi(x,y) = \mathscr{F}^{-1}\left[\frac{\boldsymbol{d}_{\alpha}^{v}(\omega,\theta)}{\kappa_{\alpha}}\right] \quad\quad (8\text{-}10)$$

8.3.3 分子轨道层析成像的研究进展

1999 年,诺贝尔化学奖授予了 Zewail 教授,以表彰他利用超快激光技术在基础化学反应研究中做出的开创性工作。Zewail 教授应用超短激光脉冲成像技术探测到分子中的原子在化学反应中的运动,将研究化学反应的时间尺度缩短到了飞秒量级,极大地加深了人们对化学反应过程的理解和认知,为整个化学领域及相关学科带来了一场革命[17]。随后,研究者们逐渐在四维(三维空间,一维时间)成像技术上做了大量研究工作[18-20]。随着科学技术发展带给人们对微观世界更深入的认知,物理、化学、生物等不同学科正在融合。例如化学产物的改变、生物信息的传递等都可以追踪到分子内部电子的运动。电子运动时间尺度为阿秒量级,如果能够将阿秒量级时间分辨率与埃量级

空间分辨率相结合,即可实现人们在原子尺度探测和控制微观世界超快过程的梦想。根据德布罗意波长公式[21]

$$\lambda = \frac{2\pi\hbar}{p} \tag{8-11}$$

可知,具有 150 eV 能量的电子的德布罗意波长可达到 1 Å,携带如此能量的电子很容易出现在高次谐波产生过程中。因此,利用高次谐波产生技术可以实现超高空间分辨率。例如,近年来气体高次谐波被应用在相干衍射显微成像研究[22, 23]以及软 X 射线全息成像研究[24]中,均获得了几十纳米的空间分辨率。同时根据半经典三步模型[14],能够与母核发生碰撞并辐射高次谐波的电子是在驱动激光脉冲一个光周期的十分之一时间段内电离的。对于中心波长为 800 nm 的驱动激光脉冲而言,产生高次谐波的电子电离时刻集中在 200~300 as 时间段内。因此,将高次谐波应用在显微成像研究领域,不仅可以获得高于纳米尺度的空间分辨率,还有可能同时获得飞秒甚至阿秒尺度的时间分辨率。除此之外,在高次谐波产生过程中如果把电子从母核电离看作是一个泵浦过程,把电子回复并与母核碰撞看作是一个探测过程,那么高次谐波产生就是一个特殊的"泵浦-探测",也可以称作"自探测"过程,即分子被它自身的电子探测[25]。由上文可知,高次谐波阶次与电子电离时刻(或回复时刻)存在一一对应关系,即产生不同阶次高次谐波的电子飞行时间。考虑不同阶次高次谐波的回复时刻可以获得 100 as 量级的时间分辨率;进一步地,如果考虑不同阶次高次谐波的电离时刻,则可以获得 10 as 量级的时间分辨率[26, 27]。由此可知,利用高次谐波技术可以同时获得超高的时间分辨率和空间分辨率。尤其是激光与分子相互作用时,隧穿电离容易选择出在化学反应中占据重要角色的分子最高占据轨道(The Highest Occupied Molecular Orbital,HOMO)。因此,在提取分子的微观结构信息时,高次谐波是一个有望捕获原子、分子中运动的电子乃至追踪化学反应中电子动力学过程的绝佳技术手段。

2004 年,加拿大国家研究委员会的 Itatani 等人开创性地将断层扫描(Computed Tomography,CT)技术移植到强场物理领域[28]。通过测量分子在激光场中排列在不同角度下辐射的高次谐波,并在数学上近似认为,高次谐波辐射是基于基态波函数与一组处于连续态的平面波的重叠积分(Overlap Integral)。类比于断层扫描技术,从高次谐波谱中得到了分子基态轨道波函数在傅里叶空间的变换关系,进而提取出坐标空间的分子轨道波函数。换言之,在忽略了母核库仑势对电离电子影响的前提下,Itatani 等人基于高次谐波谱成功地重构出 N_2 分子的最高占据轨道,这种方法称为分子轨道层析成像(Molecular Orbital Tomography,MOT)。与以往人们测量波函数的模平方不同,波函数的模平方仅给出了电子的概率分布,而利用高次谐波谱实施的分子轨道层析成像得到的是波函数本身。在 Itatani 等人的工作中,他们只从实验上测量了高次谐波的强度谱,借助于理论上计算的高次谐波相位信息进而重构了 N_2 分子轨道。2010 年,法国原子、分子研究所的 Haessler 等人在实验上测量了高次谐波的强度谱,并利用双光子干涉的阿秒拍频重构(Reconstruction of Attosecond Beating by Interference of Two-photon Transitions,RABITT)技术从实验上测量了不同谐波阶次的相位信息,然后借助于一定的假设确定了不同分子排列角度下谐波相位间的关系[29]。Haessler 等人利用 N_2 分子的最高占据轨道和次高占据轨道对称性相反的特点,分别提取了回复偶极矩的实部和虚部,从而实现对 N_2 分子的最高占据轨道以及次高占据轨道进行成像[29]。2011 年,意大利光子学和纳米技术研究所的 Vozzi 等人基于 Kaczmarz 方法从实验测量的高次谐波强度谱中提取出不同角度下的相位信息[30],借助于定量重散射(Quanti-tative Rescattering Theory,QRS)理论[31]确定了不同谐波阶次相位间的关系,进而重构了 CO_2 分子轨道。在此基础上,2014 年,Negro 等人成功对有机分子(C_2H_2 分子)轨道进行了成像[32]。相比于 Itatani 等人最初提出的分子轨道层析成像方案,Vozzi 和 Negro 等人发展的方法显得更为普适[28, 30, 32, 33]。

以上是对非极性分子轨道进行成像的研究。对于极性分子,目前虽然尚未从实验上成功重构出极性分子轨道,但是研究者们也已经提出不少基于高次谐波谱重构极性分子轨道的理论方法。与重构非极性分子轨道相比,重构极性分子轨道的关键是需要电子从单向向母核回复产生高次谐波。2008 年,德国卡塞尔大学的 van der Zwan 等人提出利用少光周期、载波包络相位稳定的激光脉冲驱动产生高次谐波,重构出了极性分子(He、H^{2+} 分子)轨道[34]。2012 年,华中科技大学的 Qin 等人提出利用平行双色激光场驱动产生高次谐波,通过调节基频场和倍频场的相对相位,使合成电场满足电子单向电离和回复,成功重构出极性分子(CO 分子)轨道[35]。2018 年,华中科技大学的 Yuan 等人提出利用纳米结构表面等离激元增强电场的空间不均匀性,在其驱动下可以实现截止区附近谐波的单向回复,成功重构出极性分子(CO 分子)轨道[36]。

此外,对于基于高次谐波的极性分子轨道层析成像,也可以不必要求电子必须单向回复。2013 年,陕西师范大学的 Chen 等人提出利用多光周期单色场驱动极性分子产生高次谐波,同时利用奇、偶数阶次谐波即可重构极性分子轨道。因为对于极性分子轨道,可以将其表示为偶宇称与奇宇称两部分之和,且偶宇称部分主要贡献奇数阶次谐波,奇宇称部分主要贡献偶数阶次谐波[37, 38]。因此,分别利用奇、偶数阶次谐波重构出极性分子轨道的偶宇称、奇宇称部分,将两部分相加便可得到极性分子轨道[37]。2017 年,华中科技大学的 Wang 等人提出利用正交双色激光场驱动产生高次谐波,对电子加速过程二维操控,虽然电子从两个不同方向(非共线)向母核回复,但是借助于数学处理可以提取出电子沿单一方向回复的回复偶极矩,成功重构出极性分子(CO 分子)轨道[39]。

最近,Zhai 等人提出了一种利用衍射成像技术探测分子结构的方案。相干衍射成像最初是在 X 射线晶体学的基础上发展而来的一种无透镜成像技术。1952 年,Sayre

提出如果能够记录晶体布拉格衍射斑之间的信号强度,即衍射图样被过采样的情况下,衍射光谱中丢失的相位信息就可以得到解决,并且可能会有足够多的信息来解析晶体的衍射图样[40]。1980 年,Sayre 将相干衍射成像理论拓展到了解析独立(非周期结构)样品结构的研究中[41]。1999 年,Miao 等人首次在实验上实现了相干衍射成像[22]。由于相干衍射成像过程不需要使用聚焦元件,摆脱了聚焦元件对成像分辨率的限制。随着相干衍射成像技术的不断完善和发展,目前相干衍射成像在物理学、生物学和材料学等多方面取得了广泛的应用,尤其是在原位测量瞬态结构、光电和电子学性质等方面,相干衍射成像技术有着广泛的应用前景。

相干衍射成像技术的核心是利用过采样的衍射光谱强度信息重构样品结构。过采样是指完整重构某一带限信号时,采样频率需要大于等于信号中最高频率的两倍。这就是奈奎斯特-香农采样定理[42],又称采样定理,即假设目标信号的尺寸为 $n \times n$,在实空间的信号元为 Δr,傅里叶空间的最小信号周期为 $2\pi/(n\Delta r)$。如果采样值大小为 $N \times N$,则在傅里叶空间的采样间隔为 $2\pi/(N\Delta r)$,完整重构原始信号的采样间隔需满足:

$$\frac{2\pi}{(N\Delta r)} \leqslant \frac{1}{2}\frac{2\pi}{(n\Delta r)} \tag{8-12}$$

即 $N \geqslant 2n$,其中 $2\pi/(n\Delta r)$ 又称为奈奎斯特间隔[42]。

在数学上,设带限信号为 $A(x)$,频率带宽范围为 $(0, f_0)$。如果采样频率为 f,采样间隔为 $T = 1/f$,则采样函数 $S(x)$ 可以表示为

$$S(x) = \sum_{n=-\infty}^{+\infty} \delta(x - nT) \tag{8-13}$$

把采样函数用傅里叶级数展开,可以得到

$$S(x) = \sum_{n=-\infty}^{+\infty} C_n e^{i\frac{2\pi}{T}nx} \tag{8-14}$$

其中

$$C_n = \frac{1}{T}\int_{-\frac{T}{2}}^{\frac{T}{2}} S(x) \cdot e^{-i\frac{2\pi}{T}nx} dx = \frac{1}{T}\int_{-\frac{T}{2}}^{\frac{T}{2}} \delta(x) \cdot e^{-i\frac{2\pi}{T}nx} dx = \frac{1}{T} \tag{8-15}$$

将式(8-15)代入式(8-14),得

$$S(x) = \frac{1}{T}\sum_{n=-\infty}^{+\infty} e^{i\frac{2\pi}{T}nx} \tag{8-16}$$

因此,利用采样函数 $S(x)$ 对信号函数 $A(x)$ 进行采样后,得到的采样信号可以表示为

$$A_S(x) = S(x) \cdot A(x) = \left[\frac{1}{T}\sum_{n=-\infty}^{+\infty} e^{i\frac{2\pi}{T}nx}\right] \cdot A(x) = \frac{1}{T}\sum_{n=-\infty}^{+\infty}\left[e^{i\frac{2\pi}{T}nx} \cdot A(x)\right] \tag{8-17}$$

假设 $A(x)$ 的傅里叶变换为 $F(\omega)$,则根据傅里叶变换的性质,可以得到 $e^{i\omega_0 x} \cdot A(x)$ 的傅里叶变换为 $F(\omega - \omega_0)$。将采样信号 $A_S(x)$ 进行傅里叶变换可以表示为

$$F_S(\omega) = \frac{1}{T}\sum_{n=-\infty}^{+\infty} F\left(\omega - \frac{2\pi}{T}x\right) = \frac{1}{T}\sum_{n=-\infty}^{+\infty} F(\omega - x\omega_S) \tag{8-18}$$

其中，$\omega_s = \dfrac{2\pi}{T} = 2\pi f$。从式(8-18)可以知道采样信号的频谱相当于多个原始信号频谱平移后的叠加。图 8-5(a)所示为初始信号的频谱示意图，图 8-5(b)所示为采样信号的频谱示意图，其中 $\omega_0 = 2\pi f_0$。由图 8-5 可知，在满足 $\omega_s \geqslant 2\omega_0$ 或 $f \geqslant 2f_0$ 时，图 8-5(b)中的阴影部分就不会出现与其他频率成分混叠的情况，此时利用一个带宽合适的滤波器即可滤出初始信号 $A(x)$。

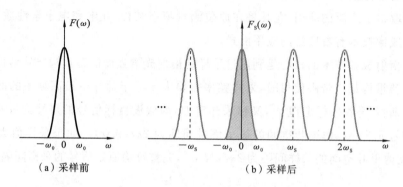

图 8-5　采样前后的信号频谱示意图

当一束相干光束照射到样品上时，根据夫琅禾费近似，样品在远场的夫琅禾费衍射 (Fraunhofer Diffraction)区衍射光谱是样品形状或电子密度的傅里叶变换，而远场探测到的衍射光谱只是强度信息，根据奈奎斯特-香农采样定理，如果能够获得衍射光谱的过采样信息，即可进行相位恢复并重构出样品在实空间的图样。

相位恢复算法最初由 Gerchberg 和 Saxton 在 1972 年提出，即 Gerchberg-Saxton 迭代算法[43]。Gerchberg-Saxton 迭代算法的核心思想是运用傅里叶变换与逆傅里叶变换在时域和频域反复迭代运算，逐步迭代恢复丢失的相位信息。但是 Gerchberg-Saxton 迭代算法不仅要求衍射光谱已知，还要求样品函数的振幅已知。1978 年，在 Gerchberg-Saxton 迭代算法的基础上，Finup 提出了误差递减(Error Reduction，ER)和混合输入-输出(Hybrid Input-output，HIO)两种算法[44, 45]。此外，相位恢复算法还有 Different map 算法、Shrink-wrap 算法等。在混合输入-输出算法的基础上，近年来逐渐发展了改进的混合输入-输出(Modified Hybrid Input-output，MHIO)[46]算法和导向的混合输入-输出(Guided Hybrid Input-output，GHIO)算法[47]。其中混合输入-输出算法是相位恢复的常用方法，下面着重介绍混合输入-输出算法的相位恢复基本流程。

假设远场实验中测量的衍射光谱强度函数为 $|F(\kappa, q)|^2$，即衍射光谱振幅为 $|F(\kappa, q)|$。输入衍射光谱初始随机相位 ϕ，则

$$P'_n(\kappa, q) = |F(\kappa, q)| e^{i\phi_n} \tag{8-19}$$

其中：n 表示第 n 次迭代。将 $P'_n(\kappa, q)$ 进行逆傅里叶变换，得到样品在实空间的估计函

数 $f'_n(x,y)$：

$$f'_n(x,y)=\mathscr{F}^{-1}[P'_n(\kappa,q)] \tag{8-20}$$

对样品在实空间的估计函数 $f'_n(x,y)$ 施加空间边界约束条件：

$$f_{n+1}(x,y)=\begin{cases} f'_n(x,y), & (x,y)\in\alpha \\ f_n(x,y)-\beta f'_n(x,y), & (x,y)\notin\alpha \end{cases} \tag{8-21}$$

其中：α 表示样品的空间边界约束条件；$\beta\in(0,1)$，即在实空间边界约束以内，上一次的迭代输出结果是下一次迭代的输入值，在边界约束以外，下一次的迭代输入值是上一次的迭代输入值与输出结果的线性组合。对实空间边界约束条件下的结果进行傅里叶变换：

$$P_{n+1}(\kappa,q)=\mathscr{F}[f_{n+1}(x,y)]=|F'_{n+1}(\kappa,q)|e^{i\phi_{n+1}} \tag{8-22}$$

用实验上测量的衍射光谱振幅 $|F(\kappa,q)|$ 替换式(8-22)中的振幅，重新循环步骤——式(8-19)→式(8-20)→式(8-21)→式(8-22)，直至迭代结果收敛，收敛判据由误差函数衡量。

对于误差递减算法，迭代流程与混合输入-输出一致，不同的是式(8-21)中的实空间边界约束条件为

$$f_{n+1}(x,y)=\begin{cases} f'_n(x,y), & (x,y)\in\alpha \\ 0, & (x,y)\notin\alpha \end{cases} \tag{8-23}$$

迭代算法收敛后，ϕ_{N+1} 即为恢复的相位，f_{N+1} 为重构的实空间样品函数，N 表示迭代算法收敛时的迭代次数。

相干光束照射到样品上时，如图 8-6(a)所示，远场的夫琅禾费衍射光谱是样品结构的傅里叶变换。正是基于样品结构与夫琅禾费衍射光谱之间的傅里叶变换关系，样品的结构可以借助于相位恢复的迭代算法进行重构。

根据半经典三步模型[14]和强场近似模型[13]，高次谐波的产生可以用激光诱导的再碰撞过程解释，如图 8-6(b)所示，电子被激光电场激发而发生隧穿电离并在激光电场的作用下加速。隧穿出来的电子有一定概率向母核回复并辐射出高次谐波。高次谐波信号 $E(\omega,\theta)$ 正比于分子回复偶极矩 $d(\omega,\theta)$，在速度规范下可以表示为[25,48]

$$E(\omega,\theta)\propto d(\omega,\theta)=\kappa\langle\Psi|\kappa\rangle=\kappa\mathscr{F}[\Psi] \tag{8-24}$$

其中：ω 表示高次谐波频率；θ 表示电子回复方向与分子轴之间的夹角；κ 表示回复电子的动量。因此，变换之后的分子回复偶极矩 $d(\omega,\theta)/\kappa$ 与分子轨道 Ψ 之间存在傅里叶变换关系。式(8-24)中的傅里叶变换关系可以类比于夫琅禾费衍射：一束相干光照射到目标样品 $f(x,y)$ 上，远场的衍射光谱是样品结构的傅里叶变换，即 $F(\kappa,q)=\mathscr{F}[f(x,y)]$。然而，探测器测量到的衍射光谱只包含衍射光的强度信息，即 $|F(\kappa,q)|^2$ 或 $|E(\omega,\theta)|^2$。比对高次谐波产生过程和夫琅禾费衍射可以知道，高次谐波产生过程中分子轨道和变换之后的分子回复偶极矩(或变换之后的高次谐波)之间是一组傅里叶

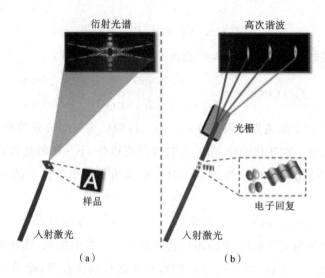

衍射光谱   高次谐波

光栅

电子回复

样品

入射激光   入射激光

（a）   （b）

图 8-6 夫琅禾费衍射与高次谐波产生

图 8-6(a)表示一束相干光照射到样品"A"上,远场可测量的衍射光谱仅包含衍射光的强度信息。图 8-6
(b)表示激光与 CO_2 分子相互作用产生高次谐波。一部分电子波包在激光场中被电离、加速,并回到基态,
同时辐射出高次谐波,高次谐波强度可以用微通道板或 X 射线光谱仪探测。

变换关系,高次谐波的产生过程相当于一个特殊的夫琅禾费衍射现象。

高次谐波的产生过程相当于一个特殊的夫琅禾费衍射,因此测量的高次谐波信号
若满足过采样,则可以通过类似于相位恢复的算法重构出分子轨道。根据奈奎斯特-香
农采样定理[42],完整重构出初始信号的傅里叶空间的最大采样间隔不能超过奈奎斯特
间隔的一半。如果对衍射光谱强度的采样间隔小于奈奎斯特间隔的一半,即满足过采
样的情况下,原则上特定的衍射光谱相位信息已经包含在衍射光谱强度分布中了,于是
目标样品结构可以利用迭代算法从过采样的衍射光谱强度中重构。

其实,在实验中,均匀探测到的奇数阶次高次谐波间隔远小于奈奎斯特间隔的一
半。为了证明奇数阶次高次谐波间隔满足过采样,首先计算一下重构分子轨道的奈奎
斯特间隔。由于分子轨道是基态的电子波函数,波函数的模平方随着与离母核的距
离增加而快速下降。典型地,当 $|r|>5$ 原子单位时,归一化的基态电子波函数的模
平方 $|\Psi(r)|<10^{-2}$,即 $|r|>5$ 原子单位范围的电子波函数小于整个基态电子波函数的
百分之一。因此,在研究中,假设分子轨道局域在距离分子中心小于 5 原子单位的范围
内。奈奎斯特间隔在动量空间等于 2π 除以分子轨道在坐标空间的尺寸,即 $\Delta k_N =$
$2\pi/10=0.628$(原子单位)。为了完整重构分子轨道,动量空间的采样间隔需小于奈奎
斯特间隔的一半,即 $\Delta k_N/2=0.314$ 原子单位。对于中心波长 λ 为 800 nm 激光脉冲驱
动产生的高次谐波谱,相邻的奇数阶次谐波间频率间隔为 $\Delta\omega=2\pi/(\lambda/c)=0.114$(原子
单位)。根据半经典三步模型可知,高次谐波光子的能量由回复电子的动能决定,即

$\omega_q = k_q^2/2$，其中 ω_q 是第 q 次高次谐波的频率，k_q 表示回复电子的动量。$\Delta k = \Delta\omega/k_q$，因此随着高次谐波阶次的降低，$\Delta k$ 逐渐增大。对于第 3 阶谐波（H3），可以计算得到 Δk = 0.19 原子单位，小于奈奎斯特间隔的一半。值得注意的是，在大多数高次谐波实验中测量到的最低阶高次谐波均高于第 3 阶谐波，例如在实验中测量到的最低阶次是第 15 阶（H15）。第 15 阶谐波处对应的采样间隔为 Δk_{max} = 0.087 原子单位，大约是奈奎斯特间隔一半 $\Delta k_N/2$ 的四分之一。也即是说，高次谐波谱被高度过采样了，相位信息原则上已经包含在过采样的高次谐波强度谱中。因此能在不测量高次谐波相位的情况下，从高次谐波强度谱中重构出分子轨道。此外，从原则上来讲，0.087 原子单位的采样间隔可以满足在 36 原子单位的坐标空间内重构分子轨道，这一空间尺寸对很多分子都是足够大的。

高次谐波的产生过程与夫琅禾费衍射之间的区别在于，在单色线偏光驱动下电子只沿激光偏振方向回复。换句话说，将分子排列在一个特定角度下探测到的高次谐波谱仅仅相当于衍射光谱中的一个切片。为了重构三维分子轨道，需要探测不同分子排列角度下的高次谐波谱。

强激光场与原子、分子气体相互作用时会辐射高次谐波，分子高次谐波电场可以描述为[25,48,49]

$$\boldsymbol{E}_{mol}(\omega,\theta) = A_{mol}(\omega,\theta)e^{i\varphi_{mol}(\omega,\theta)} \tag{8-25}$$

原子高次谐波电场可以描述为

$$\boldsymbol{E}_{atom}(\omega) = A_{atom}(\omega)e^{i\varphi_{atom}(\omega)} \tag{8-26}$$

其中：ω 表示高次谐波频率；θ 表示激光电场偏振方向与分子轴的夹角；A_{mol} 和 φ_{mol} 分别表示分子高次谐波电场的振幅和相位；A_{atom} 和 φ_{atom} 分别表示原子高次谐波电场的振幅和相位。

因为根据半经典三步模型[14]和强场近似模型[13]，高次谐波的产生过程可以理解为电离、加速和回复三个步骤。其中电离过程除电离概率依赖于分子排列角度之外，与原子、分子结构无关，只与电离能相关。加速过程是被电离的电子在电场中运动，与原子、分子结构无关。因此，不同原子、分子辐射的高次谐波电场强烈依赖于电子在回复过程贡献的回复偶极矩：

$$\frac{\boldsymbol{E}_{mol}(\omega,\theta)}{E_{atom}(\omega)} = \eta(\theta)\frac{\boldsymbol{d}_{mol}(\omega,\theta)}{d_{atom}(\omega)} \tag{8-27}$$

值得注意的是，式（8-27）中的分母均为标量，这是因为对于原子来说，回复偶极矩和高次谐波都不存在角度依赖。其中，$\eta(\theta)$ 表示分子排列角为 θ 时的电离概率的平方根，$\boldsymbol{d}_{atom}$ 和 $\boldsymbol{d}_{mol}$ 分别表示原子和分子的回复偶极矩。所以，分子回复偶极矩可以表示为

$$\boldsymbol{d}_{mol}(\omega,\theta) = \frac{1}{\eta(\theta)}\frac{\boldsymbol{E}_{mol}(\omega,\theta)}{E_{atom}(\omega)}d_{atom}(\omega)$$

$$= \frac{1}{\eta(\theta)} \frac{A_{\text{mol}}(\omega,\theta) e^{i\varphi_{\text{mol}}(\omega,\theta)}}{A_{\text{atom}}(\omega) e^{i\varphi_{\text{atom}}(\omega)}} d_{\text{atom}}(\omega) \tag{8-28}$$

因此,分子回复偶极矩振幅可以表示为

$$d_{\text{mol}}(\omega,\theta) = \frac{1}{\eta(\theta)} \frac{A_{\text{mol}}(\omega,\theta)}{A_{\text{atom}}(\omega)} d_{\text{atom}}(\omega) \tag{8-29}$$

其中,分子和参考原子的高次谐波振幅 A_{mol} 和 A_{atom} 可以从实验上测得的高次谐波强度谱中得到。

基于衍射的分子轨道层析成像是利用相位恢复的迭代算法,从振幅中重构目标分子的分子轨道。类比误差递减和混合输入-输出等常用的相位恢复迭代算法,发展了一套重构分子轨道的迭代算法。

为了便于描述,定义 $D=|\mathbf{D}|=|\mathbf{d}|/k$ 为"等效分子偶极矩振幅"。基于衍射的分子轨道层析成像迭代算法示意图如图 8-7 所示。迭代算法从 $\mathbf{D}_1 = D^{\text{expt}} \exp(i\varphi_1)$ 开始,其中,D^{expt} 是从实验测量的高次谐波强度谱中获得的等效分子回复偶极矩振幅,φ_1 是初始设置的随机相位,下标表示迭代次数。然后,在执行每一次迭代中都包含四个步骤,大致分为:① 通过对等效分子回复偶极矩 $\mathbf{D}_n$ 进行逆傅里叶变换得到一个分子轨道 Ψ'_n;② 通过对 Ψ'_n 实施空间边界约束得到分子轨道 Ψ_n;③ 通过对分子轨道 Ψ_n 进行傅里叶变换,得到一个新的等效分子回复偶极矩 $\mathbf{D}'_n$;④ 利用实验上获取的等效分子回复偶极矩振幅 D^{expt} 替换 $|\mathbf{D}'_n|$,得到一个新的等效分子回复偶极矩 $\mathbf{D}'_{n+1}$,并返回迭代算法第①步开始第二次迭代。

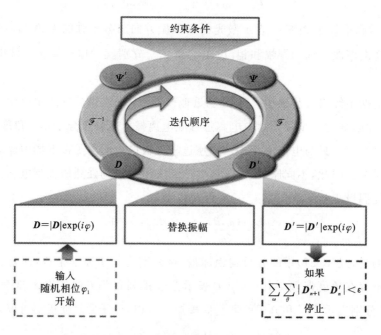

图 8-7 基于衍射的分子轨道层析成像迭代算法示意图

基于衍射的分子轨道层析成像迭代算法的具体执行流程和边界约束条件如下。

(1) 对等效分子回复偶极矩分量 $\boldsymbol{D}_n(\boldsymbol{k})$ 进行逆傅里叶变换得到一个坐标空间的分子轨道 $\Psi'_n(\boldsymbol{r})$：

$$\Psi'_n(\boldsymbol{r}) = \mathscr{F}^{-1}\big[\boldsymbol{D}_n(\boldsymbol{k})\big] \tag{8-30}$$

其中，下标 n 表示第 n 次迭代。另外，可以采用快速傅里叶变换(Fast Fourier Transform，FFT)和快速逆傅里叶变换(Fast Inverse Fourier Transform，FFT^{-1})加快计算的速度。

(2) 使用空间边界约束条件约束迭代算法重构过程中的分子轨道。空间边界约束条件可以参照误差递减或混合输入-输出算法给出(实际上，误差递减和混合输入-输出算法可以结合使用以改善迭代质量)，同时给出分子最高占据轨道的对称性(N_2 的 σ_g 轨道、CO_2 的 π_g 轨道和 C_2H_2 的 π_u 轨道)。于是获得含空间边界约束的分子轨道 $\Psi_n(\boldsymbol{r})$。

误差递减算法：

$$\Psi_n(\boldsymbol{r}) = \begin{cases} \Psi'_n(\boldsymbol{r}), & |x| \text{ 和 } |y| \leqslant 5 \text{ 原子单位} \\ 0, & |x| \text{ 和 } |y| > 5 \text{ 原子单位} \end{cases} \tag{8-31}$$

混合输入-输出算法：

$$\Psi_n(\boldsymbol{r}) = \begin{cases} \Psi'_n(\boldsymbol{r}), & |x| \text{ 和 } |y| \leqslant 5 \text{ 原子单位} \\ \Psi_{n-1}(\boldsymbol{r}) - \beta\Psi'_n(\boldsymbol{r}), & |x| \text{ 和 } |y| > 5 \text{ 原子单位} \end{cases} \tag{8-32}$$

其中：$x = r\cos(\theta)$，$y = r\sin(\theta)$。在基于衍射的分子轨道层析成像的迭代算法中，β 取值 0.9。

(3) 对迭代算法重构过程中的分子轨道进行傅里叶变换，得到一个新的等效分子回复偶极矩 $\boldsymbol{D}'_n(\boldsymbol{k})$：

$$\boldsymbol{D}'_n(\boldsymbol{k}) = \mathscr{F}\big[\Psi_n(\boldsymbol{r})\big] \tag{8-33}$$

(4) 用实验数据中得到的等效分子回复偶极矩振幅 D^{expt} 替换第(3)步中得到的等效分子回复偶极矩 $\boldsymbol{D}'_n(\boldsymbol{k})$ 的振幅：

$$\boldsymbol{D}'_{n+1}(\boldsymbol{k}) = D^{\mathrm{expt}}\exp(i\varphi_n(\boldsymbol{k})) \tag{8-34}$$

得到一个新的等效分子回复偶极矩 $\boldsymbol{D}'_{n+1}(\boldsymbol{k})$，然后将其代入步骤(1)，并循环步骤(1)→(2)→(3)→(4)。

通过数值对比迭代算法中得到的等效分子回复偶极矩振幅和直接从实验数据中得到的等效分子回复偶极矩振幅，利用误差函数 erf F 表征迭代算法重构结果的质量：

$$\mathrm{erf}\, F = \frac{1}{n_\omega}\frac{1}{n_\theta}\sum_\omega\sum_\theta\frac{||D^{\mathrm{expt}}(\omega,\theta)| - |\boldsymbol{D}'_n(\omega,\theta)||}{|D^{\mathrm{expt}}(\omega,\theta)|} \tag{8-35}$$

随着迭代次数的增加，误差函数 erf F 快速减小并最终收敛。误差函数 erf F 收敛时迭代算法重构得到的 $\Psi_n(\boldsymbol{r})$ 即为目标分子的分子轨道。

为了加速基于衍射的分子轨道层析成像迭代算法的收敛,在迭代计算过程中引入导向的迭代算法[47]。首先,利用 100 个初始随机相位 φ_1,结合实验上得到的等效分子回复偶极矩振幅,得到 100 个初始等效分子回复偶极矩,同时开启 100 个迭代运算。其次,当每个迭代运算按照循环步骤(1)→(2)→(3)→(4)计算 200 次之后,终止运算,并将这 100 个迭代运算记为第一代(G1),从这 100 个迭代运算中得到的 100 个分子轨道记为 Ψ_{G1}。然后,在 100 个迭代运算中选择最小的误差函数 erf F_{min} 对应的迭代运算,将该迭代运算输出结果中的分子轨道记为"良性基因"Ψ_{gene}。在开启第二代(G2)迭代运算时,用"良性基因"引导第二代(G2)迭代算法中的初始分子轨道 Ψ_{G1},含导向的分子轨道可以表示为

$$\Psi = \sqrt{\Psi_{gene} \times \Psi_{G1}} \tag{8-36}$$

在第二代(G2)迭代运算中,首先,再一次按照循环步骤(1)→(2)→(3)→(4)计算 200 次。在第二代(G2)迭代运算结束后,又得到 100 个分子轨道,记为 Ψ_{G2}。通过比较第二代迭代运算中的误差函数 erf F_2 与第一代迭代运算中的误差函数 erf F_1,可以发现第二代迭代运算中的误差函数 erf F_2 相对于第一代迭代运算中的误差函数 erf F_1 减小了,也就是说导向的迭代算法把"良性基因"传递给了下一代运算。运用相同的迭代算法,继续开启第三代(G3)迭代运算、第四代(G4)迭代运算等,直至运算结果收敛。

本章研究内容中的高次谐波实验装置简单来讲是一个泵浦-探测装置。首先,用一束脉宽适当被展宽、强度不足以使分子电离的预排列激光脉冲把分子系综在实验室坐标系下进行排列。然后,用相对于预排列激光脉冲有一定时间延迟的强驱动激光脉冲与气体相互作用产生高次谐波。在实验中,使用的激光器是商业化的钛宝石激光器,输出的激光脉冲宽度为 30 fs,中心波长为 800 nm,单脉冲最大能量为 10 mJ,重复频率为 1 kHz。激光光束的分束与合束是在泵浦-探测实验装置(马赫-曾德尔干涉仪)中实现的。预排列激光脉冲和驱动激光脉冲均为线性偏振激光脉冲,预排列激光脉冲的偏振方向可以通过半波片连续调节。预排列激光脉冲和驱动激光脉冲共线经过焦距为 600 mm 的薄凸透镜聚焦,小孔直径 100 μm 的超音速气体喷嘴放置在激光焦点后 2 mm 处以满足短量子轨道相位匹配,小孔的背景气压为 2.3 巴。激光脉冲能量通过一个半波片和一个偏振片组合进行连续调节。预排列激光脉冲和驱动激光脉冲在聚焦前的光斑大小由两个光阑分别调节。实验中,产生的高次谐波由平焦场光栅和微通道板进行探测。

首先以 N_2 分子为例,在实验上验证基于衍射的分子轨道层析成像方案的可行性与准确性。在实验中,预排列激光脉冲的聚焦功率密度估计为 5×10^{13} W/cm²,驱动激光脉冲的聚焦功率密度估计为 2.4×10^{14} W/cm²。

第一步,在预排列激光脉冲偏振方向和驱动激光脉冲偏振方向平行的情况下,调节驱动激光脉冲相对于预排列激光脉冲的时间延迟,测量不同时间延迟下的高次谐波强

度谱,图 8-8(b)所示为 N_2 分子在不同时间延迟下的高次谐波强度谱,可以清楚地看到,高次谐波强度在排列再现周期的一半(即时间延迟为 4.1 ps)处出现峰值,在时间延迟为 4.4 ps 处出现谷值。不同时间延迟下的分子排列度参数$(\cos^2\theta')$可以用理论计算[50-52],其中 θ' 是分子轴与预排列激光脉冲偏振方向的夹角。在实验条件下,计算的分子排列度参数$(\cos^2\theta')$如图 8-8(a)黑色实线所示(右轴),黑色的点表示实验上测量的第 19 阶谐波归一化强度随时间延迟的变化(左轴),即预排列激光脉冲和驱动激光脉冲一起作用下产生的高次谐波强度与单独用驱动激光脉冲作用下产生的高次谐波强度的比值。可以看出,分子排列度参数$(\cos^2\theta')$在时间延迟为 4.1 ps 处达到最大值,也即 N_2 分子在驱动激光脉冲与预排列激光脉冲时间延迟为 4.1 ps 处分子处于排列状态。

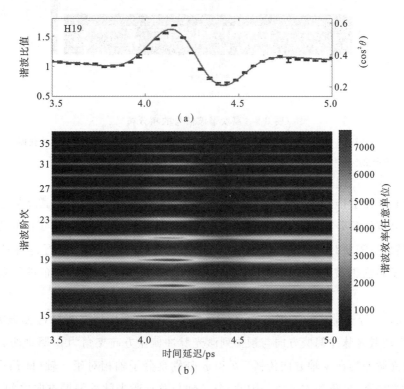

图 8-8 预排列激光脉冲与驱动激光脉冲不同时间延迟下的 N_2 分子高次谐波光谱
预排列激光脉冲和驱动激光脉冲平行偏振。

第二步,将驱动激光脉冲与预排列激光脉冲时间延迟固定在 4.1 ps,即 N_2 分子处于排列状态处,通过半波片改变预排列激光脉冲偏振方向,即改变分子排列方向与驱动激光脉冲偏振方向之间的夹角。图 8-9(a)所示为不同分子排列角度下的 N_2 分子高次谐波强度谱,可以清楚地看出随着 N_2 分子排列角的增大,高次谐波强度呈逐渐降低的趋势。图 8-9(b)所示为 Ar 原子的高次谐波强度谱。

第三步,在实验上,分子虽然处于排列状态,但是采用目前的分子排列手段得到的

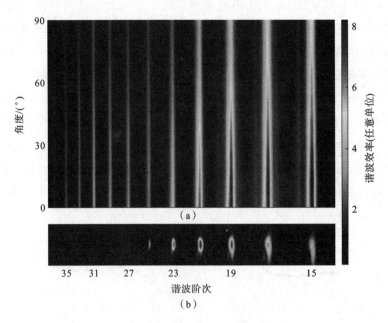

图 8-9 高次谐波信号的角分布

图 8-9(a)表示不同分子排列角度下的 N_2 分子高次谐波谱，预排列激光脉冲偏振
方向由半波片连续调节。图 8-9(b)表示 Ar 原子的高次谐波强度谱。

排列分子并非完全排列。因此，实验上测得的分子系综高次谐波强度谱实际上是单体
分子高次谐波的角分布与分子在空间上的三维排列角分布的卷积。为了能够更精确地
重构分子轨道，需要对实验上直接测量到的分子系综高次谐波信号进行解卷积，从而得
到单体分子高次谐波角分布。然后，再利用单体分子高次谐波角分布进行重构分子
轨道。

　　图 8-10 是分子排列的三维空间坐标示意图。其中预排列激光脉冲偏振方向沿 z
轴方向，驱动激光脉冲偏振方向与预排列激光脉冲偏振方向夹角为 β，驱动激光脉冲和
预排列激光脉冲均在 y 轴方向传播。θ' 和 φ' 分别是分子轴相对于 z 轴(即预排列激光
脉冲偏振方向)的极角和方位角。因此，分子轴与驱动激光脉冲偏振方向之间的夹角 θ
可以表示为[53]

$$\cos\theta = \cos\beta\cos\theta' + \sin\beta\sin\theta'\sin\varphi' \tag{8-37}$$

　　在实验中，首先，靶分子(N_2、CO_2、C_2H_2 等)被一束聚焦功率密度大概为 5×10^{13}
W/cm^2、脉冲宽度为 50 fs 的预排列激光脉冲激发，获得分子非绝热排列，也即无外场
排列。然后，用一束偏振方向与预排列激光脉冲偏振方向平行的强驱动激光脉冲，以相
对于预排列激光脉冲不同的时间延迟与靶分子相互作用产生高次谐波 $M_0^{\text{expt}}(0,t)$(图
8-8)。从图 8-8 中可以看出，高次谐波强度出现明显的周期性调制，调制周期为靶分子
的排列再现周期 T_r(对于 N_2、CO_2、C_2H_2 分子，排列再现周期分别为 8.2 ps、42.2 ps、

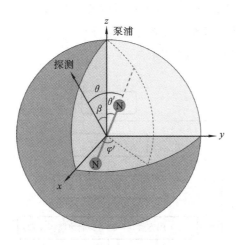

图 8-10 分子排列的三维空间坐标示意图

z 轴方向表示预排列激光脉冲偏振方向,驱动激光脉冲偏振方向和预排列激
光脉冲偏振方向的夹角为 β。分子轴与预排列激光脉冲夹角为 θ',方位角为 φ';分
子轴与驱动激光脉冲的夹角为 θ。

14.1 ps)。然后,把驱动激光脉冲相对于预排列激光脉冲的时间延迟固定在排列再现
周期的一半($T_r/2$)处(对于 N_2、CO_2、C_2H_2 分子,排列再现周期的一半,分别为 4.1 ps、
21.1 ps、7.05 ps),通过半波片连续调节预排列激光脉冲的偏振方向,即改变预排列激
光脉冲的偏振方向与驱动激光脉冲的偏振方向之间的夹角 β,测量高次谐波强度谱
$M_{T_r/2}^{\text{expt}}(\beta, T_r/2)$(图 8-9)。测量到的高次谐波强度谱 $M_{T_r/2}^{\text{expt}}(\beta, T_r/2)$ 是分子系综的高次
谐波强度谱,即单体分子高次谐波角分布 $S_q(\theta)$ 与分子在三维空间的排列角分布 $\rho(\theta',$
$\varphi', T_r/2)$ 的卷积,因此分子系综的高次谐波强度谱也可以表示为[53,54]

$$M_{T_r/2}^{\text{expt}}\left(\beta, \frac{T_r}{2}\right) = \int_{\varphi'=0}^{2\pi} \int_{\theta'=0}^{\pi} \rho(\theta', \varphi', T_r/2) S_q[\theta(\theta', \varphi', \beta)] \sin\theta' \mathrm{d}\theta' \mathrm{d}\varphi' \quad (8\text{-}38)$$

为了从实验上测得分子系综高次谐波强度谱中解卷积得到的单体分子高次谐波,
首先需要计算驱动激光脉冲与预排列激光脉冲延时为 $T_r/2$ 的分子排列角分布 $\rho(\theta',$
$\varphi', T_r/2)$,分子排列角分布 $\rho(\theta', \varphi', T_r/2)$ 可以通过求解含时薛定谔方程得到。其中,
计算分子排列角分布 $\rho(\theta', \varphi', T_r/2)$ 的激光参数与实验上的预排列激光脉冲参数一致,
因此在计算分子排列角分布 $\rho(\theta', \varphi', T_r/2)$ 时只有气体转动温度 T_{rot} 为未知量。

根据以上分析可知,在实验上测量到了两组数据:一是驱动激光脉冲与预排列激光
脉冲的偏振方向互相平行时,调节驱动激光脉冲相对于预排列激光脉冲的时间延迟,测
量到的高次谐波强度谱为 $M_0^{\text{expt}}(0, t)$;二是固定驱动激光脉冲相对于预排列激光脉冲的
时间延迟为排列再现周期的一半时,调节预排列激光脉冲和驱动激光脉冲偏振方向之
间的夹角,测量到的高次谐波强度谱为 $M_{T_r/2}^{\text{expt}}(\beta, T_r/2)$。把以上两组实验数据当作两个
边界约束条件,以不同气体转动温度 T_{rot} 下计算得到的分子排列角分布 $\rho(\theta', \varphi', T_r/2)$

和单体分子高次谐波角分布 $S_q(\theta)$ 为初始测试值。当两个边界约束条件同时满足时，代入的测试值 $S_q(\theta)$ 即为单体分子高次谐波角分布。

具体解卷积的流程如图 8-11 所示。

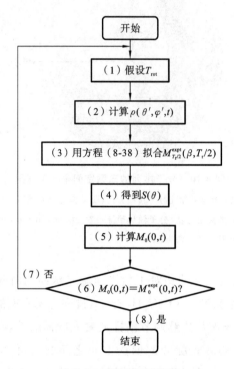

图 8-11　解卷积的流程

（1）假设气体转动温度为 T_{rot}。

（2）利用气体转动温度为 T_{rot} 和预排列激光脉冲参数，计算分子排列角分布 $\rho(\theta', \varphi', t)$。

（3）根据单体分子高次谐波角分布的对称性，假设 $S(\theta)$ 具有傅里叶余弦级数的形式：

$$S(\theta) = \sum_{n=0}^{m} C_n \cos(n\theta) \tag{8-39}$$

其中：C_n 为一组最优解系数，在解卷积计算中 $m = 20$ 时即可得到很好的拟合结果。将 $S(\theta)$ 按照式（8-37）的角度转换关系转换为关于 θ'、φ' 和 β 的函数，用式（8-38）拟合 $M_{T_r/2}^{expt}(\beta, T_r/2)$，如图 8-12（a）所示。

（4）当拟合 $M_{T_r/2}^{expt}(\beta, T_r/2)$ 完成时，得到 $S(\theta)$。

（5）利用 $S(\theta)$ 和分子排列角分布 $\rho(0, \varphi', t)$ 计算 $M_0(0, t)$。

（6）判断计算得到的 $M_0(0, t)$ 是否与实验测量结果 $M_0^{expt}(0, t)$ 吻合，如图 8-12（b）所示。

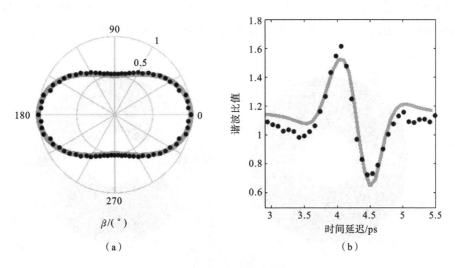

图 8-12   第 19 阶谐波的信号

图 8-12(a)表示驱动激光脉冲与预排列激光脉冲延时为 $T_r/2$ 时,实验测量的 N_2 分子第 19 阶
谐波强度与排列角的关系(黑色圆点),以及拟合的分子系综第 19 阶谐波强度与排列角的关系(灰色
实线),0°表示分子轴方向。图 8-12(b)表示驱动激光脉冲与预排列激光脉冲偏振方向平行时,实验
测量的不同时间延迟下 N_2 分子第 19 阶谐波强度(黑色圆点),以及拟合的不同时间延迟下分子系综
第 19 阶谐波强度(灰色实线)。

(7) 如果第(6)步判断结果为否,则重新跳回步骤(1),设定新的气体转动温度,重
新开始拟合。

(8) 如果第(6)步判断结果为是,则结束计算。第(4)步得到的 $S(\theta)$ 即为单体高次
谐波角分布,如图 8-13 所示。

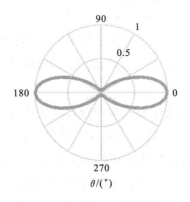

图 8-13   单体 N_2 分子第 19 阶谐波强度角分布(0°表示分子轴方向)

根据前文计算,从分子系综高次谐波实验数据中得到了单体分子高次谐波强度的
角分布。其中不同的谐波阶次需要单独解卷积,N_2 分子单体的第 15 阶到第 37 阶高次

谐波角分布如图 8-14(a)所示。由图 8-14(a)可以看出,随着 N_2 分子轴与驱动激光脉冲偏振方向夹角的增大,N_2 分子单体高次谐波强度的角分布变化得更加显著。

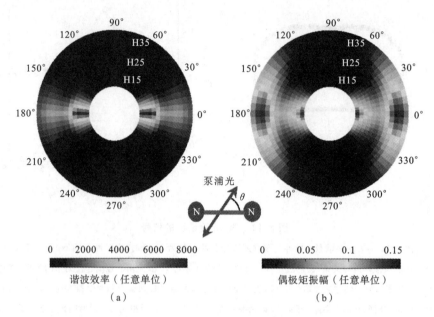

图 8-14　单体 N_2 分子高次谐波强度和回复偶极矩振幅角分布

图 8-14(a)表示单体 N_2 分子高次谐波强度角分布,0°表示分子轴方向。图 8-14(b)表示单体 N_2 分子回复偶极矩振幅角分布,0°表示分子轴方向。

将单体分子高次谐波强度的角分布代入式(8-29)得到分子回复偶极矩振幅 $d_{mol}(\omega,\theta)$,如图 8-14(b)所示。其中

$$\frac{A_{mol}(\omega,\theta)}{A_{atom}(\omega)} = \sqrt{\frac{I_{mol}(\omega,\theta)}{I_{atom}(\omega)}} \tag{8-40}$$

$I_{mol}(\omega,\theta)$ 和 $I_{atom}(\omega)$ 分别是 N_2 分子和参考原子 Ar 的高次谐波强度。于是,可以得到等效分子回复偶极矩振幅 $D(\omega,\theta) = d_{mol}(\omega,\theta)/k$,这也是基于衍射的分子轨道层析成像迭代算法的初始振幅。

采用基于衍射的分子轨道层析成像的迭代算法重构 N_2 分子最高占据轨道,在进行有导向的迭代运算时,计算三代迭代运算即可获得收敛的迭代结果。图 8-15(b)所示为利用基于衍射的分子轨道层析成像技术重构的 N_2 分子轨道。为了做对比,计算了 N_2 分子的真实轨道(图 8-15(a))。比较图 8-15(a)(b)可知,利用基于衍射的分子轨道层析成像技术重构的 N_2 分子轨道成功重构出了 N_2 分子轨道的主要结构,即三瓣正负间隔分布的波瓣,以及在两个原子核的位置沿着垂直分子轴方向存在两个节面。重构的 N_2 分子轨道结果(图 8-15(b))与 N_2 分子真实轨道(图 8-15(a))之间的差异表现为重构结果的瓣状结构大小与真实分子轨道的瓣状结构大小不完全相等,以及两个节

面之间分开的距离,即分子核间距大小不完全相等。这在 N_2 分子轨道沿着分子轴方向的截线(图 8-16)上体现得更加直观。

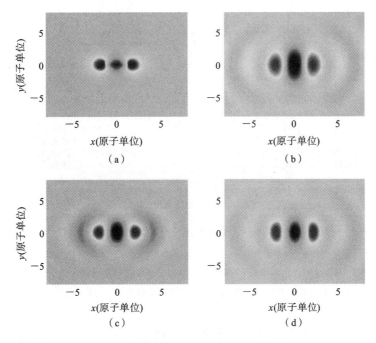

图 8-15 重构的 N_2 分子轨道

图 8-15(a)表示 N_2 分子的真实轨道。图 8-15(b)表示利用基于衍射的分子轨道层析成像技术重构的分子轨道。图 8-15(c)表示在实验条件下,理论上计算的分子轨道。图 8-15(d)表示考虑库仑效应,利用基于衍射的分子轨道层析成像技术重构的分子轨道。

从图 8-16 可以看出,利用基于衍射的分子轨道层析成像迭代算法重构的 N_2 分子轨道核间距为 2.16 原子单位(灰色实线),虽然非常接近但是稍微大于 N_2 分子的真实核间距(2.06 原子单位,黑色实线)。这一差别可能是由于高次谐波频谱范围有限引起的。在实验中,只探测到了第 15 阶到第 37 阶高次谐波,更高阶次和更低阶次均无法探测到。为了衡量高次谐波频谱范围对重构分子轨道质量的影响,模拟了在实验条件下理论上重构的结果,如图 8-15(c)所示。模拟计算的方法为:首先,对 N_2 分子的真实轨道进行傅里叶变换;其次,按照实验上探测到的高次谐波频谱范围和分子排列角范围在傅里叶空间进行采样;最后,对傅里叶空间的采样做逆傅里叶变换,即得到模拟的重构结果(图 8-15(c))。对比图 8-15(b)(c)可以看出,利用基于衍射的分子轨道层析成像迭代算法重构的分子轨道和在实验条件下模拟计算的理论重构结果符合得非常好,唯一的差别是分子核中间的瓣状结构大小仍然存在细微差异。

为了进一步提升重构分子轨道的质量,考虑了库仑效应,对基于衍射的分子轨道层析成像的迭代算法进行了库仑修正。因为,最初的分子轨道层析成像是基于平面波近

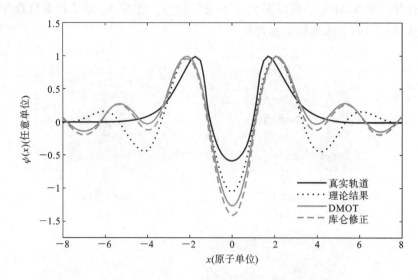

图 8-16   分子轨道沿分子轴的截线

黑色实线表示 N_2 分子的真实轨道(图 8-15(a)),黑色点线表示在实验条件下理论上重构的分子轨
道(图 8-15(c)),灰色实线表示利用基于衍射的分子轨道层析成像技术重构的分子轨道(图 8-15(b)),
灰色虚线表示库仑修正下利用基于衍射的分子轨道层析成像技术重构的分子轨道(图 8-15(d))。

似,即电子被电离后忽略母核对它的影响,认为被电离的电子只受电场的作用。连续态
电子波包被近似为平面波,这一近似导致了分子回复偶极矩与分子轨道之间构成了完
美的傅里叶变换关系。然而,实验上一般探测到的高次谐波光子能量在低于 100 eV 范
围内,母核对电离电子的库仑势不能简单直接忽略。在研究中,采用双中心库仑波函数
代替平面波描述连续态的电子波包。在考虑库仑效应之后,利用库仑修正的基于衍射
的分子轨道层析成像迭代算法重构的 N_2 分子轨道如图 8-15(d)所示。可以看出,分子
核中间的瓣状结构在垂直分子轴方向被压缩,可以与实验条件下理论上重构的结果吻
合得非常好。

通过对比图 8-15(b)(c)可以看出,除了分子核中间的瓣状结构在垂直分子轴方向
被压缩之外,库仑修正后的重构结果与直接采用基于衍射的分子轨道层析成像迭代算
法重构的结果相比,改进并不明显。这是由于高次谐波频谱范围主要限制重构分子轨
道的质量。为了理清这一影响,在理论上计算了 N_2 分子和它的参考原子 Ar 的高次谐
波,并利用理论上计算的高次谐波谱重构 N_2 分子轨道。重构结果表明,如果高次谐波
探测到的阶次能够拓展到第 59 阶,则重构的分子轨道结果与真实轨道之间的误差小于
5%,此外,误差还可以通过库仑修正进一步降低。

相干衍射成像并不依赖于目标样品的结构信息,基于衍射的分子轨道层析成像继
承了相干衍射成像的优势,因此基于衍射的分子轨道层析成像原则上可以拓展到其他
分子轨道层析成像研究中。不过,如果拓展到其他分子,需要关注的问题是分子是否可

以排列以及是否存在多轨道的影响等。

为了证明基于衍射的分子轨道层析成像技术的普适性,又分别在实验上重构了 CO_2 分子和 C_2H_2 分子的最高占据轨道。特别地,CO_2 分子和 C_2H_2 分子的最高占据轨道对称性与 N_2 分子最高占据轨道(N_2 的 σ_g 轨道,CO_2 的 π_g 轨道和 C_2H_2 的 π_u 轨道)的对称性不相同。此外,这两种分子也是实验上比较容易进行排列的线性分子。CO_2 分子和 C_2H_2 分子的实验操作与前文描述的 N_2 分子实验操作方案一致,唯一不同的是驱动激光脉冲的聚焦功率密度较低(CO_2 分子高次谐波实验中驱动激光脉冲聚焦功率密度为 1.9×10^{14} W/cm²,C_2H_2 分子高次谐波实验中驱动激光脉冲聚焦功率密度为 1.2×10^{14} W/cm²)。CO_2 分子和 C_2H_2 分子的参考原子分别为 Kr 原子和 Xe 原子。

图 8-17(a)(b)所示分别为 CO_2 分子和 C_2H_2 分子在不同时间延迟下的高次谐波强度谱。可以清楚地看到,与 N_2 分子高次谐波现象不同的是,CO_2 分子和 C_2H_2 分子高次谐波强度在排列再现周期的一半处(CO_2 分子是 21.1 ps,C_2H_2 分子是 7.05 ps)出现谷值,在紧接着的时间延迟下出现峰值。由图 8-17(a)(b)中的插图可以看出,CO_2 分子和 C_2H_2 分子的高次谐波归一化强度(灰色的点,左轴)与分子排列度(黑色实线,右轴)恰好负相关。

把驱动激光脉冲相对于预排列激光脉冲的时间延迟固定在排列再现周期的一半 $T_r/2$ 处(对于 CO_2、C_2H_2 分子,排列再现周期的一半分别为 21.1 ps、7.05 ps),通过半波片连续调节预排列激光脉冲的偏振方向,即改变预排列激光脉冲的偏振方向与驱动激光脉冲的偏振方向之间的夹角 β,测量高次谐波强度谱(见图 8-18)。值得注意的是,图 8-18 中只画了四个角度下的高次谐波,但是在实验中实际测量的范围是排列角为 $0°\sim90°$,角度步长为 $5°$。根据分子最高占据轨道的对称性,$0°\sim90°$ 的高次谐波谱可以拓展到 $0°\sim360°$。

按照图 8-18 所示的解卷积流程分别对 CO_2 分子和 C_2H_2 分子系综高次谐波强度谱进行解卷积,得到单体的 CO_2 分子和 C_2H_2 分子高次谐波角分布。继而,采用基于衍射的分子轨道层析成像的迭代算法分别重构 CO_2 分子和 C_2H_2 分子的最高占据轨道。结果表明,在分别重构 CO_2 分子和 C_2H_2 分子的最高占据轨道过程中,迭代算法均能够在 $3\sim5$ 代迭代运算中收敛。

图 8-19(b)(f)分别为采用基于衍射的分子轨道层析成像迭代算法重构出来的 CO_2 分子和 C_2H_2 分子的最高占据轨道。图 8-19(a)(e)分别为真实的 CO_2 分子和 C_2H_2 分子的最高占据轨道。图 8-19(c)(g)分别为在实验条件下,理论上重构的 CO_2 分子和 C_2H_2 分子的最高占据轨道。图 8-19(d)(h)分别为考虑库仑效应时,采用基于衍射的分子轨道层析成像的迭代算法重构的 CO_2 分子和 C_2H_2 分子的最高占据轨道。

图 8-20 为 CO_2 分子和 C_2H_2 分子的最高占据轨道的截线,其中 CO_2 分子最高占据轨道的截线沿分子轴方向,C_2H_2 分子最高占据轨道的截线沿与分子轴夹角 $45°$方向。

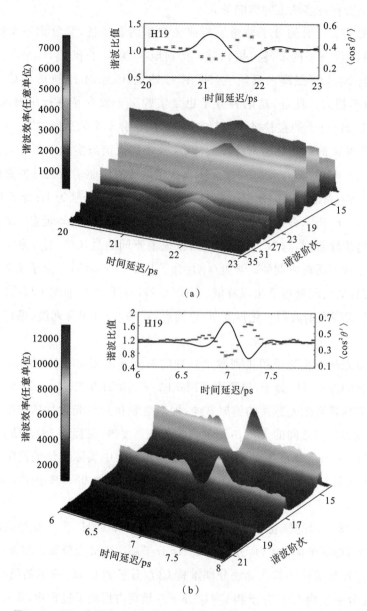

图 8-17 CO$_2$ 分子和 C$_2$H$_2$ 分子在不同时间延迟下的高次谐波强度谱

预排列激光脉冲与驱动激光脉冲在不同时间延迟下的高次谐波光谱。预排列激光脉冲和驱动激光脉冲
平行偏振。图 8-17(a)表示 CO$_2$ 分子的高次谐波谱，灰色点表示实验上测量的第 19 阶谐波归一化强度（左
轴），黑色实线表示理论上计算的 N$_2$ 分子的排列参数（右轴）。图 8-17(b)表示 C$_2$H$_2$ 分子的高次谐波谱不同
谐波阶次的高次谐波强度随时间延迟的变化。

从图 8-20 可以看出，CO$_2$ 分子和 C$_2$H$_2$ 分子的最高占据轨道均可以采用基于衍射的分
子轨道层析成像技术进行重构，并且重构结果与实验条件下理论上重构的结果甚至真
实轨道都吻合得很好。值得注意的是，N$_2$ 分子、CO$_2$ 分子和 C$_2$H$_2$ 分子有着不相同的

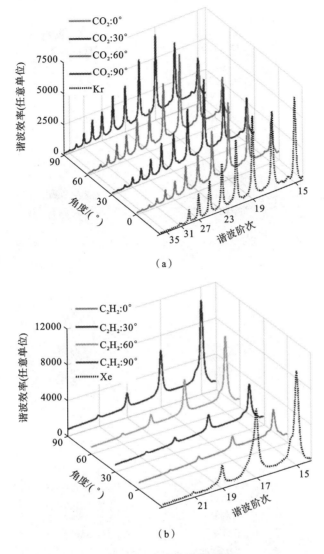

图 8-18 高次谐波强度谱

图 8-18(a)表示不同分子排列角度下的 CO_2 分子高次谐波强度谱,预排列激光脉冲偏振方向由
半波片连续调节。黑色点线表示参考原子 Kr 原子的高次谐波谱。图 8-18(b)表示不同分子排列角
度下的 C_2H_2 分子高次谐波强度谱。黑色点线表示参考原子 Xe 原子的高次谐波谱。

最高占据轨道对称性,并且这三种对称性在很多分子中具有典型性和代表性。

在以往 CO_2 分子的高次谐波实验研究中,曾表现出多电子效应。多电子效应主要
体现在 CO_2 分子的高次谐波截止区部分,在该频谱区域下层占据轨道(如 CO_2 分子的
HOMO-2)对辐射高次谐波的贡献可以与最高占据轨道相当,并在高次谐波频谱中形
成一个极小值[55,56]。这一极小值随激光脉冲强度的变化会发生动态移动,当中心波长
为 800 nm,聚焦功率密度为 1.8×10^{14} W/cm² 时,极小值出现在第 29 阶谐波处。然

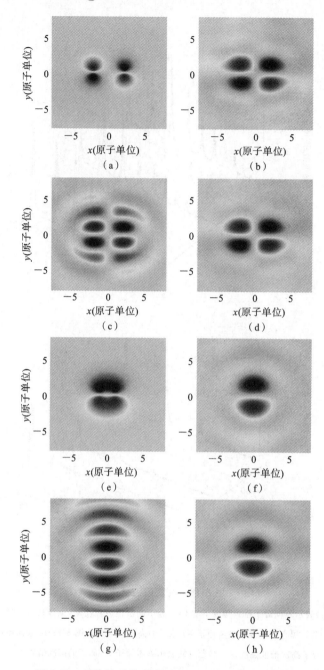

图 8-19　重构的 CO_2 分子和 C_2H_2 分子的分子轨道

图 8-19(a)表示 CO_2 分子的真实轨道。图 8-19(b)表示利用基于衍射的分子轨道层析成像技术重构的 CO_2 分子轨道。图 8-19(c)表示在实验条件下,理论上计算的 CO_2 分子轨道。图 8-19(d)表示考虑库仑效应,利用基于衍射的分子轨道层析成像技术重构的 CO_2 分子轨道。图 8-19(e)表示 C_2H_2 分子的真实轨道。图 8-19(f)表示利用基于衍射的分子轨道层析成像技术重构的 C_2H_2 分子轨道。图 8-19(g)表示在实验条件下,理论上计算的 C_2H_2 分子轨道。图 8-19(h)表示考虑库仑效应,利用基于衍射的分子轨道层析成像技术重构的 C_2H_2 分子轨道。

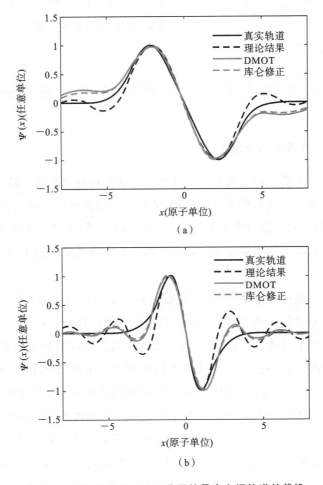

图 8-20　CO₂ 分子和 C₂H₂ 分子的最高占据轨道的截线

图 8-20(a)表示 CO₂ 分子轨道沿分子轴的截线。图 8-20(b)表示 C₂H₂ 分子轨道沿与分子轴夹角 45°
方向的截线。黑色实线表示分子的真实轨道,黑色虚线表示在实验条件下理论上重构的分子轨道,灰色实
线表示利用基于衍射的分子轨道层析成像技术重构的分子轨道,灰色虚线表示库仑修正下利用基于衍射
的分子轨道层析成像技术重构的分子轨道。

而,在实验中,从图 8-18(a)可以看出高于第 29 阶的谐波位于截止区,并且高次谐波强
度快速下降。因此,CO₂ 分子的高次谐波频谱极小值在实验中并没有看到,这表明,在
实验条件下,CO₂ 分子的高次谐波主要是由最高占据轨道贡献的。

对于 C₂H₂ 分子,其次高占据轨道(18.1 eV)以及更低的占据轨道的电离能都高出
其最高占据轨道的电离能(11.4 eV)很多。因此 C₂H₂ 分子发生的隧穿电离和辐射的
高次谐波均主要由最高占据轨道贡献。

尽管基于高次谐波的分子轨道层析成像开展了多年,也取得了不少进展;但就目前
而言,基于高次谐波的分子轨道层析成像理论和实验依然存在不少问题亟待解决。例

如,在分子轨道层析成像中,如何考虑电离电子受母核的库仑势影响并对其进行库仑修正,如何解决高次谐波相位的测量难题,以及如何规避在实验上对高次谐波多发测量以实现单发实时成像等。

8.4 高次谐波在产生圆偏振阿秒激光光源中的应用

8.4.1 圆偏振阿秒激光光源概述

阿秒脉冲的产生及应用是人们正在开拓的全新阿秒科学领域。基于高次谐波的阿秒脉冲合成技术研究不仅对原子、分子内电子动力学探测等具有重大应用价值,而且在超快信息、材料科学和生命科学等领域将创造前所未有的极端实验环境并提供前所未有的研究条件。目前人们在实验中已获得的阿秒脉冲脉宽最短为 43 as,脉冲能量最大为 1.3 mJ。

阿秒脉冲除了脉宽和脉冲能量外,偏振是另一个非常重要的特性。目前人们能够产生的脉宽最短或者脉冲能量最高的阿秒脉冲均为线性偏振。由于高次谐波和阿秒脉冲是基于激光诱导的再散射机制,圆偏振光驱动下高次谐波的效率非常低,因此高效率圆偏振阿秒脉冲的产生一直是个难题。而圆偏振高次谐波和阿秒脉冲由于在磁性材料、手性材料等研究中的应用,逐渐得到人们越来越多的关注,成为最近的研究热点。目前人们已经提出了不少产生圆偏振或椭圆偏振高次谐波和阿秒脉冲的方案。但是,一方面,产生的圆偏振或椭圆偏振高次谐波和阿秒脉冲效率一般较低,难以同时实现高效率和大椭偏率;另一方面,高次谐波处于极紫外光波段,在实验上测量其椭偏率还面临着一定的难度。

8.4.2 圆偏振阿秒激光光源的测量原理

通常在实验中产生的高次谐波频谱处于软 X 射线和极紫外光波段,该波段尚无在实验中可用的偏振片。因此,在本报告研究中,采用如图 8-21 所示的自制的紫外偏振分析仪测量高次谐波偏振特性。紫外偏振分析仪是由三片在空间上处于特定位置关系的镀金膜反射镜组成,利用镀金膜反射镜(见图 8-22)对高次谐波的 s 偏振成分和 p 偏振成分反射率的差异来测量其椭偏率。为方便起见,定义高次谐波 s 偏振成分和 p 偏振成分的反射率分别为 R_s 和 R_p,如图 8-22 所示,当入射光处于极紫外光波段时,$R_s > R_p$。

根据马吕斯定律(Malus law),一束光强为 I_0、椭偏率为 ε 的偏振光经过紫外偏振分析仪之后,光强可表示为

$$I(\phi) = \frac{1}{1+\varepsilon^2} I_0 (R_s \cos^2\phi + R_p \sin^2\phi) + \frac{\varepsilon^2}{1+\varepsilon^2} I_0 (R_p \cos^2\phi + R_s \sin^2\phi) \quad (8-41)$$

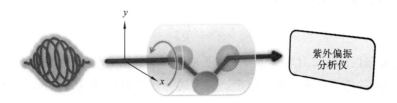

图 8-21 紫外偏振分析仪

  三片镀金膜反射镜在空间上放置在等腰三角形的三个顶点处,紫外偏振分析仪可以以高次谐波传播路径(黑色粗箭头)为轴旋转,在旋转过程中三片镀金膜反射镜的相位位置保持不变。高次谐波在三片镀金膜反射镜上的入射角分别为 70°,50°和 70°。

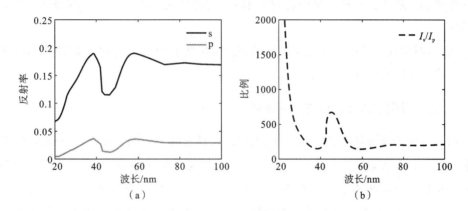

图 8-22 偏振依赖的度膜反射镜

  图 8-22(a)为镀金膜反射镜对 s 偏振和 p 偏振光的反射率理论值曲线。图 8-22(b)为镀金膜反射镜对 s 偏振和 p 偏振光的反射率理论比值。

化简后,可表示为

$$I(\phi)=\frac{(1-\varepsilon^2)(R_s-R_p)}{2(1+\varepsilon^2)}I_0\cos(2\phi)+\frac{R_s+R_p}{2}I_0 \tag{8-42}$$

其中:ϕ 表示紫外偏振分析仪光轴与入射高次谐波偏振主轴之间的夹角。通过式(8-42)可知,旋转紫外偏振分析仪角度可以调制出射高次谐波的强度,最小值和最大值可以表示为

$$I_{\min}=\frac{I_0}{1+\varepsilon^2}(\varepsilon^2 R_s+R_p) \tag{8-43}$$

$$I_{\max}=\frac{I_0}{1+\varepsilon^2}(R_s+\varepsilon^2 R_p) \tag{8-44}$$

为了方便起见,定义

$$R=\frac{I_{\min}}{I_{\max}}=\frac{\varepsilon^2 R_s+R_p}{R_s+\varepsilon^2 R_p} \tag{8-45}$$

特别地,当高次谐波线性偏振,即 $\varepsilon=0$ 时,有

$$R_0=\frac{R_p}{R_s} \tag{8-46}$$

R_0 表示紫外偏振分析仪对高次谐波 p 偏振成分和 s 偏振成分的消光比,在实验中可以通过测量线性偏振高次谐波进行标定。结合式(8-45)和式(8-46),可以得到高次谐波椭偏率的表达式为

$$\varepsilon=\sqrt{\frac{R-R_0}{1-R_0R}} \tag{8-47}$$

根据以上分析可知:在实验中测量目标高次谐波的椭偏率,可以通过旋转紫外偏振分析仪测量出射高次谐波信号的强度调制,以及线性偏振高次谐波经过紫外偏振分析仪后的强度调制。从实验测量结果中得到 R 和 R_0 后即可通过式(8-47)提取目标高次谐波的椭偏率。

此外,对于椭圆偏振高次谐波的偏振旋性,在实验中可以通过测量高次谐波透射铁、钴、镍等薄膜后的磁圆二色性进行标定。

8.4.3 圆偏振阿秒激光光源的研究进展

随着对阿秒脉冲脉宽的不断压缩,人们对阿秒脉冲光源的认识也在逐渐加深,但是目前的研究大多着眼于如何产生阿秒脉冲以及如何压缩脉冲宽度,而忽视了对阿秒脉冲偏振特性的测量和调控。在阿秒脉冲的应用方面,圆偏振或椭圆偏振阿秒脉冲具有独特的优势。因此,近年来科学家们开始致力于研究如何产生圆偏振或椭圆偏振的高次谐波,进而尝试着合成圆偏振或椭圆偏振的阿秒脉冲。例如,Levesque 等人和 Zhou 等人提出了利用空间排列分子产生椭圆偏振高次谐波的方案,这种方案对实验操作要求比较简单,但是产生的高次谐波椭偏率非常小,目前实验上利用该方案获得的高次谐波椭偏率一般在 0.4 以下。Ferré 等人发现原子激发态会影响辐射高次谐波的偏振,但仅能影响与激发态共振的若干次高次谐波的偏振,且调控自由度很小。Fleischer 等人、Kfir 等人和 Barreau 等人提出利用如图 8-23 所示的双色反向旋转圆偏振光产生椭圆偏振高次谐波,这种方案产生的高次谐波椭偏率可以很大,但是产生的相邻阶次高次谐波偏振旋性相反,因而合成的阿秒脉冲椭偏率依然非常小。

为了解决因相邻阶次高次谐波旋性相反而无法产生大椭偏阿秒脉冲的问题,Huang 等人和 Hickstein 等人提出利用如图 8-24 所示的非共线的圆偏振光,Ellis 等人提出利用非共线的正交场也在实验上获得了椭圆偏振的高次谐波,但是利用这种非共线方案的激光与介质相互作用的区域非常有限,因而产生的高次谐波能量一般很低,限制了高次谐波在超快探测中的应用。

Azoury 等人提出了一种原理简单,但是对实验操作极具挑战的产生圆偏振或椭圆偏振阿秒脉冲的方案。在 Azoury 等人的方案中,两束相互独立的阿秒脉冲偏振方向

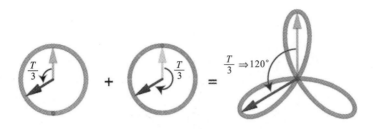

图 8-23 左旋圆偏的基频场与右旋圆偏的倍频场合成三瓣结构的双色场示意图

合成激光场具有 $120°$ 旋转对称性。

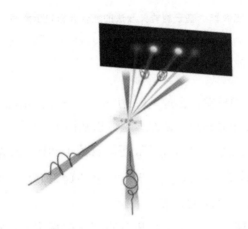

图 8-24 非共线激光场驱动介质产生高次谐波示意图

互相垂直，通过在阿秒量级精密调节两束阿秒脉冲之间的相对延迟可以实现合成阿秒脉冲偏振的调控。此外，Lambert 等人提出利用高强度的正交双色激光场，使得原子-电场整个相互作用系统的空间旋转对称性破缺，从而产生圆偏振或椭圆偏振高次谐波。但是 Lambert 等人在研究中采用了强度较弱的倍频场（强度约为基频场的 10%），因此无法对高次谐波的偏振特性进行调控，同时也未对不同阶次高次谐波的偏振旋性进行研究。

Zhai 等人提出了一种利用混合气体产生椭偏阿秒脉冲的方案。根据 HHG 过程的三步模型[57]，最后的电子回复导致了高次谐波的发射。在基态电离势 I_p 相同的情况下，不同偏振分量或不同基态的高次谐波辐射的相位差主要是由复合偶极矩的相位差贡献的[28, 58-63]。图 8-25 所示为基于旋转矢量法的复合偶极矩示意图，其中复值表示复平面上的矢量。

为了从线性驱动场中产生椭圆偏振的高次谐波，由于分子结构的非各向同性，会产生一个非零的复合偶极矩垂直分量，通常采用排列分子获得垂直于驱动场偏振方向的谐波分量。图 8-25 中的矢量 $\overrightarrow{OC}$ 和 $\overrightarrow{CD}$ 表示分子的复合偶极矩的平行 d_x^m 分量和垂直 d_y^m

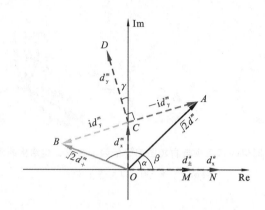

图 8-25 基于旋转矢量法的复合偶极矩示意图

横轴对应实轴,纵轴对应虚轴。$d_{x,y}^{m,a}$ 是投影到 x、y 方向上的复合偶极矩。$d_{\pm}^{m,a}=(d_x^{m,a}\pm id_y^{m,a})/\sqrt{2}$ 是左、右旋分量。上标 a 和 m 分别代表原子和分子。

分量。γ 为 d_x^m 与 d_y^m 的相位差。在这里,关注的是 γ 很小的情况。当 γ 值较小时,仅从分子中不能获得高椭圆偏振的高次谐波。这可以从图 8-25 中直观地理解:$d_{x/y}^m$ 叠加得到右旋分量 $d_+^m=(d_x^m+id_y^m)/\sqrt{2}$ 对应 $\overrightarrow{OB}/\sqrt{2}=(\overrightarrow{OC}+\overrightarrow{CB})/\sqrt{2}$,左旋分量 $d_-^m=(d_x^m-id_y^m)/\sqrt{2}$ 对应 $\overrightarrow{OA}/\sqrt{2}=(\overrightarrow{OC}+\overrightarrow{CA})/\sqrt{2}$。当 γ 值较小时,即左、右旋转谐波分量的振幅 $|\overrightarrow{OA}|\approx|\overrightarrow{OB}|$ 几乎相同时,椭圆度较低。

为了增加椭偏率,就应该增加左旋和右旋分量的振幅差。这可以通过引入选择性干涉实现,使一个旋性干涉相消,另一个旋性干涉相长,提出可以通过将分子目标与另一个各向同性目标(如具有相反轨道宇称的原子气体)混合。在这里,在不丧失一般性的前提下,考虑了具有偶轨道宇称的分子和具有奇轨道宇称的原子的混合物。对于原子目标,只有平行分量,即 $d_y^a=0$。因此谐波的左、右旋分量满足 $d_{\pm}^a=d_x^a/\sqrt{2}$,对应图 8-25 中的 $|\overrightarrow{OM}|=|\overrightarrow{ON}|/\sqrt{2}$。根据两个目标的轨道奇偶性,分子目标的复合偶极矩相位接近 $\pi/2$,而原子目标的复合偶极矩相位接近 $0^{[64]}$。当分子的垂直分量 d_y^m 等于甚至大于平行分量 d_x^m 时,右旋分量 d_+^m 与左旋分量 d_-^m 的相位差,即图 8-25 中的 $\angle AOB$ 大于 $\pi/2$,在这种情况下,分子和原子的右旋分量之间的相位差(即 β)接近于 π,导致干涉相消。相反,来自分子和原子的左旋分量的相位差(即 α)接近于 0,导致干涉相长。根据上面的讨论,一个分子目标和一个原子目标的混合气体方法在以下情况下有效:① 排列的分子可以产生垂直的高次谐波分量,使左、右旋分量(近似)不相等;② 分子和原子具有相反的轨道宇称。

在理论证明研究中,考虑的是 N_2 和 Ar。由于 N_2 分子和 Ar 原子具有与本征相匹配的几乎相同的电离势$^{[60,61]}$。如图 8-26 所示,Ar 原子和 N_2 分子的轨道奇偶性相反。Ar 原子的基态是奇宇称的 3p 轨道,N_2 分子的基态是偶宇称的 3σ 轨道,即氮分子的最高已占据轨道(HOMO)。首先分别计算 Ar 和 N$_2$ 的高次谐波,使用的驱动激光场是单色线性偏振场。有两个上升沿、两个下降沿、六个平台区的梯形包络。激光场的波长和强度分别为分别为 800 nm 和 1.5×10^{14} W/cm^2。图 8-26 给出了 Ar 和 N$_2$ 在 45°排列角下的高次谐波谱。从图 8-26(a)可以看出左、右旋偏振分量完全相同,这表明 Ar 的高次谐波辐射是线性偏振的。虽然 N$_2$ 的左、右旋偏振分量截止区域略有不同,但差异太小,如图 8-26(b)所示,仍无法合成椭圆偏振的阿秒脉冲。这结果与前人的工作一致[58,65-67]。考虑 Ar 和 N$_2$ 混合气体高次谐波的辐射是两个谐波辐射的相干和[61-63,68,69]。在模拟中,将 N$_2$ 与 Ar 的混合比设置为 0.25∶1,以平衡两个目标产生的高次谐波强度。如图 8-27(a)和图 8-27(b)所示,谐波的左(右)旋分量在 21 阶谐波以上几乎相等。对于 21 阶以上的谐波,来自 Ar 和 N$_2$ 的右旋分量之间的相位差 $\Delta\varphi_R$ 接近于 π(见图 8-27(c)),导致右旋分量发生干涉相消。相反,在 21 阶以上谐波,左旋分量之间的相位差 $\Delta\varphi_L$ 接近于 0(见图 8-27(c)),导致了混合气体产生的谐波左旋分量的干涉相长。这与对图 8-25 中的讨论是一致的[70]。右旋分量的干涉相消和左旋分量的干涉相长都发生在很宽的频谱范围内。因此,Ar-N$_2$ 混合气体的 HHG 在较宽的范围内,左旋分量和右旋分量之间存在较大的强度差,如图 8-27(d)所示。已经证明,基于 Lewenstein 模型的结果与求解含时薛定谔方程的结果在定性上一致。

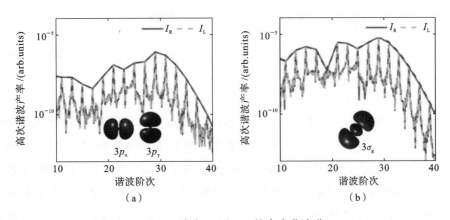

图 8-26　来自 Ar 和 N$_2$ 的高次谐波谱

灰色实线和灰色虚线分别代表右旋分量 I_R 和左旋分量 I_L 的谐波谱。插图是 Ar 原子和 N$_2$ 分子的基态。

接下来,考虑分子排列角对混合气体中 HHG 的影响。图 8-28 显示了 Ar-N$_2$ 混合气体高次谐波的椭偏率与 N$_2$ 分子排列角 θ 的关系。可以看到谐波的旋性关于 $\theta=90°$ 反对称。由于 N$_2$ 的 HOMO 的对称性,当 N$_2$ 分子排列在 $\theta=0°/180°$, $\theta=90°$ 时,谐波辐射的垂直分量比平行分量要小得多。因此,当 N$_2$ 平行或垂直于驱动激光场时,谐波的椭偏率接近于 0,如图 8-28 所示。然而,椭偏率随着 N$_2$ 的垂直分量的增

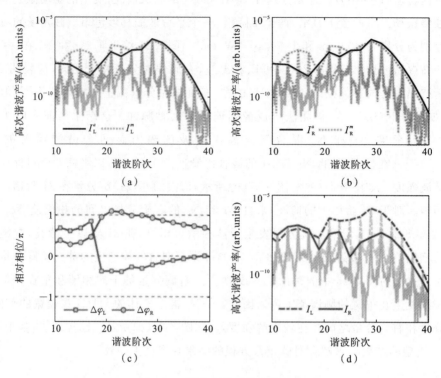

图 8-27 混合气体谐波干涉效应

图 8-27(a)(b)为来自 Ar(黑色实线)和 N_2(灰色虚线)的高次谐波的左旋和右旋分量谱。图 8-27(c)为来自 Ar 和 N_2 的高次谐波辐射的左旋分量和右旋分量的相位差。图 8-27(d)为 Ar-N_2 混合气体产生的高次谐波的左旋分量和右旋分量。

加而增加,达到 $\varepsilon=0.88$。此外,在旋性相同的情况下,21 阶以上的谐波在 $\theta=20°$ (110°)到 $\theta=70°$(160°)宽的排列角范围内谐波的椭偏率仍然很大。注意,在实验室框架中宏观分子系综中测量的高次谐波辐射是单分子信号与排列分布的卷积[63,71,72]。因此,有必要考虑分子的排列分布,以排除不理想分布造成的影响。在分子排列分布计算模拟中分子的排列度 $\langle \cos^2\theta \rangle = 0.65$,这在实验中很容易达到[71,72]。然后考虑分子排列分布计算的结果(见图 8-29)。对比理想分子排列的结果,可以看到两个目标的相位差也分别接近 0 和 π(见图 8-27(c)和图 8-29(a))。在较宽的光谱范围内,来自混合气体的高次谐波仍然主要由左旋分量贡献,尽管由于分子不完全排列,左旋和右旋分量之间的差异略有减小(见图 8-27(d)和图 8-29(b))。21 阶以上谐波对应的椭偏率下降了 0.1 左右。

为了更精确地研究 Ar 和 N_2 混合气体高次谐波的椭偏率,应考虑分子的多轨道贡献。研究表明,与 3p 轨道具有相同轨道奇偶性的 HOMO-1 可能对 N_2 截止区域的谐波有显著贡献[73]。在图 8-30(a)中,比较了 N_2 的 HOMO 和 HOMO-1 的贡献。在

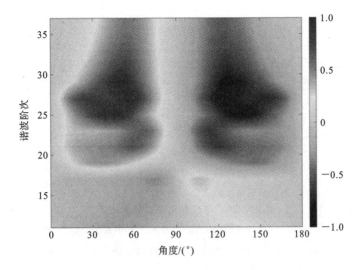

图 8-28　混合气体的高次谐波椭偏率随谐波阶数和分子排列角的变化

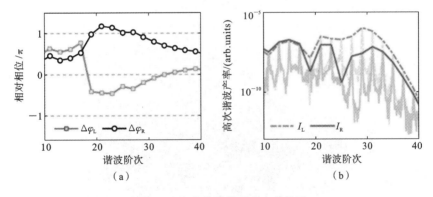

(a)　　　　　　　　　　　　　(b)

图 8-29　考虑分子排列分布的结果

图 8-29(a)为来自 Ar 和 N$_2$ 的高次谐波辐射的左旋谐波分量($\Delta\varphi_L$,灰色方框)和右旋谐波分量($\Delta\varphi_R$,黑色方框)的相位差。图 8-29(b)为 Ar-N$_2$ 混合气体左旋分量(I_L,灰色虚线)和右旋分量(I_R,黑色实线)的高次谐波光谱。激光参数如图 8-27 所示。

平台区域,HOMO-1 贡献的谐波分量比 HOMO 贡献的谐波分量低 1～2 个数量级。然而,两个轨道的贡献在截止区域是相当的。因此,除截止区域外,HOMO-1 对谐波椭偏率的影响可以忽略不计(见图 8-30(b))。同时,由于截止区域的谐波强度弱于平台区域的谐波强度,对合成阿秒脉冲的影响有限。因此,下面只考虑 HOMO 的贡献。

接下来,用不同的激光参数模拟 Ar-N$_2$ 混合气体的 HHG。在模拟中,N$_2$ 分子排列在 45°,驱动激光的强度从 1×10^{14} 增加到 2×10^{14} W/cm^2,结果如图 8-31 所示,可以

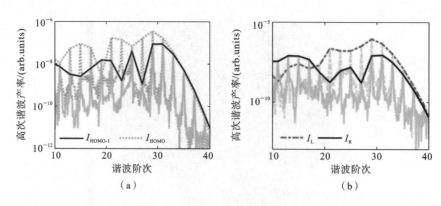

图 8-30 考虑多轨道贡献的结果

图 8-30(a)为 N_2 的 HOMO(灰色虚线)和 HOMO-1(黑色实线)的高次谐波谱。图 8-30(b)为 Ar-N_2 混合气体左旋分量(I_L,灰色虚线)和右旋分量(I_R,黑色实线)的高次谐波谱。激光参数如图 8-27 所示。

看出,高次谐波的截止阶次明显延长,并且在宽谱范围内,高次谐波的椭偏率较高,旋性始终不变。由于 HHG 过程中的量子路径干涉[74],高次谐波周期性调制的结果也清晰可见。

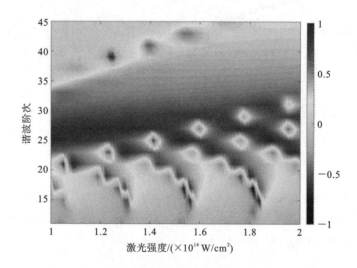

图 8-31 混合气体产生的高次谐波椭偏率随谐波阶次和驱动激光场强度的变化

HHG 的模拟进一步验证了混合气体方案的稳定性。利用高次谐波在宽谱范围内具有大椭偏率和相同旋性的优点,将混合气体的高次谐波叠加,得到椭圆偏振的阿秒脉冲。图 8-32 显示了从第 25 阶到第 39 阶的谐波光谱的傅里叶变换计算得到的 APT,驱动激光场参数与图 8-27 相同。图 8-32 中显示了三维电场矢量(灰色)、两个正交电场分量 E_x(深灰色)和 E_y(黑色)的波形,以及在 E_x-E_y 平面上的投影(灰色)。

从这个三维图像中绘制的电场轮廓的螺旋结构中,可以直接看到每个阿秒脉冲都是椭圆偏振的。通过计算椭圆偏振阿秒脉冲的长轴与短轴的比值,得到阿秒脉冲的椭偏率约为 0.76。

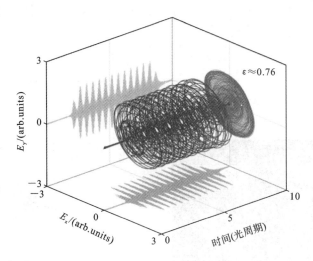

图 8-32   混合气体合成的阿秒脉冲串的电场三维图

阿秒脉冲串的椭偏率为 $\varepsilon \approx 0.76$。

此外,还考虑使用少周期驱动激光场来生产高椭圆偏振的 IAPs。在模拟中,使用激光脉冲的最大半高宽为 5 fs 的高斯包络。少周期驱动激光场的波长和强度分别为 800 nm 和 1.5×10^{14} W/cm^2。CEP 设为 $\varphi = 0.7\pi$。N_2 分子轴固定在相对于驱动激光场偏振方向的 45°。图 8-33(a)分别给出 Ar 和 N_2 产生的高次谐波的右旋分量($\Delta\varphi_R$)和左旋分量($\Delta\varphi_L$)的相位差。可以看到在较宽的光谱范围内,$\Delta\varphi_R$ 接近 π,$\Delta\varphi_L$ 接近 0。因此,右旋转的分量会产生干涉相消。相反,左旋分量会发生干涉相长。如图 8-33(b)所示,在第 21 阶谐波以上,Ar-N_2 混合气体产生的左旋分量的强度明显大于右旋分量的强度。结果与多周期激光场的结果一致(见图 8-27(c)(d)和图 8-25 中的分析)。此外,高次谐波谱在截止区域附近表现为具有规则调制的宽频超连续谱。为了深入了解超连续谱的产生,在图 8-33(c)中给出了高次谐波谱的时频分布。图 8-33(c)的彩色图表示了对数尺度下的高次谐波强度。时频分布表明,第 25 阶以上的高次谐波主要在第 5~5.5 光周期之间辐射。这种辐射的最高能量远远高于邻近的脉冲辐射。因此,通过对超连续介质中的高次谐波进行滤波可以得到 IAP。图 8-33(d)显示了取第 25~39 阶谐波对应光谱的傅里叶反变换计算出的 IAP,不出所料,生成了一个 IAP。产生的 IAP 的椭圆度为 $\varepsilon \approx 0.81$,脉冲持续时间为 $\tau \approx 300$ as。就物理机制而言,正如前面所分析的,高次谐波的椭偏率和阿秒脉冲只取决于混合气体方案中的原子和分子结构、对称性和分子取向。偏振特性对驱动激光场的波形不敏感。因此,阿秒脉冲的椭偏率和分布可

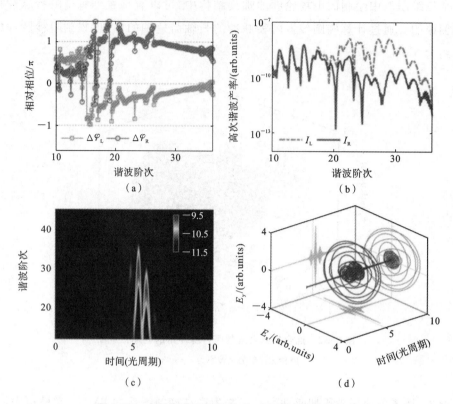

图 8-33 少周期激光场驱动 Ar-N₂ 混合气体的结果

图 8-33(a)表示 Ar 和 N₂ 的高次谐波辐射的左旋谐波分量($\Delta\varphi_L$,灰色方框)和右旋谐波分量($\Delta\varphi_R$,黑色圆圈)的相位差。图 8-33(b)表示 Ar-N₂ 混合气体左旋分量(I_L,灰色虚线)和右旋分量(I_R,黑色实线)的高次谐波谱。图 8-33(c)表示少周期激光场下高次谐波的时频分布。图 8-33(d)表示混合气体合成的孤立阿秒脉冲的电场的三维图,得到的阿秒脉冲椭偏率约为 0.81,脉冲持续时间约为 300 as。

以分别进行调控。

参考文献

[1] Ditmire T,Crane J K,Nguyen H,et al. Energy-yield and conversion-efficiency measurements of high-order harmonic radiation[J]. Phys. Rev. A,1995,51(2): R902-R905.

[2] Watanabe S,Kondo K,Nabekawa Y,et al. Two-color phase control in tunneling ionization and harmonic generation by a strong laser field and its third harmonic [J]. Phys. Rev. Lett.,1994,73(20): 2692-2695.

[3] Tong Xiaomin,Chu S. Generation of circularly polarized multiple high-order harmonic emission from two-color crossed laser beams[J]. Phys. Rev. A,1998,58

(4)：R2656-R2659.

[4] Tamaki Y，Itatani J，Nagata Y，et al. Highly efficient phase-matched high-harmonic generation by a self-guided laser beam[J]. Phys. Rev. Lett. ，1999，82 (7)：1422-1425.

[5] Paul A，Bartels R A，Tobey R，et al. Quasi-phase-matched generation of coherent extreme-ultraviolet light[J]. Nature，2003，421：51-54.

[6] Donnelly T D，Ditmire T，Neuman K，et al. High-order harmonic generation in atom clusters. Phys. Rev. Lett. ，1996，76(14)：2472-2475.

[7] Monot P，Auguste T，Lompré L A，et al. Focusing limits of a terawatt laser in an underdense plasma[J]. J. Phys. B，1992，9(9)：1579-1584.

[8] Lange H R，Chiron A，Ripoche J F，et al. High-order harmonic generation and quasiphase matching in Xenon using self-guided femtosecond pulses[J]. Phys. Rev. Lett. ，1998，81(8)：1611-1613.

[9] Takahashi E，Nabekawa Y，Midorikawa K. Generation of 10-μJ coherent extreme-ultraviolet light by use of high-order harmonics[J]. Opt. Lett. ，2002，27 (21)：1920-1922.

[10] Yoshii K，Miyaji G，Miyazaki K. Measurement of molecular rotational temperature in a supersonic gas jet with high-order harmonic generation[J]. Opt. Lett. ，2009，34(11)：1651-1653.

[11] Zhang Shaofeng，Ma Xinwen，Liu Huiping，et al. Properties and applications of cold supersonic gas jet[J]. Sci. China，2006，49(6)：709-715.

[12] 倪元龙，毛楚生，吴江，等. 平焦场光栅光谱仪[J]. 强激光与粒子束，1991，3 (2)：242-248.

[13] Lewenstein M，Balcou P，Ivanov M Y，et al. Theory of high-harmonic generation by low-frequency laser fields[J]. Phys. Rev. A，1994，49(3)：2117-2132.

[14] Corkum P B. Plasma perspective on strong field multiphoton ionization[J]. Phys. Rev. Lett. ，1993，71(13)：1994-1997.

[15] Tong Xiaomin，Zhao Zengxiu，Lin Chii-Dong. Theory of molecular tunneling ionization[J]. Phys. Rev. A，2002，66(3)：033402.

[16] Chirilă C C，Lein M. Assessing different forms of the strong-field approximation for harmonic generation in molecules [J]. J. Mod. Opt. ，2007，54 (7)：1039-1045.

[17] Zewail A H. Femtochemistry：atomic-scale dynamics of the chemical bond[J]. J. Phys. Chem. A，2000，104(24)：5660-5694.

[18] Zewail A H. Four-dimensional electron microscopy[J]. Science, 2010, 328 (5975): 187-193.

[19] Barwick B, Zewail A H, Photonics and plasmonics in 4D ultrafast electron microscopy[J]. ACS Photonics, 2015, 2(10): 1391-1402.

[20] Hassan M T, Baskin J S, Liao B, et al. High-temporal-resolution electron microscopy for imaging ultrafast electron dynamics[J]. Nat. Photon. , 2017, 11 (7): 425-430.

[21] Broglie L D. Nobel lecture: The wave nature of the electron[R]. 1929.

[22] Miao J, Charalambous P, Kirz J, et al. Extending the methodology of X-ray crystallography to allow imaging of micrometre-sized non-crystalline specimens [J]. Nature, 1999, 400: 342-344.

[23] Miao J, Charalambous P, Kirz J, et al. Extending the methodology of X-ray crystallography to non-crystalline specimens[J]. AIP Conf. Proc. , 2000, 521 (1): 3-6.

[24] Huismans Y, Rouzée A, Gijsbertsen A, et al. Time-resolved holography with photoelectrons[J]. Science, 2011, 331: 61-64.

[25] Haessler S, Caillat J, Salières P. Self-probing of molecules with high harmonic generation[J]. J. Phys. B, 2011, 44(20): 203001.

[26] Baker S, Robinson J S, Haworth C A, et al. Probing proton dynamics in molecules on anattosecond time scale[J]. Science, 2006, 312: 424-427.

[27] Lan Pengfei, Ruhmann M, He Lixin, et al. Attosecond probing of nuclear dynamics with trajectory-resolved high-harmonic spectroscopy[J]. Phys. Rev. Lett. , 2017, 119(3): 033201.

[28] Itatani J, Levesque J, Zeidler D, et al. Tomographic imaging of molecular orbitals[J]. Nature, 2004, 432: 867-871.

[29] Haessler S, Caillat J, Boutu W, et al. Attosecond imaging of molecular electronic wavepackets[J]. Nat. Phys. , 2010, 6(3): 200-206.

[30] Vozzi C, Negro M, Calegari F, et al. Generalized molecular orbital tomography [J]. Nat. Phys. , 2011, 7(10): 822-826.

[31] Le A T, Lucchese R R, Tonzani S, et al. Quantitative rescattering theory for high-order harmonic generation from molecules[J]. Phys. Rev. A, 2009, 80 (1): 013401.

[32] Negro M, Devetta M, Facciala D, et al. High-order harmonic spectroscopy for molecular imaging of polyatomic molecules[J]. Faraday Discuss. , 2014, 171:

133-143.

[33] Itatani J, Levesque J, Zeidler D, et al. Tomographic imaging of molecular orbital with high harmonic generation[J]. Las. Phys. , 2005, 79: 164-166.

[34] Van der Zwan E V, Chirilă C C, Lein M. Molecular orbital tomography using short laser pulses[J]. Phys. Rev. A, 2008, 78(3): 033410.

[35] Qin Meiyan, Zhu Xiaosong, Zhang Qingbin, et al. Tomographic imaging of asymmetric molecular orbitals with a two-color multicycle laser field[J]. Opt. Lett. , 2012, 37(24): 5208-5210.

[36] Yuan Hua, He Lixin, Wang Feng, et al. Tomography of asymmetric molecular orbitals with a one-color inhomogeneous field[J]. Opt. Lett. , 2018, 43(4): 931-934.

[37] Chen Yanjun, Fu Libin, Liu Jie. Asymmetric molecular imaging through decoding odd-even high-order harmonics [J]. Phys. Rev. Lett. , 2013, 111 (7): 073902.

[38] Chen Yanjun, Zhang Bing. Tracing the structure of asymmetric molecules from high-order harmonic generation[J]. Phys. Rev. A, 2011, 84(5): 053402.

[39] Wang Bincheng, Zhang Qingbin, Zhu Xiaosong, et al. Asymmetric molecular-orbital tomography by manipulating electron trajectories[J]. Phys. Rev. A, 2017, 96(5): 053406.

[40] Sayre D. Some implications of a theorem due to Shannon[J]. Acta Crystallographica, 1952, 5(6): 843.

[41] Schlenker M, Fink M, Goedgebuer J P, et al. Imaging processes and coherence in physics: 112 volume[M]. New York: Springer B, Heidelberg, 1980.

[42] Nyquist H. Certain topics in telegraph transmission theory[J]. Proc. IEEE, 2002, 90: 280-305.

[43] Gerchberg R W, Saxton W O. A practical algorithm for the determination of phase from image and diffraction plane pictures[J]. Optik, 1972, 35 (2): 237-246.

[44] Fienup J R. Reconstruction of an object from the modulus of its Fourier transform[J]. Opt. Lett. , 1978, 3(1): 27-29.

[45] Fienup J R. Phase retrieval algorithms: a comparison[J]. Appl. Opt. , 1982, 21 (15): 2758-2769.

[46] Nishino Y, Miao J, Ishikawa T. Image reconstruction of nanostructured nonperiodic objects only from oversampled hard X-ray diffraction intensities[J]. Phys.

Rev. B, 2003, 68(22): 220101.

[47] Chen Chien-Chun, Miao Jianwei, Wang C W, et al. Application of optimization technique to noncrystalline X-ray diffraction microscopy: Guided hybrid input-output method[J]. Phys. Rev. B, 2007, 76(6): 064113.

[48] Salieres P, Maquet A, Haessler S, et al. Imaging orbitals with attosecond and Ångström resolutions: toward attochemistry? [J]. Rep. Prog. Phys. , 2012, 75 (6): 062401.

[49] Lin Chii-Dong, Le Anh-Thu, Chen Zhangjin, et al. Strong-field rescattering physics-self-imaging of a molecule by its own electrons[J]. J. Phys. B, 2010, 43(12): 122001.

[50] Stapelfeldt H, Seideman T. Colloquium: Aligning molecules with strong laser pulses. Rev[J]. Mod. Phys. , 2003, 75(2): 543-557.

[51] Kanai T, Sakai H. Numerical simulations of molecular orientation using strong, nonresonant, two-color laser fields[J]. J. Chem. Phys. , 2001, 115(12): 5492-5497.

[52] Ortigoso J, Rodríguez M, Gupta M, et al. Time evolution of pendular states created by the interaction of molecular polarizability with a pulsed nonresonant laser field[J]. J. Chem. Phys. , 1999, 110(8): 3870-3875.

[53] Yoshii K, Miyaji G, Miyazaki K. Retrieving angular distributions of high-order harmonic generation from a single molecule[J]. Phys. Rev. Lett. , 2011, 106 (1): 013904.

[54] Bertrand J B, Wörner H J, Hockett P, et al. Revealing the cooper minimum of N_2 by molecular frame high-harmonic spectroscopy[J]. Phys. Rev. Lett. , 2012, 109(14): 143001.

[55] Smirnova O, Mairesse Y, Patchkovskii S, et al. High harmonic interferometry of multi-electron dynamics in molecules[J]. Nature, 2009, 460(7258): 972-977.

[56] Rupenyan A, Kraus P M, Schneider J, et al. High-harmonic spectroscopy of iso-electronic molecules: Wavelength scaling of electronic-structure and multielec-tron effects[J]. Phys. Rev. A, 2013, 87(3): 033409.

[57] Jeffrey L, Krause, Kenneth J, et al. High-order harmonic generation from atoms and ions in the high intensity regime[J]. Phys. Rev. Lett. , 1992, 68: 3535.

[58] Le Anh-Thu, Lucchese R R, Lin Chii-Dong. Polarization and ellipticity of high-order harmonics from aligned molecules generated by linearly polarized intense laser pulses[J]. Phys. Rev. A, 2010, 82: 023814.

[59] Zhu Xiaosong, Qin Meiyan, Zhang Qingbin, et al. Influence of large permanent dipoles on molecular orbital tomography[J]. Opt. Express, 2013, 21: 5255.

[60] Bertrand J B, Wörner H J, Salières P, et al. Linked attosecond phase interferometry for molecular frame measurements[J]. Nat. Phys., 2013, 9: 174-178.

[61] McFarland B K, Farrell J P, Bucksbaum P H, et al. High-order harmonic phase in molecular nitrogen[J]. Phys. Rev. A, 2009, 80: 033412.

[62] Kanai T, Takahashi E J, Nabekawa Y, et al. Destructive interference during high harmonic generation in mixed gases [J]. Phys. Rev. Lett., 2007, 98: 153904.

[63] Wagner N, Zhou X, Lock R, et al. Extracting the phase of high-order harmonic emission from a molecule using transient alignment in mixed samples[J]. Phys. Rev. A, 2007, 76: 061403(R).

[64] Qin Meiyan, Zhu Xiaosong, Zhang Qingbin, et al. Broadband large-ellipticity harmonic generation with polar molecules[J]. Opt. Express, 2011, 19: 25084.

[65] Levesque J, Mairesse Y, Dudovich N, et al. Polarization state of high-order harmonic emission from aligned molecules [J]. Phys. Rev. Lett., 2007, 99: 243001.

[66] Zhou Xibin, Lock R, Wagner N, et al. Elliptically polarized high-order harmonic emission from molecules in linearly polarized laser fields[J]. Phys. Rev. Lett., 2009, 102: 073902.

[67] Etches A, Madsen C B, Madsen L B. Inducing elliptically polarized high-order harmonics from aligned molecules with linearly polarized femtosecond pulses[J]. Phys. Rev. A, 2010, 81: 013409.

[68] Kanai T, Takahashi E J, Nabekawa Y, et al. Observing molecular structures by using high-order harmonic generation in mixed gases[J]. Phys. Rev. A, 2008, 77: 041402(R).

[69] Wang Lifeng, Zhu Weiming, Li Hao, et al. Spectrum modification of high-order harmonic generation in a gas mixture of Ar and Kr[J]. J. Opt. Soc. 2018, 35: A39-A44.

[70] Amini K, Biegert J, Calegari F, et al. Symphony on strong field approximation [J]. Rep. Prog. Phys., 2019, 82: 116001.

[71] Yoshii K, Miyaji G, Miyazaki K. Retrieving angular distributions of high-order harmonic generation from a single molecule [J]. Phys. Rev. Lett., 2011, 106: 013904.

[72] He Yanqing，He Lixin，Lan Pengfei，et al. Direct imaging of molecular rotation with high-order-harmonic generation[J]. Phys. Rev. A，2019，99：053419.

[73] McFarland B K，Farrell J P，Bucksbaum P H，et al. high harmonic generation from multiple orbitals in N_2[J]. Science，2008，322：1232-1235.

[74] Zaïr A，Holler M，Guandalini A，et al. Quantum path interferences in high-order harmonic generation[J]. Phys. Rev. Lett.，2008，100：143902.